装配式建筑精益建造模式及实施

党培 牛占文◎著

中国商业出版社

图书在版编目(CIP)数据

装配式建筑精益建造模式及实施 / 党培，牛占文著．北京 ：中国商业出版社，2025．8．-- ISBN 978-7-5208-3520-6

Ⅰ．TU3

中国国家版本馆 CIP 数据核字第 2025LF9385 号

责任编辑：杨善红

中国商业出版社出版发行

（www.zgsycb.com　100053　北京广安门内报国寺1号）

总编室：010-63180647　编辑室：010-83125014

发行部：010-83120835/8286

新华书店经销

北京虎彩文化传播有限公司印刷

*

710毫米×1000毫米　16开　19.75印张　348千字

2025年8月第1版　2025年8月第1次印刷

定价：88.00元

*　*　*　*

前　言

随着中国社会经济的快速发展，建筑业已成为国民经济增长的重要产业之一。建筑业不仅是国家基础设施建设的主力军，也是社会发展的重要推动力量。然而，传统建筑方式存在着资源浪费、效率低下、环境污染等一系列问题，这些问题严重制约了行业的可持续发展。在此背景下，装配式建筑作为一种新兴的建筑方式，凭借其高效、绿色、可持续的特点，逐渐成为推动建筑业变革的重要力量。

装配式建造与传统建造方式相比，具有显著的优势，包括施工效率高、资源浪费少、建筑能耗和碳排放低等。近年来，国家对装配式建筑的发展给予了政策上的大力支持，行业内也涌现出一批领先的企业和技术。然而，尽管装配式建筑在技术层面取得了诸多突破，实际应用过程中仍然面临着诸多挑战，如产业链协同不畅、生产制造标准化程度低、市场需求尚未充分释放等问题。

与此同时，精益管理模式在建筑业取得了显著成果。精益管理源自日本的丰田生产方式，强调消除浪费、提高效率、优化流程和提升价值。在建筑业应用精益管理，不仅能提高施工效率、降低成本，还能够在资源紧张、市场竞争激烈的环境中实现差异化竞争。精益管理与装配式建筑的结合，为建筑业的转型升级提供了新的发展方向。

本书围绕装配式建造和精益建造的融合发展，旨在探讨在当前市场环境和技术变革的大背景下，如何通过精益管理模式提高装配式建造的整体效率和可持续性。我们将深入分析装配式建筑的概念、优势和发展现状，结合精益建造的基本原理，探讨其在建筑领域的应用路径及实施策略。

本书的研究目标：第一，全面介绍装配式建筑的发展历程、现状及其面临的挑战，为读者提供一个清晰的行业背景；第二，系统阐述精益建造的理论框架和实践模式，分析其如何在装配式建筑的实施过程中发挥作用；第三，深入分析装配式建筑和精益建造的结合点，提出可行的实施路径及策略，为企业提供具有高度操作性的参考指南；第四，探索未来发展趋势，在技术革新、政策支持和市场需求的共同推动下，探讨装配式建筑与精益建造的未来发展方向。

随着建筑业转型步伐的加快，装配式建造和精益建造必将在未来的建筑实践中发挥越来越重要的作用。本书通过深入剖析这两者的结合点，期待能为建筑业的可持续发展贡献力量，也希望能够为学术研究者和行业实践者提供启示和思路。

本书的内容不仅适用于建筑行业的从业人员，如建筑师、工程师、项目经理，还为政府政策的制定者、研究者和行业投资者提供了有益的参考。希望本书能够为推动中国建筑业的现代化转型，提高建筑行业的整体效率和质量，提供一些有价值的思路和方法。

本书由八个章节组成，其中天津城建大学的党培参与了多个章节的编写，共计20余万字；天津大学的牛占文负责框架制定，并参与编写了多个章节；博智领航咨询集团、和能人居科技集团、天津益众工程有限责任公司、唐山益众新型建材有限公司、深圳市城市建设开发（集团）有限公司提供了部分实践调研及案例，主要参编人为杨福东（博智）、赵静（和能）、赵柏康（益众）、刘彦飞（城建）。此外，天津城建大学的孙超、张婷伟、张霖泽等也参与了本书部分内容的编写及格式整理工作。

由于作者水平所限，书中不妥之处，敬请读者批评指正。

编者

2025年3月

目　录
CONTENTS

第一章　装配式建筑

第一节　建筑业发展现状

一、建筑业发展概述

中国建筑业作为国民经济的重要支柱产业，在过去几十年间实现了跨越式发展，对经济增长、就业稳定、城市化进程起到了关键作用。2024年，中国建筑业总产值达到32.65万亿元，占GDP的24.20%，从业人员超过5962万人，占全国就业总人口的8.12%。随着新型城镇化的推进，城市基建、住宅建设和公共设施等需求不断释放，建筑市场的规模快速扩展。截至2024年，中国城镇化率达到67%，但与发达国家相比，依然有较大的提升空间，建筑业的市场潜力巨大。

回顾中国建筑业的发展历程，大致经历了三个主要阶段：一是改革开放前的初步发展阶段，建筑业依赖手工劳动，技术水平落后，资源浪费严重；二是改革开放至2000年的快速扩张阶段，伴随着经济腾飞和城市化加速，建筑市场迎来了“黄金发展期”，大量基础设施如高楼大厦、高速公路、桥梁等项目相继落成；三是2000年至今的转型升级阶段，面对资源环境约束、劳动力成本上升等挑战，建筑业正向装配式建造、绿色建造、数字化建造等方向迈进，实现从传统建造向现代化建造转型。

技术进步和政策推动是中国建筑业持续发展的重要动力。近年来，装配式建筑在政策支持和市场需求的双重驱动下快速发展，2022年装配式建筑占新建建筑面积的27.0%，逐步接近“十四五”规划提出的30%目标。数字化与智能建造技术也为建筑行业带来深刻变革，包括建筑信息模型（BIM）技术、物联网、人工智能、3D打印等新技术在施工、管理及运维全生命周期的应用，不仅提高了建造效率，还降低了资源消耗和施工风险。例如，北京冬奥会场馆建设项目中，广泛应用装配式建造技术和BIM技术，实现了工期缩短30%以上。此外，国家还出台了一系列政策，如《装配式建筑发展指导意见》及“双碳”目标，积极推动建筑业向工业化、标准化和绿色低碳方向发展。

与此同时，中国建筑企业在国际市场上的竞争力逐步提升，积极参与“一带一路”共建国家的基础设施建设，成为全球建筑市场的重要力量。2022年，中国建筑企业在全球市场的份额超过25%，位列世界第一，代表企业如中国建筑集团（CSCEC）、中国交建等，在国际项目中不仅输出施工能力，还逐步推广管理经验与技术标准，展现了中国建筑业的国际化水平和技术实力。

总体来看，中国建筑业取得了显著成就，行业规模持续扩展，技术水平显著提升，但仍面临诸如劳动力短缺、资源浪费、效率低下等问题。未来，建筑业亟须通过装配式建造、精益管理及数字化技术的应用，实现转型升级与高质量发展，为经济可持续发展提供强力支撑。

二、建筑业发展面临的问题及挑战

尽管中国建筑业取得了长足发展，但仍面临诸多问题与挑战。我国的建筑行业总体是一个机械化水平、管理水平较低的粗放型产业，存在诸多问题，包括建造效率低、质量控制难、资源消耗大、环境污染重、管理水平差、成本控制难等。特别是近几年随着建筑需求量的增加和功能结构复杂性建筑的快速增加，并受环境、资源等因素的制约，传统建造模式与市场需求和可持续发展之间的矛盾不断增大，亟须向提质增效和可持续建造方向转型升级。

第一，传统建造模式效率低下。长期以来，中国建筑业依赖人工劳动和现场施工，建造过程复杂且受外界因素影响较大，导致生产效率偏低、施工现场材料浪费严重、资源利用率不高。据统计，传统建造方式下建筑材料的浪费率高达10%～20%，而建筑业碳排放占全国碳排放总量的30%以上。这种粗放式的发展模式不仅增加了成本，也加重了环境负担，亟须通过现代化建造技术提高效率与可持续性。

第二，劳动力短缺与用工成本上升成为制约建筑业发展的重要因素。建筑行业的劳动力结构正面临严峻挑战，年轻劳动力流失严重，工人老龄化问题突出。数据显示，建筑工人的平均年龄超过50岁，20岁至30岁的年轻劳动力比例不足15%。与此同时，劳动力成本持续上升，加剧了建筑企业的运营压力，尤其在农村劳动力逐渐转移到其他行业的背景下，建筑行业面临人才供给不足的困境。

第三，资源环境压力日益加重。建筑业是资源消耗和污染排放的主要行业之一，建筑垃圾占城市固体废弃物的40%，能源消耗占全球总量的36%。在“双碳”目标的背景下，建筑业的高碳排放问题亟须通过绿色建造方式加以改善。此外，建筑活动带来的能源浪费和生态破坏进一步加剧了资源环境压力，迫使行业向绿色低碳方向转型。

第四，建筑质量与安全管理问题依然突出。传统建造模式下，工序繁杂、施工环境不可控，容易导致质量问题和安全事故频发。数据显示，建筑业安全事故占全国安全生产事故的30%以上，施工现场管理不到位、工人操作不规范等问题是主要原因。如何加强施工过程中的质量管控和安全管理，成为行业亟待解决的重要课题。

第五，技术创新与信息化水平不足。与发达国家相比，中国建筑业在技术研发和数字化应用方面存在较大差距，未能实现全产业链的高效协同。当前，建筑信息模型（BIM）、物联网、人工智能等技术虽已在部分项目中应用，但整体普及程度较低，并且建筑企业的研发投入严重不足。数据显示，中国建筑业研发投入占比仅为0.8%，远低于美国的2.5%和日本的3.0%，技术创新瓶颈亟须突破。

第六，政策与标准体系尚不完善，也为行业发展带来一定制约。虽然国家推出了一系列支持装配式建造和绿色建造的政策，但在实际落地过程中，地方执行力度不均，部分企业在标准化施工方面缺乏技术和经验。此外，装配式建筑的发展面临施工成本高、产业链协同不足等问题，政策引导与市场需求之间存在一定脱节。

总体而言，中国建筑业正处于向高质量发展转型的关键阶段，但效率低下、劳动力短缺、资源压力、技术创新不足等问题仍是制约行业发展的主要瓶颈。未来，建筑业需要通过装配式建造、精益管理、绿色技术和数字化手段，实现生产效率与可持续性的双重提升，推动行业全面转型升级。

第二节 装配式建筑发展现状

一、装配式建筑的概念及特点

国外经验已表明，装配式建造是传统建造转型升级的重要选择，可以有效克服传统建造存在的问题，并且已在欧洲、新加坡和日本等国家和地区得到普遍应用。装配式建造是指部分建筑结构在工厂内生产并运输到施工现场进行装配的过程，其建造过程可以划分为设计、生产、施工等阶段，实现了像造汽车一样造房子。装配式建造是采用现代工业化的大规模生产代替人工生产，具有标准化设计、工厂化生产、装配化施工、信息化管理等特点，并要求设计、施工、装修一体化，可以极大地提高劳动生产率、提高建筑质量和降低建造成本，同时达到节能减排和可持续发展的目的，具有经济、社会、生态等多重效益和价值。

当前，装配式建造已得到国家、产业和市场的广泛关注，已成为我国传统建造转型升级的重要路径。国家和地方出台了一系列的政策来推动装配式建筑的发展，特别是2016年国务院出台了《国务院办公厅关于大力发展装配式建筑的指导意见》，明确提出大力发展装配式建筑重点区域和重点发展城市，为装配式建造在我国的发展指明了方向。

装配式建造以其在质量、效率、环境等方面的优势，已成为我国传统建造模式向工业化和可持续建造模式转型的主要方向之一，并且是建筑领域实现碳达峰和碳中和，以及应对疫情等不确定性外部环境的重要措施。《2030年前碳达峰行动方案》《关于推动城乡建设绿色发展的意见》《“十四五”建筑业发展规划》《“十四五”建筑节能与绿色建筑发展规划》《“十四五”住房和城乡建设科技发展规划》等文件中均明确提出大力发展装配式建筑。然而，装配式建筑面临诸多挑战，如技术标准缺失、知识与经验匮乏、熟练劳动力不足，以及产业链各参与方之间协作不力等，这些问题对装配式建造项目的质量、成本和效率等绩效指标产生了负面影响。其中，装配式建筑产业链管理是其中的研究热点之一，其不仅对发挥这些改进措施的效果具有积极影响，而且可以直接促进项目绩效的提升。

与传统建造模式相比，装配式建筑产业链在设计、施工、运维等建造阶段，涉及众多不同的主体（即利益相关者），特别是预制构件及部品部件的生产企业，使建筑建造过程融合了“建造”与“制造”的特点。这给装配式建筑产业链的管理带来了新的特点，更加强调各主体间的互动交流、协同合作和信息共享。

二、装配式建筑建造与传统建造的对比

装配式建造促进了建筑产业的提质增效，但也给已有的传统建筑产业的运作模式带来了新变化。通过文献分析和企业调研，发现装配式建造与传统建造之间存在较大的差异，体现在两者的价值创造主体及水平上，如图1—1所示。

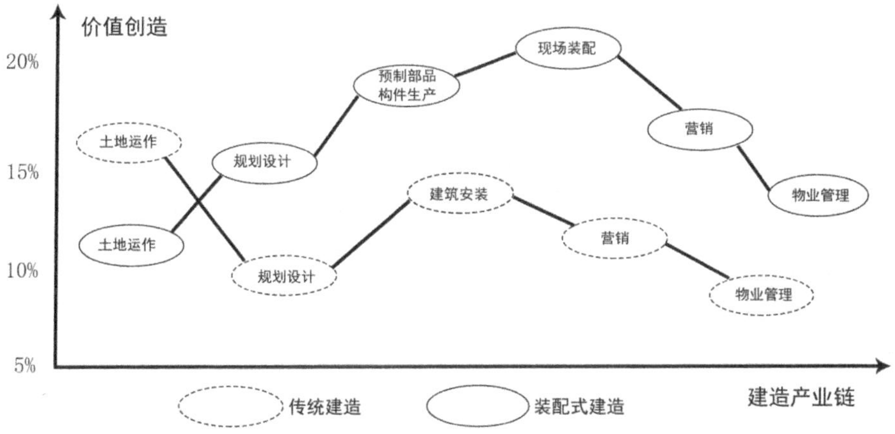

图1—1　装配式建造和传统建造价值创造水平对比分析

装配式建造与传统建造的运作流程和模式不同。传统建筑产业的设计、施工、原材料运输、装修及运营相互独立，是以工地施工为中心的串行加工过程，其运作过程及特点如图1—2所示。在此过程中，仅采用基于单一任务管理的二维流程管理方式，不仅导致生产流程管理过于粗放，还引发施工现场管理的混乱，进而造成现场资源的严重浪费、质量控制困难、成本居高不下等问题。由此可见，传统建筑产业重点追求基于工艺和工期的简单价值管理，而对经济效益和社会价值的管控不足。

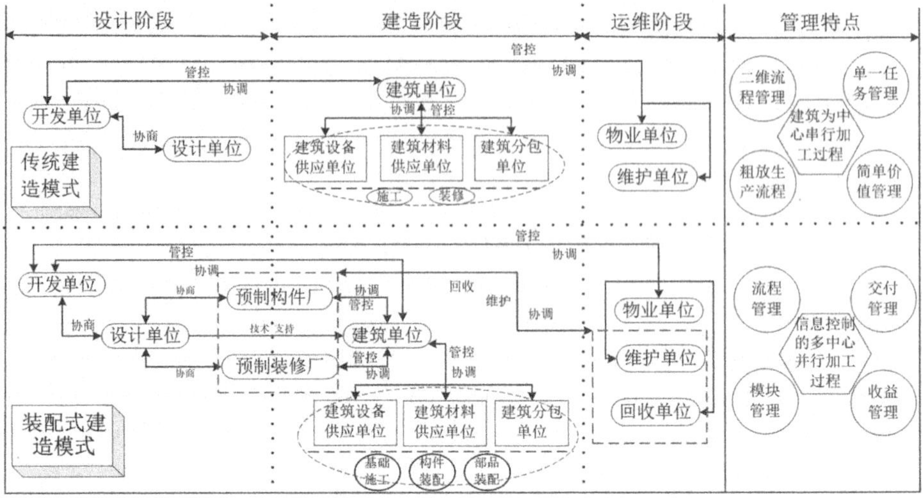

图1—2　装配式建造模式与传统建造模式运作过程对比分析

从作业流程角度系统地梳理和归纳传统建造模式与装配式建造模式的特点及区别，以明确装配式建造的作业流程，并从产业链层面、参与方层面、产品层面辨析其不同点，见表1—1。

表1-1　传统建造模式与建筑工业化的区别

对比要素		传统建造模式	装配式建造模式
产业链层面	参与方构成	针对现场湿法作业，包括开发企业、设计企业、建设企业、原材料供应企业等	基于工厂化预制作业，不仅包括传统的参与方，还包括PC构件及部品生产企业、运输企业等
	链条结构	各参与方基本相互独立，形成自开发—设计—建筑—装修的单向垂直链条结构	各参与方相互协同，形成多方共同参与的链网式、网络式结构
	作业效率	受制于现场湿法作业及各方之间的“孤岛”效应，造成建造效率因自然环境、串行作业、协调不足等问题而降低，增加了时间、人力等成本	基于工厂内的预制生产模式及各方的协同，不仅实现并行作业，并且实现各方的互联互通，进而极大地提高了效率，降低了成本
参与方层面	设计单位	基本仅基于开发单位（甲方）的需求及技术标准进行建筑物外形及施工图纸设计，忽视后续建造过程的可行性及有效性	由于设计的建筑物会影响装配式预制构件厂及部品厂的工艺、运输、现场装配等作业活动，因此设计单位需要与这些参与方协同，以提质增效

续表

对比要素		传统建造模式	装配式建造模式
	建筑单位	建筑单位（特别是总包单位）仅按照学号施工图纸进行施工，对分包单位和原材料供应商的管控不足，造成工期、成本、库存等的不可控	建筑单位从“按图索骥”的角色转变为“操盘手”的角色，对PC构件及部品企业的生产、运输、现场装配都要进行统筹协调、制订详尽的计划，并充分利用信息化工具，以实现高效管控
	供应单位	根据建筑单位的采购需求进行供货，但由于自身物料管控计划不足，造成不及时供货、成本偏高等问题突出，进而影响了施工进度	基于施工现场的精益化管理，供应单位特别是PC构件及部品企业，需要基于需求制订自身的作业计划，以确保现场的准时化装配，并降低现场的库存
产品层面	产品性能	受现场作业的效率、环境、工艺等因素影响，建筑物存在建设工期长、质量不稳定、维护难度大、基本不可回收等缺点	由于基于模块化的构件，实现了标准化设计、工厂化生产、机械化装配，加快了建造效率，缩短了工期，提高了质量，特别是提升了维护、可回收等方面的性能，加强了对全生命周期的管控
	社会效益	由于施工工艺及管理体系的限制，现场施工、原料运输等过程的环境污染严重，并且对水、电等资源的消耗较大，不仅造成经济效益低，还不符合社会效益，引起一系列的社会问题	由于工厂化生产、机械化装配，提升了对各个关键阶段的管控，不仅实现了对环境污染的控制，还极大地降低了能源消耗，实现了提质增效和节能减排的目标。因此，该模式不仅具有较大的经济效益，还具有良好的社会效益

三、装配式建筑的应用优势

（一）装配式建造有利于节能减排

通过在工厂生产预制构件，并在生产过程中采用先进的管理方法和技术，结合信息化手段，可以有效地提高预制构件的生产水平，同时节约人力、物力和财力。据不完全统计，这种新型建造方式可以有效减少建筑中电、水、木模板的用量，同时降低建筑过程中的噪声污染，见表1—2。

表1-2　装配式建造与传统建造能耗对比

项目	现浇结构	装配式结构（预制率45%）
钢筋用量	约52kg/m^3	约55kg/m^3
混凝土用量	约0.41m^3/m^2	约0.44m^3/m^2
施工用水	15kg/月/m^3	11kg/月/m^3

续表

项目	现浇结构	装配式结构（预制率45%）
施工用电	0.83度/月/m^2	0.65度/月/m^2
木模板用量	木方：$6m^3/1000m^2$	木方：$4m^3/1000m^2$
	板：$330m^2/1000m^2$	板：$106m^2/1000m^2$
	钢管架：$1900m/1000m^2$	钢管架：$1243m/1000m^2$
建筑垃圾	$7.5kg/m^2$	$4.6kg/m^2$

（二）装配式建造有利于节省劳动力

在用工量方面，装配式建造相较于传统建造可以节省30%～50%，并且预制率越高，用工量的节省效果越明显。这一优势主要体现在装配式施工现场的钢筋绑扎、模板架设等方面用工量的大幅减少。施工现场大量使用的PC构件均采用干法施工，大大减少了依赖人力的现场作业。装配式建造与传统建造在钢筋工、混凝土工、木工和吊装工上的用工量对比，见表1—3。

表1-3　装配式建造与传统建造用工量对比表

工种	数量（一个标准层）		增量
	传统现浇项目（工日）	装配式建筑（工日）	
钢筋工	42.5	43	1.18%
混凝土工	36	28	−22.22%
木工	107	45	−57.94%
吊装工	无	10	—
合计	185.5	126	32.08%

（三）发展装配式建筑对经济发展有着明显的拉动作用

首先，装配式建筑的生产和施工过程能够带动相关产业链的发展，如建筑材料的生产、运输、安装等环节，这将直接促进相关企业的经济增长和就业机会的增加。其次，装配式建筑作为一种现代化的建筑方式，能够提高建筑效率和质量，缩短建设周期，从而加速城市建设和更新进程，进一步推动经济增长。最后，装配式建筑还符合绿色建筑的理念，能够减少资源消耗和环境污染，促进可持续发展，为经济的长期稳定增长提供有力支撑。

（四）有利于打造建筑龙头企业，培养高水平人才队伍

据不完全统计，大部分传统建筑企业仍没有深入理解装配式建筑的优势，认为装配式建筑前期投入过大，难以在短期内产生效益。仅有少数资金实力雄厚的企业，如万科，在一定程度上推行了装配式建造。同时，当前市场上也缺少相关人才队伍，并且人才队伍水平相对落后。鉴于此，加强人才队伍建设显得尤为关键。

根据测量与计算，预制房屋施工现场的用工量可减少约30%，可以有效缓解企业的用工压力。与此同时，预制房屋的发展不仅有助于工人提升劳动技能，还能显著提高生产效率、减轻劳动强度，促进建筑行业农民工向职业工人转变。

四、装配式建筑的结构组成

（一）预制墙板

墙板根据其位置可以分成内墙板和外墙板。内墙板的功能相对而言较少，并且通常用作分隔和承重。外墙板的功能相对而言较多，根据其是否承重、是否保温、是否配有外装饰，在生产工艺方面存在一定的差异，据此可以分为不同的类型。

同理，预制墙板根据其位置可以分成预制内墙板和预制外墙板。预制外墙板主要用于解决现浇外墙的耐久性不足、保温防火性能不佳、密封性能较差等问题。预制内墙板主要为非承重隔板，依据材料属性可分为纸面石膏板、硅酸钙板、加气混凝土砌块、轻质空心砖等。新型内墙板以复合材料为主，其特点是具有较快的施工速度、较好的隔音效果，并且基本没有裂缝。当配以使用一些轻质功能材料时，其性能和附加值将进一步提升。

（二）预制楼板

预制楼板的类型很多，如层压板、双T板、SP板等，我们应基于不同的工程要求对其进行选择。预制楼板分两个阶段完成，第一步在加工工厂预制下半部分，第二步将其余部分在现场进行浇筑。这种方式集成了预制和现场浇筑的优势，减少了对模板和支撑的使用，并且确保了整体结构的完整性。

（三）预制楼梯

预制楼梯在建筑物中的使用具有很强的合理性。通常情况下，住宅楼梯都是在紧急情况下使用。因此，对其装饰的外观要求较低，而坚固耐用

性则成为关键需求。无论是采用模板、钢结构还是混凝土结构，现浇楼梯的施工过程都极为复杂，并且质量难以持续保证，通常都需要进行二次装修。相较之下，预制楼梯在生产、运输和安装方面更为便捷，并且无须二次装修。同时，工厂化生产能够实现大规模制造，确保优良品质并有效控制成本。

（四）预制阳台

预制阳台可根据设计规范制作成完整的单体结构。类似于阳台和楼梯，采用现浇施工方式存在施工难度大和质量难以保障的弊端，同时工人在操作过程中面临较高的安全风险。采用预制方法不仅能节省时间和人力，并且还能够为外部装饰提供更好的条件。

五、装配式建筑发展的制约因素

（一）国情

我国作为有着960万平方千米的大国，地域广阔，抗震等级随着地域的不同，要求也有所变化。目前，我国在装配式住宅的应用方面还处于起步阶段，实践经验较少，相关研究也有所不足，尤其是与装配式建筑相配套的材料性能（如灌浆料、密封胶等）、保温构造节点和防水构造节点（如三明治外墙连接件等）等方面都缺少时间的检验。

（二）技术角度

目前，我国的装配式建筑结构体系包括装配整体式混凝土结构、装配式钢结构和装配式木结构等，均采用等同于现浇的结构设计理论。其设计方法单一，采用竖向钢筋连接技术，将预制构件与现浇结构相结合的方式连接成一个整体，然后进行防水防潮处理，进而保证可以达到等同于现浇体系的质量水平。

（三）劳动力

众所周知，我国劳动力由于数量较多，成本处于较低水平，但是工人质量相对不高，尤其对于装配式建筑而言，由于其标准化程度较高，因此对劳动力的要求也较高。然而，中国的劳动力水平明显无法满足现代化的装配式建筑施工要求。

（四）设计

在我国装配式住宅领域，设计师大多刚刚接触这一领域，因此对于装配式建筑的整个完成流程还没有具体而明确的理解，对各个工序之间的关联和影响也未能深入掌握。因此，他们在设计时，无法全局性、系统性地将实际情况中会面临的问题融入设计方案。这也就导致了在项目推进过程中很多部件在生产过程中难以组装模具，而在装配阶段，部分预制构件需要重新进行拆解才能满足装配需求。目前，我国对装配式建筑的国家标准、图审相关规定、人员水平的要求仍处于较低水平，仅仅在装配率上提出了要求，这无疑在一定程度上制约了装配式建筑的进一步发展。

（五）成本

从当前我国装配式建筑的发展阶段来看，较快的完工时间是装配式建筑的优点，而成本过高则限制了装配式建筑的发展。与传统建筑相比，装配式建筑的成本每平方米大约要高出200～900元。从实际调研情况来看，发现在剪力墙高层住宅的建筑过程中，在预制率较低的情况下，即预制率小于15%，也就是仅仅对楼梯、楼板进行预制装配，成本的增量为150～220元；当预制率达到35%，也就是对内、外墙板都进行预制，以增加竖向构件的数量时，成本的增量便迅速提升到了360～500元。对于楼层相对较低的住宅楼和以钢筋混凝土为核心结构的写字楼而言，这一成本增量则更高。综合各省市调查数据，毛坯高层商品住宅在不同PC率下的造价增加情况，见表1—4。

表1-4　毛坯高层商品住宅在不同PC率下的造价增加情况

名称	数据				
PC率（%）	0	15	25	30	40
传统现浇结构造价基数（元/m^2）	2400	2400	2400	2400	2400
增加造价（元/m^2）	0	280	350	420	490
小计（元）	2400	2680	2750	2820	2890
增加比例（%）	0.00	11.67	14.58	17.50	20.42
构件	无	凸窗板、阳台	凸窗板、阳台板、楼梯、外墙	凸窗板、阳台板、楼梯、外墙、部分叠合板	凸窗板、阳台板、楼梯、外墙、部分叠合板
备注	无	无夹芯	无夹芯	无夹芯	无夹芯
		外保温	外保温	外保温	外保温

六、装配式建筑面临的发展问题

装配式建造模式与传统建造模式相比，在许多方面具有优势。但是，以装配式住宅为例，目前我国还不足10%，而许多发达国家已达50%，日本更是高达70%。这表明，我国在装配式建筑发展过程中仍面临一系列亟待解决的问题。

在装配式建造过程中，强调装配式建造产业链中各建造过程及相关利益相关者间的协同与合作，以提高装配式建造项目的质量、效率、成本控制等。然而，当前装配式建造产业链中的利益相关者在参与项目建造过程中存在不确定性、复杂性、离散性等问题。当前，装配式建造产业链整体管理存在较多不足，特别是项目设计、构件生产、现场装配等过程通常是相互割裂的，利益相关者之间缺少充分的信息交换及协同合作，进而对装配式建造项目的绩效产生消极影响。同时，装配式建造产业面临着“碳达峰、碳中和”带来的新要求，利益相关者之间的合作关系及装配式建造能力不足引发的问题越发凸显，这对装配式建造产业的数字化转型升级产生了消极影响。此外，装配式建造不仅要求建筑、结构、机电和装修等全专业协同，还需要设计、生产、储运、施工装配等全产业链上的利益相关者协同，以充分发挥装配式建造的优势。

当前，我国装配式产业发展在产业链管理和建筑企业装配式建造能力提升两个方面还存在诸多问题，这在一定程度上制约了我国装配式建造产业的发展。为此，需要对装配式项目建造产业链的各个节点进行系统的分析，以了解我国装配式建造行业存在的问题，并据此提出更好的改进方案及优化措施。

（一）产业链整体层面

装配式建造产业链涉及多个利益相关者，它们在参与过程中存在着不确定性、复杂性、离散性等问题，这些因素对装配式建造项目的绩效具有重要影响。特别是受传统建造模式的影响，装配式建造的项目设计、构件生产、现场装配等过程通常是相互割裂的，相关的利益相关者之间缺少充分的信息交换及协同合作，进而对装配式建造项目的绩效产生消极影响。例如，在装配式建造项目的设计过程中，设计者未考虑到相关的部品及部件的生产和施工过程，造成设计变更、模具周转次数减少等问题，进而增加了装配式建造项目的成本。

有效的利益相关者参与，可以改善决策、减少冲突、促进伙伴关系。

为此，从利益相关者角度提高装配式建造项目的绩效一直是理论研究和产业实践关注的焦点，特别是提高各利益相关者之间的协同。由于协同作业是决定装配式建造工期、质量、成本等控制水平的关键，所以从装配式建筑全价值链层面提升协同作业能力是建筑企业面临的重要课题。因此，必须整合设计、采购、生产和装配等建筑全价值链各环节的利益相关者，不断加强装配式建造过程的全产业链的集成和协同。

（二）建筑企业层面

建筑企业都在大力推进面向现场施工的装配技术、现浇技术及现场管理的能力提升，以适应装配式建筑的发展需求。然而，由于各建筑企业在技术、装备、人才、资产水平等方面存在差异，导致装配式建造能力参差不齐。此外，建筑企业对自身装配式建造能力的认识不足，并且对影响该能力提升的关键因素缺乏清晰的认识，导致其难以准确定位和把握进一步提升建造能力的关键，进而限制了建造能力的提升。因此，无法满足装配式建筑快速发展的需求，也无法充分发挥装配式建筑的质量、成本和工期等优势，对项目整体绩效提升及产业链上其他利益相关者能力提高产生了消极影响，进而一定程度上限制了装配式建筑的应用和发展。

由于我国装配式建造目前处于发展的初期阶段，不能实现建筑项目的完全装配化，因此装配式建造为制造业务与现场施工活动的独特混合体，具有“现浇＋装配”和“建造＋制造”的双重属性。当前，产业界对装配式建造的双重属性的认识尚不全面，重点关注建造的项目管理，较少关注制造环节的运作流程，导致装配式建造模式在管理上缺乏整体性和系统性。特别是缺乏从建筑产品整体建造运作流程视角下的建造管控，以及建造和制造过程各环节之间的衔接与协同。这些问题造成装配式建造运营成本高、质量波动大、运作效率低等。因此，对装配式建造的运作流程进行优化，可以实现对建造过程的各要素的有效管控，减少非增值作业，促使项目系统内各种要素沿着价值增值的方向高效运行，从而提高建造效率和质量，降低建造成本。

第三节 装配式建筑与现代管理技术

一、装配式建筑与数字化

伴随着信息技术的迅猛发展，《智能建造与新型建筑工业化协同发展的指导意见》《新型建筑工业化发展指导意见》等政策性文件明确指出，建筑产业应以推动建筑业高质量发展为核心主题，加速与先进制造业、新一代信息技术的深度融合。首先，加强智能建造与新型建筑工业化协同发展，加快推进建筑业的转型升级，实现绿色低碳的可持续发展目标。其次，以大力发展建筑工业化为载体，以数字化、智能化升级为动力，创新突破相关核心技术，加大智能建造在工程建设各环节的应用，形成涵盖科研、设计、生产加工、施工装配、运营等全产业链融于一体的智能建造产业体系。最后，将传统建筑业务和流程进行工业化、数字化改造，充分利用先进制造及数字技术和工具，提高建筑设计、建造和管理的效率和质量，有效降低成本。

一方面，深化信息技术的应用。在建筑全过程中，强化对建筑信息模型、互联网、物联网、大数据、云计算、移动通信、人工智能、区块链等前沿技术的集成与创新应用。另一方面，构建完善的供应链系统平台。首先，加速推进建筑信息模型技术在新型建筑工业化全生命周期的一体化集成应用，搭建项目多方协同的智能建造工作平台和建筑产业互联网平台。其次，增强智能建造上下游的协同作业，构建涵盖设计、生产、施工、技术服务的完整产业链，实现与供应链上下游企业间的互联互通，提高供应链的协同效率，优化建筑行业全产业链资源配置。最后，探索适应智能建造与建筑工业化协同发展的新型组织模式、流程及管理体系，统筹全产业链建造活动，推动企业以多元化形式紧密合作、协同创新，进而实现建筑业工业化和数字化转型升级。

建筑信息模型（Building Information Model，BIM）、物联网（Internet of Things，IoT）等信息技术，为优化各主体之间的信息交流、运作流程、活动交互提供了坚实的技术支撑，推动了新型协同关系及交互模式的构建。

《关于推动智能建造与建筑工业化协同发展的指导意见》和《关于加快新型建筑工业化发展的若干意见》等政策文件均明确提出，构建基于BIM的协同智能建造工作平台及装配式建造产业互联网平台（简称BIM平台），目的是统筹建造活动全产业链、促进上下游协同作业、推动企业以多样化形式紧密合作、提高供应链协同效率、实现资源的高效配置。

装配式建造模式全产业链协同运作模型，揭示了制约工业化项目全生命周期各阶段的信息传递、建造过程、合同管理、价值认知等多方面协同工作的核心要素，这些要素同时也是推动项目持续性协同的关键所在。其中，信息传递协同是整个协同体系的核心，而BIM技术作为持续性协同的一个重要驱动因素，其有效的应用能够从根本上消除信息传递的诸多障碍，有效解决了“信息孤岛”难题，为工业化建设项目全生命周期的高质量、高效率协同工作提供了坚实的技术支撑。

基于BIM技术的微观综合协同机制的核心是建筑工业化信息协同云平台。该平台是基于云技术和高速宽带网络技术，构建的一个集工业化协同设计、协同施工和协同运维三大功能于一体的多功能集成平台。其中，协同设计平台为设计师提供了在线协同设计BIM预制装配式构件模型的环境，并具备协同碰撞检查、绿建分析、后期变更分析和能耗分析等功能，同时能够将所获得的信息与其他子平台互传；协同施工平台具有建筑工业化协同施工模拟、施工优化、绿建施工分析、施工能耗分析和后期变更分析等功能，同时也支持将所获得的信息与其他子平台互传；协同运维平台的主要功能是帮助物业进行实时动态监测和及时更换、应急管理培训的模拟以及辅助物业进行运行维护的管理等。这三大协同模式的有机集成，在很大程度上有效推动了建筑产业化的发展与升级。

二、装配式建筑与精益建造

精益建造是精益生产在建筑业的应用，是将精益生产的理论和方法应用到建筑建造过程之中，通过关注价值流动、识别并消除其中的浪费环节，从而实现企业效益的最大化。精益建造从理念上看，是追求建筑工业化过程的精益化，用精益管理模式实现设计精益化、制造标准化、物流准时化、装配快速化、管理信息化、过程绿色化等全产业链的精益生产；从表现形式上看，这一过程是将建造房屋所需的各种钢结构和混凝土构件等，借鉴生产汽车部件的模式，在生产线上进行连续加工制造，最终在总装线上依据订单要求准时装配完成。这是精益管理模式与建筑工业化深度融合的产物，实现房屋各部件通过流水线生产出来，形成“搭积木式”建造房屋的过程。实践证明，实施精益建造的企业在效率和效益上都有较大提高。当前，以精益建造推动建筑工业化加速发展，需要重点关注以下几个方面。

第一，以精益建造实现建筑业全产业链工业化。目前，不少建筑企业将施工过程看成一系列单独施工行为的结合，很少从整体上设计施工流程，特别是各施工环节之间的衔接与配合。即使是建筑工业化开展得比较好的一些建筑企业，也不具备在设计、制造、物流和装配等全产业链实现建筑工业化的能力，大多只是在自身具有优势的某些环节开展建筑工业化。推行精益建造，是要将整个建造过程中的设计、采购、制造、物流和装配等环节有机结合起来，促使全产业链中的物流、信息流、资金流、人流等快速流动，在保证质量、工期等目标达成的同时，提高企业收益，实现建筑业全产业链的工业化。

第二，以精益建造促进建筑业绿色发展。相对于传统的房屋建造模式，以精益建造为基础的建筑工业化展现出显著的绿色环保优势。标准化的建造过程不仅有利于节约能源和资源，还能减少建筑垃圾和环境污染。例如，房屋建造过程中，如果流程设计不合理，那么工程进度就很难保证，因此进度滞后现象时常发生，为了赶上进度就需要加大各方面投入。这其实是一种浪费行为，也不利于绿色发展。按照持续改善、减少浪费的精益理念，精益建造能够进一步消除设计、采购、制造、物流和装配等环节的浪费情况，更加节能、节水、节材。可见，精益建造的过程也是推动建筑业绿色发展的过程。通过精益建造，不仅能提升建筑业的管理水平，还能提高从业人员的素质。精益建造促使建筑业信息化程度更高、产业链条更长，而构建一套完善的精益管理体系，是确保建造过程精益化、建造管理精细化的关键。因此，构建建筑企业精益管理体系成为推进建筑工业化的题中应有之义，否则会导致精益建造的片段化、短期化。同时，精益建造对建筑行业的人才，尤其是复合型人才的培养提出了更高要求。

第二章　装配式建筑与精益建造

第一节 精益管理

一、精益管理的概念

精益管理的核心是精益思想。精益思想就是企业运用各种改善工具消灭浪费，实现过程“零”浪费、工作“零”缺陷、工厂“零”灾害，以及人、财、物、信息“零”停滞，保证公司提供给顾客的价值最大化，并在企业管理过程中追求精益求精、尽善尽美。因此，精益管理需将彻底消除一切浪费的精益思想贯穿到企业整个经营管理之中，以最优为目标，全方位、持续地推进精益改进，使精益思想在管理领域中得到广泛应用和拓展，如图2—1所示。

精益管理模式是一种将企业管理、经营运作的理念、方法、技术、工具等融为一体的科学管理体系。在此模式中，价值流是管理的首要关注点，精益求精是管理的核心目标，而以人为本的思想是企业文化的基石。通过系统思维的运用，在企业的战略和战术层面以及运营的各个子系统中，以精益思想为指导，积极采纳和应用各种创新的方法和技术，以满足客户需求并适应市场变化，最终实现企业价值的最大化和所有利益相关者的共同利益，同时营造一个和谐的企业氛围，并持续进行改进，以达到完美的境界。

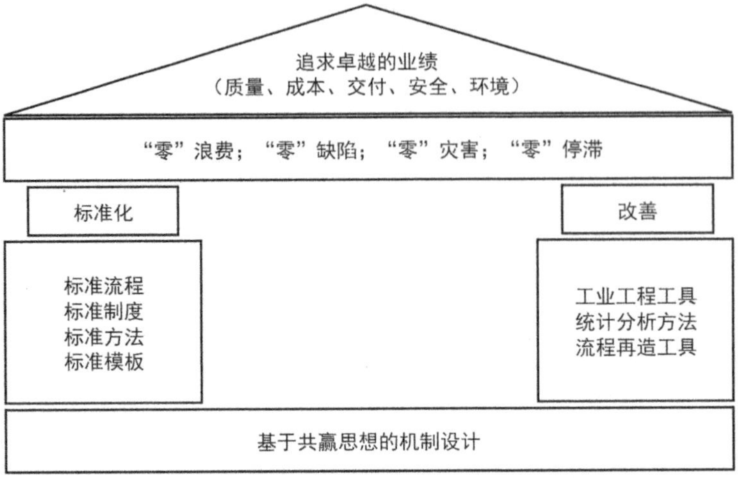

图2—1 精益管理总体框架

精益管理是将精益工具与管理流程相结合，通过标准化和持续改进，追求更卓越管理效果的一套体系。从其定义出发，精益管理的核心精髓体现在两个方面：一方面是通过全员持续参与，积极探寻改善机会并付诸实践；另一方面则是对改善过程中涌现出的最佳工作方法进行标准化，并广泛推广。

精益管理的基础是建立以正向激励为核心的管理制度，营造一种持续改善、不怕失败的企业文化氛围，引导员工按照企业战略的方向稳步前行，凝聚成一股强劲的推进力。员工应积极参与企业管理提升的各项活动，以自己的岗位为中心，进行自我反省，通过细微处的持续精进，逐步消除浪费，实现自我管理与自我提升，进而实现个体、企业、客户、社会多方共赢的目标。

在具体实施层面，精益管理是通过制定科学的推进策略和明确的实施步骤，以及搭建全员参与的平台，引导全体员工运用精益思想和工具消除浪费。同时，推动整个企业持续地在一线、基层管理、中层管理、高层管理四个层面，有条理、有顺序、有目标地进行改进和标准化的管理革新活动，从而围绕外部动态环境建立长久的竞争优势。

精益管理的核心要点包括以下两个方面：第一，“策略与步骤”和“平台”。精益管理将推进和应用的重心转向管理机制的变革和建设，通过管理来消除浪费，而工具和方法仅起辅助的作用。第二，“四个维度”和“四个层面”。意味着将改善和全员参与变得更加具体化和可操作化。

二、精益管理的框架

精益管理的核心在于通过有效的管理制度和管理方法设计，有步骤、有计划地推动企业各部门全员参与标准化和持续改进工作。在这个过程中，通过持续的自我完善和提高，逐步实现精细、精实、精益、持续的阶段化目标。精益管理描绘的是企业逐步从粗放到精益发展历程的完整蓝图，是精益推进的完整体系。笔者经过多年实践，提出了如图2—2所示的精益管理推进体系的基本框架。

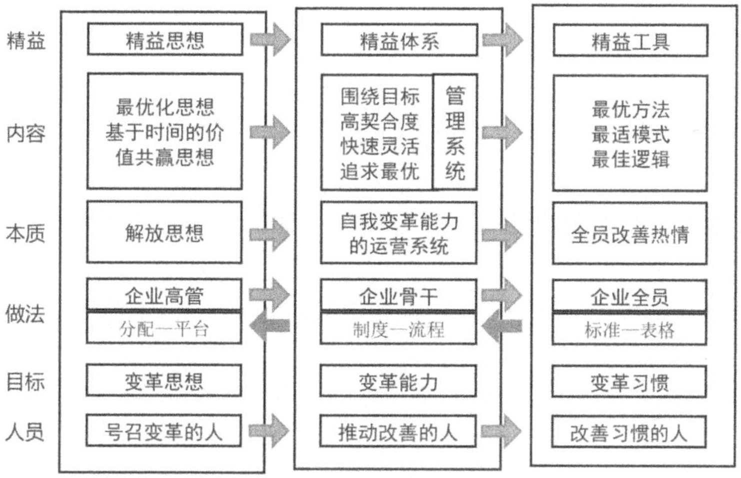

图2—2 精益管理推进体系的基本框架

精益管理推进体系的建立是一项系统工程，主要包括以下三个部分。

（一）精益管理思想

企业的最高管理者必须树立正确的企业观，脚踏实地、真心诚意地经营企业。只有这样，高层管理者才能在宏观战略层面给下一级提供有效的工作指导，并以精益思想作为工作的出发点和落脚点。精益思想体现在以下几个方面。

第一，企业的目的是实现社会、客户、股东、员工四方的满意度最大化。

第二，消除管理过程中无价值的步骤，消除低效率，持续优化那些创造价值的活动。

第三，效率是企业竞争力的核心要素。

基于上述精益思想，企业会形成以下价值观。

第一，员工、客户、企业要共同分享改善带来的成果，不仅要在物质上给员工带来财富，还要在精神上给员工带来满足。

第二，企业当前的管理系统尚不完善，需要长期不断的改善，以实现最优化，优化的系统将会使企业更加优秀。

第三，提高运营效率、管理效率、反应速度是管理的关键。

有了这些价值观，就会促使企业高层解放思想，化解企业不同层级之间的对立或者不合作现象，号召全体员工积极参与改善活动，制定鼓励改善的制度，搭建改善的宣传平台，把调动人员参与改善的动机和行为与改善结果结合起来，专注于指导企业全面消除浪费、提升价值，从而形成良性循环。高层管理者开展这些工作的指导理念，正是追求价值最大化、浪费最小化以及多方共赢的思想。在宏观层面，精益思想将会始终发挥引导作用，促使企业的管理系统逐步向精益化系统转变。

（二）精益管理体系

精益管理体系是中观层面的一个概念，既包括精心设计的精益管理路径的推动实施系统，又包括培养、指导、管理员工改善和标准化的工作程序和制度，还包括各个职能部门应用精益思想进行变革后的系统做法。管理者通过应用精益管理体系，使企业管理系统能够自适应外部环境的变化，更有效地支持企业战略规划和目标的实现，从而使企业在不断变化的环境中持续自我优化，探寻最佳方法以赢得竞争优势。精益管理体系的构建和实现过程中的重点是制度和流程的建立，而流程和制度的建立依赖精益推进过程中的中坚力量，这些中坚力量不仅能够建立制度和流程，还能够促使下属不断进行改善。精益管理体系最重要的特征是自主调整能力，但是这一能力会不断衰退。精益管理体系的“正熵”会不断增加，而自主调整的“负熵”会不断减少，换言之，改变的能力会慢慢下降。一旦企业的“正熵”超过了“负熵”，企业变革的能力就会下降。因此，必须对企业的适应能力进行适时且适度的“自我审视”，只有不断调整和优化的精益管理体系，才是真正适应变化的。

（三）精益管理工具

精益管理工具种类繁多，各具特色。例如，5S管理作为一种基础工具，通过整理、整顿、清扫、清洁、素养五个步骤，优化现场环境，提高工作效率；价值流图则直观展示了产品或服务从原材料到最终交付给客户的全过程，帮助企业识别并消除浪费；看板管理则通过可视化手段，实时反映生产进度和库存情况，促进生产流程的流畅进行。这些工具共同构成了精益管理的核心体系，助力企业实现持续改进和精益生产。

精益管理工具的应用是微观层面的活动。它参照精益思想，在精益管理体系之下进行实际应用，并实实在在地创造价值。精益管理工具的有效应用依赖全体员工高昂的改善热情，这种改善热情来自企业的文化以及管理制度和机制的合理设置。除了激发改善热情，企业还需要采用系统的方法即精益管理工具来指导企业的改善活动。虽然精益管理工具简单实用，但是企业精益发展各个阶段应该采用什么工具，以及如何将这些工具与企业自身特点相结合，却是一个值得深入研究和探讨的重要课题。

上述三个部分相互关联、互相制约，形成自上而下的思想传递、自下而上的工作改善，最终呈螺旋式上升，推动管理水平的全面提升。

三、精益管理的推进体系

在精益管理推进过程中，企业每一层级的组织均需参与，各有侧重且相互衔接，从点及面再到整体，构建起一个严谨且高效的生产运营组织。精益管理正是从组织的各层级入手，进行精确的管理，主要包括以下几个方面。

第一，“点改善”：生产一线的员工着眼于现场的静止物，即通过对现场、现物、现时进行管理和改善，并开展基础标准化工作，这就是“点”改善。

第二，“线改善”：班组长、车间主任等基层管理人员着眼于生产的动态和办公的过程，通过对这些方面进行操作方法的管理和改善，并开展标准化工作，这就是“线”改善。

第三，“面改善”：部门领导作为中层管理者着重关注的是流程问题，即识别流程中的非增值部分，进行流程的改善和标准化，这就是“面”改善。

第四，“体改善”：高层管理者或精益推进部门着重关注整体的情况，体制设计是其核心着眼点。将管理机制标准化，能够保证精益管理沿着正确的方向推进，这就是“体”改善。如图2—3所示。

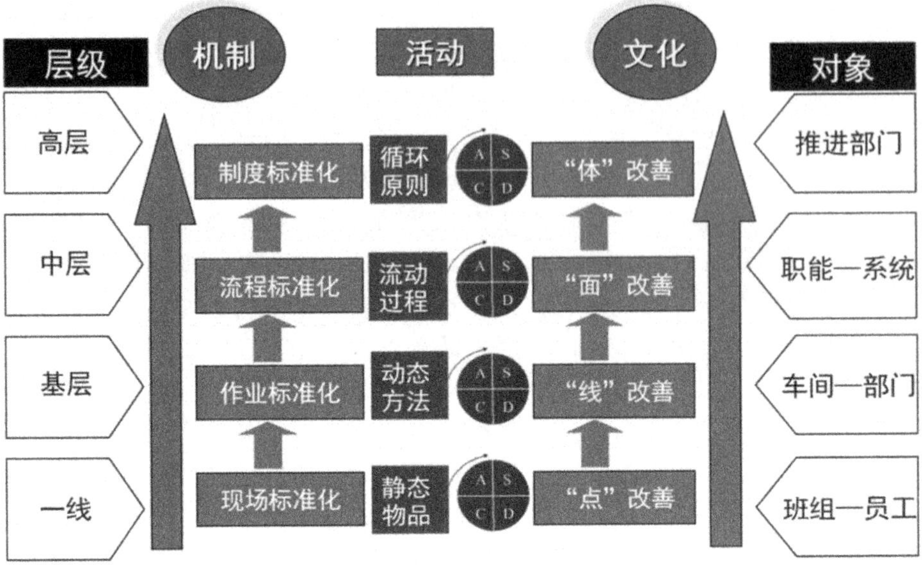

图2—3　精益管理推进体系

在图2—3所示的"点、线、面、体"的精益管理推进体系的前一阶段，即改善之前，首要任务是改善每一个层级的关注对象，比如生产现场的物料、作业流程、管理流程、管理制度等。首先，将这些点、线、面、体按照现有情况进行标准化，此时的标准化只是模仿先进企业的模式，我们称之为"表准化"，即尽管这个标准与我们企业并不完全适宜，但是我们可以在此基础上进行改善，确保在建立标准的过程中不会出现倒退。在精益改善过程中，改善固然重要，但是改善之后的标准化更加重要。很多企业在推进精益管理的过程中，虽然有很多很好的改善举措，但是未能将这些改善固化形成标准，最终未能为企业留下最有价值的标准，使得改善流于形式。标准化的实施是精益管理的核心要点，具体体现在以下几个方面。

第一，现场标准化。现场标准化是指对现场物品的布置、保存方法等进行标准化的过程。它是后续标准化的基础，同时也是精益管理实施的起点。

第二，作业标准化。作业标准化是指在现场标准化的基础之上，分析作业方法，将每一项操作以科学的方式进行分解，进而优化作业流程，确保生产效率的同时，满足质量和安全标准。通过对作业方法进行改善，最终形成优化的作业程序，达到省力、高效、安全的效果。

第三，流程标准化。识别流程中的不必要的作业或者合并、简化作业，可以省去对这些作业的标准化过程，对于整体优化有着十分重要的作用。

第四，制度标准化。将管理制度标准化可以减少管理过程中的不确定性，明确管理目的和规范管理过程。因此，制度标准化是现场标准化、作业标准化、流程标准化的保证。

总之，标准化是精益管理过程中一个十分重要的过程，这个过程能够为企业的改善工作去除糟粕、保存精华，是科学管理的必要过程，也为企业进行知识管理提供了有效支撑。企业内部高效、持续、协调的标准化就是不断优化和改善的过程，没有标准化就没有精益管理的生命力。因此，标准化管理是企业精益管理的重中之重。

四、精益管理推进关键要素

企业精益转型是企业为了提高企业运营绩效而开展的活动。在此过程中，通过对精益工具的应用，提高企业运营过程中投入资产的利用率或效率，并对与之相对应的企业组织结构、运营惯例、企业文化等进行适配性的变革，以同时实现生产运营系统技术维度和社会维度的转型。因此，在绩效边界理论下，企业精益转型主要消除生产运营过程中的低效率，与需要大量资源投入的企业经营战略转型（如开拓新市场、扩大工厂规模）无关。基于上述分析，企业精益转型本质上是将企业的运营绩效边界不断向资产边界推进的过程，目的是以最小的投入提高企业对于资产边界的利用效率，从而获得更好的企业运营绩效。

企业运营绩效边界是提供持续竞争优势的最优选择，这一点可以通过日本汽车制造商的成功及其制造实力得以证明，因为在无形资源方面的大量投资可以带来持续的竞争优势。虽然资产和运营绩效边界都可以成为企业竞争优势的来源，但是企业精益转型主要通过改变企业运营绩效边界（一种无形资源）来获得竞争优势。企业精益转型通过导入精益原则和方法，并进行相应的组织变革，以此而形成的精益生产运营系统是融合了社会系统和技术系统的优化。因此，通过精益转型而获得的竞争优势，相较于通过企业资产边界优化而获得的竞争优势更加重要。这是因为，前者对于企业而言是有价值的、稀缺的和特定的，而且它很难被其他企业通过简单的复制而获得。

在企业（战略）转型领域，关于企业转型的关键要素一直是相关研究的热点。通过识别这些关键要素，可以帮助企业顺利开展转型活动。具体到精益转型，企业要成功实施精益转型计划，最重要的是建立一个协同的精益转型框架。这个框架需要以整体的视角规划和整合组织的每一个实体，并在组织内部的每个岗位植入精益文化，以确保组织长期的可持续性发展。对于那些希望开展精益转型的组织而言，首先，领导层必须坚定对精益理念的信念，并营造一个有利于合作的工作环境，积极推动变革的进程。其次，领导层必须确保为精益转型过程提供全面的基础性支持，如知识、文化等，以保障企业精益转型的持续推进。为了实现这些目标，必须有一位具备坚定精益信念、远见卓识且学识渊博的领导者，不仅在高层，更需深入企业内部的各个领域，扮演导师、辅导员和教练的多重角色，以有效帮助和激励员工。

此外，建立精益原则有助于精益管理结构或机制的形成，推动各类社会技术要素的无缝融合，并加速变革进程。这些精益原则如同组织的神经系统，促进信息和知识在企业内部的顺畅流通，进而建立一个高效能的沟通机制和支持架构。需铭记，这些原则在很大程度上依赖坚实的知识管理能力。缺乏健全的知识体系，并且对基础理论和工具缺乏深刻的理解，精益原则将无从谈起。这些精益原则是组织转型的指导原则，可以实现和维持转型过程，营造积极的工作环境，激发员工队伍的活力。由于内部组织环境有利于精益转型，组织成员（员工）感受到动力和授权，使得组织更加稳固，以遏制内部和外部力量的挑战。基本精益原则为组织中的所有实体提供了明确的解析，这对于深化对各实体间互动的理解至关重要，并最终实现技术与社会要素的有机整合，共同优化整个企业精益管理体系。

第二节 精益建造

一、精益建造的基本概念

丹麦学者Lauris Koskela早在1992年就提出要将精益管理应用到建筑业，并提出了面向传统建筑行业的精益建造，以提高建筑业的管理水平，其主要方法有末位计划系统（LPS）等。面向传统建筑产业的精益建造经过近几十年的发展，一定程度上达到了提高建造效率、提升建造质量和减少浪费的目标。而建筑工业化在促进传统建筑产业转型升级的过程中，给已有的传统建筑产业的运营模式带来了新变化，提出了新要求和新挑战。因此，为促进建筑工业化的快速发展，助力建筑行业的转型升级和提质增效，需要将精益管理引入建筑工业化，基于建筑工业化对传统精益建造进行再定义，提出面向建筑工业化的精益建造管理模式。

为了构建面向建筑工业化的精益建造管理模式，需要在整理建筑工业化作业流程的基础上，将其作业特点与精益管理的方法和理论进行结合，提出支撑精益建造管理模式的理论基础，即精益建造基本理论，如图2—4所示。

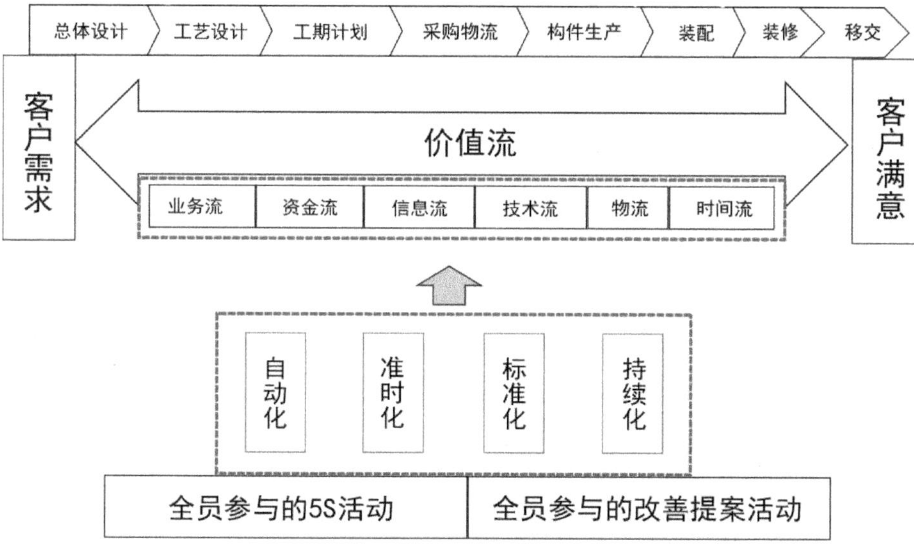

图2—4　精益建造管理模式

建筑工业化以模块化管理为基础，强调流程管理，并以全产业链的收益最大化和交付准时化为目标。价值流管理是精益管理的核心理论之一，其强调生产和运营过程中的所有相关要素都向有价值的方向流动，服务于最终目标，包括业务流、资金流、信息流、技术流、物流和时间流。在建筑工业化模式下，作业流程主要可以分为总体设计、工艺设计、工期计划、采购物流、构件生产、装配、装修、移交等。为此，以客户需求为出发点，使各关键要素沿着作业流程进行有价值的流动，在实现客户满意目标的同时，实现了自身价值及收益的最大化。根据精益管理理论，为实现全流程的价值流管理目标，需要自动化、准时化、标准化和持续化的支撑。而自动化、准时化、标准化和持续化不仅是价值流管理的支柱，更是提高价值流水平的精益工具和要求。实际上，这些工具的效能提升，需要产业链中各级员工积极参与和积极实施更为基础的精益管理工具，包括现场5S管理、目视化管理、课题管理、改善提案活动等。从而在建筑工业化全产业链中形成企业间横向和企业内部纵向的全员参与的精益改善，保证了自动化、准时化、标准化和持续化等四大支柱的实施水平和效果，促进了业务流、资金流等相关要素沿着全产业链作业流程向有价值的方向流动。在实现客户满意目标的同时，提高建筑工业化全产业链的收益水平，助力产业自身的发展。由此形成了全员参与，以自动化、准时化、标准化和持续化为支柱，以实现客户满意为目标，面向建筑工业化的精益建造基本理论体系，为精益建造管理模式体系的构建提供了理论支撑。

二、精益建造工具

（一）价值流

价值流（Value Stream，VS），用来描述一个产品从零开始到被赋予价值成为一个真正产品的活动过程的总和。进行价值流分析可以帮助人们从全过程的视角对生产活动进行研究和优化，而不是仅仅局限于优化改进中的某个过程。价值流让研究人员可以审视全局，取得更好的效果。

价值流涉及的业务流程有三类：设计流、信息流和物质流。这些业务流程覆盖了企业赋予产品价值的所有活动，包括从概念设计到试制检验的设计流，企业内以及企业与供应商、客户之间的信息交换所形成的信息流，从原料供应商处获取原材料、将原材料运送到企业、企业对原材料进行加工即将材料转变为成品以及把有价值的产品交付给客户的全过程的物质流。价值流涉及的业务流程与活动，如图2—5所示。

为了对价值流进行研究，人们从效益的角度把价值流中的活动分为两种：增值活动和不增值活动。在企业运营过程中，我们可以通过对价值的理解，来更好地理解价值流中增值活动与不增值活动的区别。价值，有人定义为："适当时间内，按适当价格向用户提供产品或者服务的能力。"一般地，这里的适当价格只能由最终用户来决定。从用户角度出发设计的产品才是好产品，才能更精准地反映用户的需要，其所承载的价值才更能促成该产品的成功。增值活动是指能在生产过程中真正创造出最终顾客可以接受的有价值的活动；反之，为不增值活动。通常情况下，增值活动在企业生产经营活动总量中所占份额较小，而不增值活动则占据较大比重。因此，在价值流中识别并改进不增值活动显得尤为重要。

物质流与信息流是价值流优化的关键环节，在精益生产的理念中，它们具有同等重要性。准时化生产中的许多技术，如零库存技术等，都需要高效率的信息流作为支撑，因为只有在信息流动高效的情况下，人们才可以实现对物质流的高效控制，从而降低或避免库存浪费。

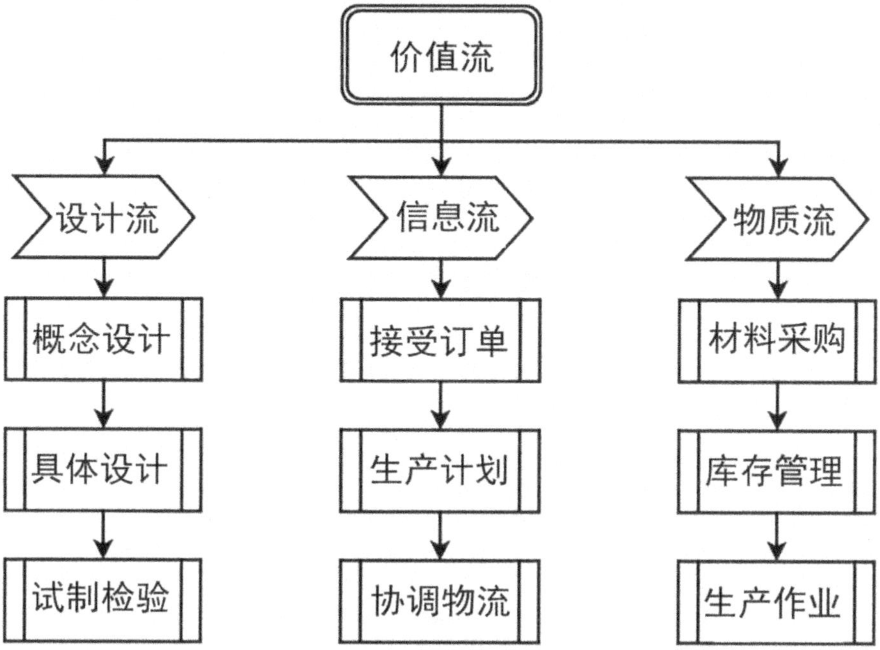

图2—5　价值流业务流程

增值活动和不增值活动又可以细化为三种活动方式：不增值活动、必要但不增值活动和增值活动。不增值活动是纯粹的浪费，是待优化的活动。必要但不增值活动，是指不创造价值，但是生产过程中还需要，并且不能取消的活动，或者说，取消这些不增值活动会造成更大的成本。增值活动，是指能创造出价值的活动，如生产过程中的加工环节。

价值流按其在企业中的重要性，可以将其分为主要价值流和支持价值流。主要价值流，是指在企业生产经营环节中占主导地位的价值流，如加工生产、营销沟通等活动。支持价值流，是指对企业生产经营起到辅助作用，却不可缺少的环节，如人事、财务等部门的活动。价值流管理的特点包括以下三个方面。

第一，连续流动性。连续流动性确保企业能够在恰当的时间内生产出适量的产品。一旦产品被客户取走，价值流系统随即被激活，企业便会继续生产相应数量的产品以补充库存。这种连续性不仅缩短了订货提前期，还大幅减少了产品库存，从而使生产过程井然有序。

第二，价值流图分析。价值流图描述了企业生产的全部过程，使企业可以发现并改进自身问题。

第三，标准化作业。标准化作业是指根据人因工程等学科的原理，探寻最优作业方法，使每个生产环节的作业都具有一套标准，从而达到最优生产效率，最大程度地减少浪费。

（二）末位者计划系统

建筑供应链的临时性使得供应链不稳定、易破碎，这是现场很多活动和工作不能按照计划进行的根本原因。例如，在吊装预制板的过程中，若因某些原因导致供应链断裂，预制板无法及时运抵现场，则该项工作将无法顺利进行，进而波及其他相关作业，引发工作流程的剧烈波动，最终导致工期延误和成本增加。现场与直接供应商建立伙伴关系，对于有效解决建筑供应链临时性引发的问题具有重要作用。因为承包商的主要利益集中在现场，所以它们无疑是与直接供应商建立伙伴关系的最佳选择。这样可以更好地协调各方资源，提高供应链的稳定性和效率，确保建筑项目的顺利进行。

建筑工业化包含工厂和现场两部分，两者之间协同计划与控制尤为重要。精益思想中的准时化生产是一种秉持按需生产、按需供应且实现零库存的理念。为了在工业化建筑建造过程中实现准时化生产，必须同步考量工厂与现场的计划安排，以及实施进度的实时反馈。只有确保工厂生产以及现场安装在构件这个层面上的计划与实施能够相互协调，才有可能实现准时化生产。

另外，现场施工计划的制订可以采用末位者计划系统（Last Planner System，LPS）。一项建筑任务的开始必须具备七种流入——图纸、构配件和材料、工人、设备、空间、相关工作、外部条件。如果在缺少一种或几种流入的情况下开始某项建筑任务，那么这项任务基本上不可能按照计划完成。现场很多工作或任务不能按照计划进行，常常是由于构配件和材料的流入不能按照正确的数量准时地到达正确的地点造成的。供应商不能及时足量地供应构配件和材料的主要原因不在于供应商，而在于现场采购方。常常由于现场采购方较多的采购变更，致使供应商不能够及时地对其做出反应，导致供应的构配件和材料不能准时到达现场。而这些采购变更又是因施工计划的变更引起的。在传统的计划制订方式下，计划的可执行度较差，完成情况也较差，上一个计划的完成情况会直接影响下一个计划，使得下一个计划中的构配件和材料的种类及数量不得不做出调整，最终体现在采购构配件和材料的种类及数量的变化上。

解决此类施工计划问题的有效方法就是采用末位者计划系统。通过在计划制订过程中应用该技术，能够确保计划的顺畅执行，并实现较高的完成度，从而最大限度地降低对后续计划的影响，确保采购计划的变更幅度最小化。

末位者计划系统是精益建筑研究中的一项重要成果，这项技术主要应用了精益建筑理论中的拉动思想，它强调计划的制订应该是拉动式的，而不是推动式的。传统的计划制订基本上都是高层管理人员根据他们所掌握的信息进行计划的制订，这是一种自上而下的推动形式。而最后计划者技术恰恰相反，它是一种自下而上的牵引拉动方式。

在末位者计划系统中，首先根据项目目标和项目信息制订主计划，它的主要作用是设立里程碑。主计划的制订还是采用传统的方法，只是制订者不仅限于高层管理者，还包括操作层的工长，然后进行约束分析和准备工作分析。最后，制订者根据实际情况制订出切实可行的工作计划。末位者计划系统可以理解为一种机制，把“应该做什么”转变为“能够做什么”，这样就相当于完成了一个“准完成”工作库，根据前两项计划，就能得出一个向前滚动的前瞻计划，再由滚动更新的前瞻计划导出更加详细的周计划，周计划就是工人下周要执行的工作计划，这个计划是一个可执行的且具有强大执行力的计划。由于计划的制订者和执行者是统一的，因此计划的执行效率是可以控制的。

三、精益建造模式体系

基于建筑工业化的精益建造核心理论，进一步融合建筑工业化的作业特性与精益管理理念，以消除非增值环节为关键控制点，并借助信息化手段，构建起完善的精益建造管理模式体系。如图2—6所示。精益管理是一个系统工程，着重强调人的潜力，以全员参与为基础。自动化、准时化、标准化、持续化是精益建造理论的四大支柱，是实现基于目标的价值流管理的关键。因此，基于精益管理理论和建筑工业化的作业特点，从自动化、准时化、标准化和持续化四个层面构建精益建造管理模式体系，推进总体设计、结构分解、工期计划、采购和物流、构件生产、装配、装修、移交等关键生产过程中的业务流、资金流、信息流、技术流、物流、时间流等重要因素向有价值的方向流动，以实现建造价值最大化目标。

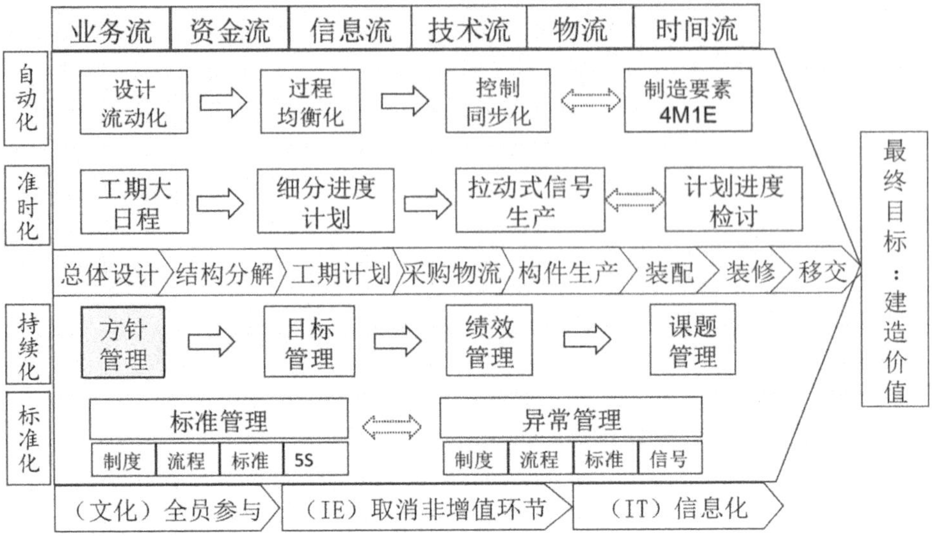

图2—6　工业化背景下的精益建造模式体系

（一）自动化

自动化强调对全产业链关键环节中各要素的最优化控制，包括设计流动化、过程均衡化、控制同步化等。其中，设计流动化从宏观层面看，是指在建筑设计阶段不仅要考虑其艺术性，更要考虑构件及部品生产、运输、装配的可行性，从而实现整个产业的顺畅流转，确保全产业链的高效运作。从微观层面看，是指企业内部生产过程中应主要采用基于生产线布局的流动化生产方式。然而，要实现产业链企业之间及企业内部生产工序的流动化，各方在运作过程中需要协调相关资源与要素，以实现均衡化生产。因此，需要从人、机、料、法律、环境等方面对制造要素进行同步化控制，以确保对各要素的有效控制，并提高整个产业链的效益。

（二）准时化

准时化，不仅是项目基于关键时间点的按时完成计划和目标，更是消除浪费、优化资源配置的关键。精益管理强调拉动式生产，在将目标进行基于计划分解的基础上，将细分的计划进行准时化管理，以优化各级资源配置，保证各级计划的准时化完成。基于此，根据工程项目的工期，制订构件和部品的生产计划，并细分为可执行的进度计划，以使相关企业基于此进行拉动式的准时化生产。此外，为确保各项计划的顺利推进，相关方需定期核查计划进度，以保证准时完成，并实现消除浪费、资源配置最优的最大效益。

（三）标准化

标准化强调对作业流程的严格管控，尤其是对现场作业的精细化管理，这是提高作业效率和保障质量水平的关键所在，因而是自动化、准时化和持续化实现的基石。因此，建筑工业化全产业链的各方在强化协同合作及加强自身组织管理的基础上，还需全面开展多层次的标准化工作。通常，标准化工作主要包括标准管理和异常管理，并且都涉及从现场到制度的多个递进层级。其中，标准管理包括现场的5S管理、作业标准化、流程标准化以及为实施标准化而制定的相关制度和规范，从而实现企业内部作业和运营的统一标准、统一规范。而异常管理是针对生产和运营过程中已经发生的，以及可能存在的异常情况进行处理、预测和预防的系统性工具，包括信号、标准、流程和制度等。其不仅要求对异常处理的标准化，还需要建立一套标准化的异常处理和预防的流程和制度，以提高异常管理的水平。由此可见，异常管理与标准管理相互联系，都通过标准化来提高现场及异常的管理水平。

（四）持续化

建筑工业化全产业链中的各方为实现基于自动化的总体管控和基于准时化的运营管理，不仅需要加强相互之间的协同，还需要对企业内部各类资源进行优化配置和高效整合。在企业内部管理中，最重要的是强化组织管理的活性，即建立从顶层到基层、从战略到实践等多层级的管控体系。企业需要依据产业分析和自身发展定位，科学制定企业发展战略方针，并进行动态调整，以达到有效的方针管理。为了贯彻落实战略方针，需要基于此设定长期、中期和短期目标，以及制订一系列的可执行计划，从而将顶层的方针管理转化为可执行的目标管理。为了确保计划和目标的高效达成，还需要实施相应的绩效评估和考核管理。同时，为确保目标的实现，对于关键子目标，需要重点关注，可以以课题的形式进行专题研究和攻克。在此过程中，应优化资源配置，并通过相应的绩效与考核机制进行激励，从而调动各方资源攻坚克难，确保目标的实现。

由此可见，以全员参与为核心、以取消非增值环节为关键、以信息化为依托，基于自动化、准时化、标准化和持续化构建的精益建造模式体系，不仅涉及建筑工业化全产业链的管控及协同，还强调提高企业内部的现场和运营管理水平，推动业务流、资金流等沿着全作业流程（采购、物流、构件生产及装配等）向更高价值流动，促进建造价值最大化目标的实现。

四、精益建造运营方式

在构建面向建筑工业化的精益建造模式体系的基础上，对其中的关键问题、理论及内容进行分析和扩展，进一步构建基于精益建造管理模式的运营方式，主要包括自动化运营模式、准时化运营模式、标准化持续化运营模式。

（一）自动化运营模式

根据精益建造模式体系中的描述，面向精益建造的自动化主要包括设计流动化、过程均衡化、控制同步化等，以实现对企业生产运作的高效管控，提升建筑工业化全产业链的效益水平。由此，通过将面向精益建造的自动化层面进行进一步系统化扩展，来构建精益建造管理模式的自动化运营模式，如图2—7所示。设计流动化是指通过将生产流程进行工序布局，使构件或部品的生产工序流动起来，实现由乱流到整流的流动化生产。而在对生产流程进行工序布局时，需要从岗位专业化、作业清流化、设备专业化、工序接近化四个方面实施。过程均衡化主要针对各工序的作业时间，通过最小化等待时间和统一化工序节拍来实现生产工序时间的平衡，进而实现各工序加工时间的均衡化。为此，需要通过节拍均衡化、计划均衡化和物流均衡化等方面的具体实现来达到均衡化的目标。控制同步化服务于生产流动化和均衡化，其通过基于工序流动生产模式的同步控制方法，致力于使生产作业严格按节拍进行生产，确保生产流程的均衡化，其主要方法包括节拍目视化、作业标准化和要素标准化等。

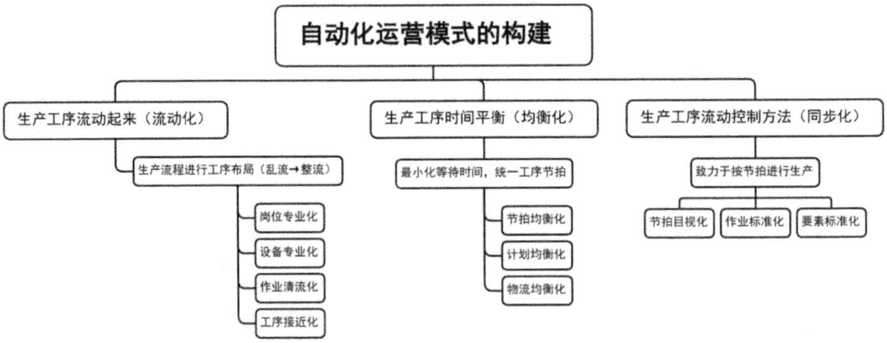

图2—7　精益建造管理模式的自动化运营模式

综上所述，基于精益建造模式体系，针对建筑工业化企业的生产特点，结合精益管理理论，从设计流动化、过程均衡化、控制同步化三个主要方面，系统构建了精益建造管理模式的自动化运营模式。该模式为全产业链各企业的工序布局、时间均衡等方面提供了全面的控制管理，促进了全产业链的管控水平和效率的提升。

（二）准时化运营模式

根据精益建造模式体系中的描述，面向精益建造的准时化的重点在于加强对时间的管控，其基于工期大日程，将生产、运输、装配等作业进度计划进行细致划分，并根据计划实施基于拉动式信号驱动的生产。这样，不仅可以实现最小化的、准时化的工期时间，还可以降低在此过程中的库存和等待等浪费，促进了全产业链的提质增效。为此，将精益建造模式体系中的标准化进行进一步梳理，来构建精益建造管理模式的准时化运营模式，以进一步提高可执行性和有效性，如图2—8所示。

准时化是各个环节都追求的目标，其要求面向全产业链的关键作业流程，进行系统性的优化设计和管控，包括作业、流程、质量、异常等方面。针对建筑工业化产业链的特点，基于精益管理相关理论，构建支撑准时化目标的理论体系，涉及设计、物流、品质、标准、信息等多个层面。因此，在基于模块化和总工程师负责制的设计准则基础上，依据设计价值流、标准周期等设计流程，并结合BIM等信息技术完成设计图纸和装配元计划。在此基础上，通过物流设计、品质设计、标准作业，形成基于建筑工业化全产业链作业流程的物流标准、工艺标准和作业标准，并与设计图纸和装配元计划相结合，形成支撑面向建筑工业化全生产流程准时化的理论体系，可以对相关实践应用带来强有力的支撑。

基于准时化理论体系，结合客户需求，可以制订项目总包大日程计划，并且可以实现项目周期的最短化。根据项目总包大日程计划，结合精益管理中的拉动式生产思想，从工期计划倒排、标准周期管理、全流程信息化、总工程师负责制、并行设计等方面，总包可以将大日程计划进行细分，如阶段计划、月度计划、周度计划、班组日计划等，从而实现提质增效和准时化作业。

由于现场装配作业主要依赖PC构件、装修部品等，为了确保装配的准时化和精益化，PC构件厂和装修部品厂也需要进行基于计划拉动的准时化生产。根据总包对构件的日需求计划，PC构件厂和装修部品厂形成自身的基于计划拉动的准时化生产体系，不仅保证了构件和部品的准时化供应和交付，确保了总包的大日程计划，还提高了自身的生产水平、降低了浪费，达到了提质增效的目的。

综上所述，以满足客户需求和提升建造价值为目标，基于建筑工业化的作业特点，结合精益管理相关理论，在制定物流、工艺和作业等标准规范的基础上，将项目总包大日程计划细分到班组日计划，并带动PC构件厂和装修部品厂也进行基于拉动计划的准时化生产，确保全产业链的准时化生产，实现了最终目标。

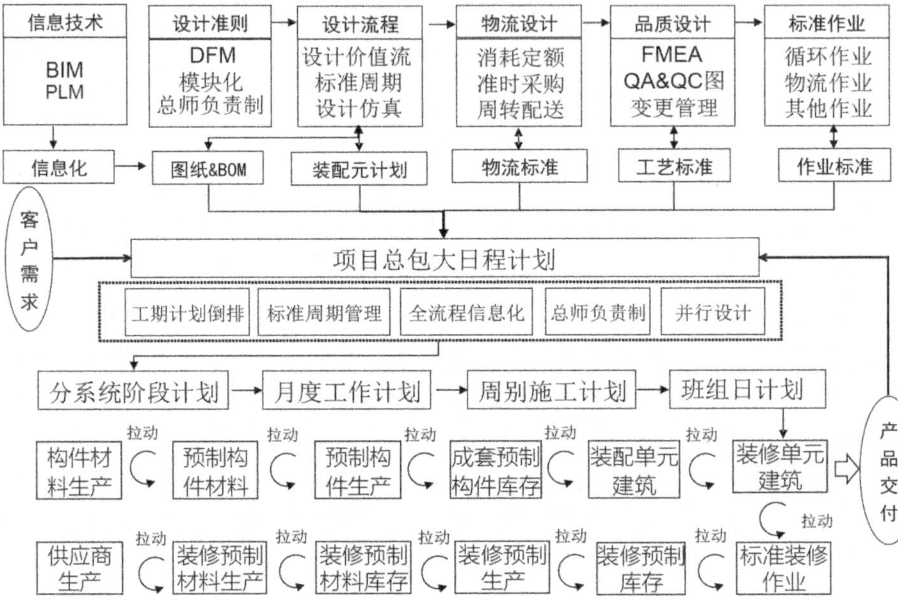

图2—8　精益建造管理模式的准时化运营模式

（三）标准化持续化运营模式

根据精益建造模式体系中的描述，面向精益建造的持续化主要涉及产业链和相关企业顶层的组织管理，包括方针、目标、绩效及课题管理。组织层面管理的实现，需要相关企业在生产和运营层面的支持。标准化作为作业现场和运营管理的重要工具，不可或缺。因此，将持续化的组织管理与标准化的现场管理相结合，实现从组织到现场、从整体到局部、从顶层到基层的系统性的多层级产业及企业管理模式。同时，根据精益管理理论和建筑工业化的特点，来构建面向建筑工业化产业链及相关企业的标准化持续化运营模式，以提高对企业整体的管理水平，如图2—9所示。

在建筑工业化全产业链中，相关企业间的协同是实现产业链协调、提高整体效益的关键。其中，总包、PC构件、装修部品企业之间的协同尤为关键。相关企业之间协同的实现基于企业内部的有效管控，因此企业间与企业内部的管控对促进整体的协调具有重要作用。这主要涉及总包单位和分包单位之间的管控，以及分包单位内部的管控，如分包部门、分包车间、分包班组和班组员工等，从而实现企业间、企业内部由顶层到基层的全方位的、系统性的管控。在此基础上，从持续化和标准化两个方面对相关主体进行管控，主要涉及目标管理、绩效管理、改善管理、标准管理和异常管理。

总包单位的目标管理主要是基于项目总体任务、工期等限制因素制订项目总体目标、关键时间节点的任务计划、完工计划。这些多层级目标通过逐级拉动影响各分包企业的目标管理，因此总包单位的目标管理在整个产业链中处于关键地位。为确保目标和计划的有效完成，需要对内部的相关部门进行绩效考核，包括制定相应的奖惩制度。目标的实现不仅依赖有效的管控，还需要现场和运营的支撑，及时发现并解决问题，包括制定改善制度、标准活动管理和异常管理等。由此可见，总包单位通过目标管理、绩效管理、改善管理、标准管理和异常管理，不仅可以实现对项目的有效管控，还可以促进整个产业链及自身的高质量发展。

分包单位主要为PC构件和装修部品企业，类似于供应链中的供应商。因此，加强分包单位内部管控，确保准时化的、按需的产品供应，对实现与总包目标和计划的协同以及产业链的提质增效具有决定性作用。在分包单位内部，管控涉及从顶层到基层的相关部门、车间、班组及员工等多个层级。这些层级都基于上层目标的分解，进行计划的细化，直至可执行层面，并为此制定绩效考核制度，强化标准管理和异常管理，以系统性地提高企业内部管控水平，确保总体目标的实现。对于不同的层级，由于其所负责的作业任务不同，在目标管理、绩效管理、改善管理、标准管理和异常管理层面都有与其相适应的内容，如图2－9所示。

综上所述，面向建筑工业化全产业链相关企业，特别是总包企业和分包企业，基于建筑工业化的作业特点，结合精益管理相关理论，通过企业间基于劳动目标和计划的分解，分别制定了针对各个环节的一系列的持续化管理和标准化管理措施，以此构建精益建造管理模式的标准化持续化运营模式，从而实现全产业链的质量和效益提升。

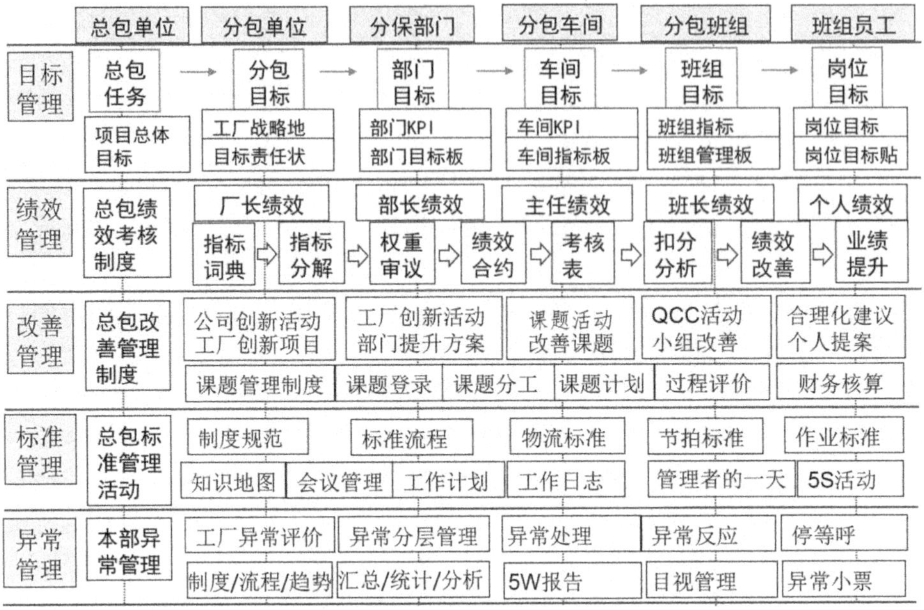

图2—9　精益建造管理模式的标准化持续化运营模式

五、精益建造与建筑信息模型

（一）应用BIM技术推进并行工程实施

设计、生产和施工一体化有利于产业供应链条的缔结成型，促进供应链上各节点企业的协同发展，通过信息交流和共享提高作业效率，压减装配式建筑的建造成本。设计、生产和施工一体化目标的实现，首先需要依托BIM技术搭建信息管理共享平台。基于该平台，各参与方可实现信息的共享，共同完成设计、生产和施工。在组织保障方面，需要建立专业的施工团队，以确保一体化设计营建理念的有效落实；在技术支撑方面，则需要引进精益管理中的并行工程理念。

所谓并行工程，就是要求不同步骤和流程同步执行，而非按照固有顺序执行。引入并应用并行工程理念，能够大幅提升装配式建筑产品设计的集成度，缩短项目工期进度，降低造价成本，提高各参与方的价值增益水平。在装配式建筑初步设计阶段，设计人员可以借助BIM技术构建涵盖项目各项数据的建筑信息模型，后续深化设计时可运用BIM软件实施多专业并行设计。以构件设计为例，在BIM软件的并行工程界面中可同步并行设计构件生产工艺、安装细节规范和后续运维等方面的内容，然后由参数化的BIM模型自动加以检验审核，直至达标为止。并行工程系统大致分为三部分：第一部分是建筑、结构等各专业的组织执行，目的在于保障装配式建筑产品的设计及相关流程的实施；第二部分是依托BIM技术构建的并行操作系统，主要为同步并行设计提供信息集成和共享服务；第三部分则是集成了产品数据库和仿真系统等功能模块的功能界面。

基于BIM技术的并行工程系统，包括多专业深化设计并行、设计与生产并行等功能。第一，BIM技术的可视化模型使参与方易于了解专业性较强的设计工作，提前参与其中，沟通各自的工作难点和需求。第二，使用Revit软件的活动工作集进行并行设计，包括构件拆分、预留预埋设计、碰撞检测等内容，以此降低供应商和施工单位的工作难度，解决生产施工中可能出现的矛盾冲突，进而减少返工、窝工等现象，避免工作流的中断。第三，供应商还可以实时共享标准化构件族库，获取构件的完整属性信息，在设计工作推进的同时，进行构件的精确试制，提高构件的精度，增强设计方案的实操性。

（二）应用BIM技术进行5S现场管理

5S现场管理是一种起源于日本的管理方法，旨在提高工作场所的效率和品质。它包括五个核心要素，每个要素的日语罗马拼音均以“S”开头，因此简称为“5S”。这五个要素分别是整理（Seiri）、整顿（Seiton）、清扫（Seiso）、清洁（Seiketsu）和素养（Shitsuke）。

1.整理

整理是现场全面管理的基础性管理工作，针对现场所有的材料、工具、设施、机械设备等进行全面的识别，按照“需要”和“不需要”两种类别进行区分，把“不需要”的相关物品进行清除，为现场提供空间。

2.整顿

整顿是指将现场所有的材料、工具、设施、机械设备等进行定量和定位管理，将其在指定区域内有序堆放，方便施工过程中提取和使用材料或工具，提高工作效率。

3.清扫

清扫是指将施工现场、机械设备等打扫干净，做好现场的安全文明施工，避免因现场杂乱无序影响正常的施工作业，做到工完场清。

4.清洁

清洁是指保持整理、整顿和清扫。

5.素养

素养是指使现场施工人员养成良好的施工作业习惯。通过培训、奖励、营造良好工作氛围等方式，有效提升现场施工人员的综合素养。

基于BIM技术的5S现场管理。第一，在BIM场布软件中建立施工现场的3D模型，通过模拟工作过程，精简机械设施，优化“人、材、机”的活动路线，按类别、RFID标签方向、使用时间科学合理地安排构件的堆放位置，做到在最简洁的工作流程下完成构件的调用。第二，根据BIM场布软件模拟的空间信息和进度信息，提前制订分流水段清扫计划。第三，通过场布模拟，对施工现场划分进行三维展现和动态优化。第四，通过构件吊装模拟，确保构件精准起吊，并按需调整上下游物料的最佳布控方式。第五，通过车辆进场模拟，优化场内运输路线，从而更好地实现现场管理。第六，通过施工模拟，提前培训相关人员，提升工作熟练度，从而提高工作流的连续性。

（三）运用BIM技术实施准时化生产和订单驱动

准时化生产起源于20世纪五六十年代的日本汽车制造业，最早由日本丰田汽车公司的副总裁大野耐一于1953年提出，最初被称为“丰田生产方式”，后来因其独特性和有效性被广泛认可和应用。准时化生产的核心理念是在必要的时间内生产必要数量的产品，从而减少库存、缩短生产周期、降低成本，并提高对市场需求的响应速度。这一理念旨在通过杜绝超量生产、消除无效劳动和浪费，以达到最少的投入实现最大产出的目标，实现高质量、低消耗的生产。准时化生产是一种生产管理策略，其核心理念是“在需要的时候，按需要的量生产所需的产品”，旨在通过精确的生产计划和控制，以及库存的管理，追求一种无库存或库存达到最小的生产系统。准时化生产方式以准时生产为出发点，首先暴露出生产过量和其他方面的浪费，然后对设备、人员等进行淘汰、调整，达到降低成本、简化计划和提高控制的目的。在生产现场控制技术方面，准时化生产的基本原则是在正确的时间生产正确数量的零件或产品。

在装配式建筑中，准时化生产制度的实施对于提高效率、减少浪费和确保项目按时完成至关重要。准时化生产制度通过确保构件的及时送达，减少了库存浪费和停工待料等问题，实现了生产协同优化。BIM技术作为这一制度的关键驱动力，提供了数据支撑和信息共享平台，使得基于BIM的准时化生产成为可能。通过BIM模型信息及各方实时共享、实时反馈的信息，形成了生产供应链中的核心信息流，为供应链各环节的衔接与优化提供了支撑。在准时化生产制度的驱动下，施工方结合现场工程量、进度安排及吊装顺序，将构件需求清单传输至BIM信息管理平台。构件生产方依据需求量进行拉动式生产，通过提取深化设计后的BIM模型信息和数据，结合原材料供应、模具数量及生产调度能力，合理安排构件生产，并根据信息的实时变动更新计划。同时，构件生产信息与BIM信息管理平台交互，使得构件运输方能够对整个运输过程中的构件出厂、运输及存放进行统一调配管理，并加强运输阶段的动态跟踪和数据分析，进一步加强构件运输的全过程监管。装配式建筑项目所需的各类预制构件数量多、重量大且形状极不规则，不适合在工地现场大量储存堆放。因此，依托BIM信息管理平台实施准时生产管理，既能避免施工现场构件堆放维护而产生额外成本，又能避免因构件供应不及时而导致的工期延误。施工企业依据施工计划和进度预估所需构件种类和数量，生成采购订单并发送给各供应商，后者按照订单需求准时组织生产和物流活动，并在约定的时间足量运抵施工现场。施工方在接收构件并验收无误后，及时开展施工作业。施工方在精益建造理念的引导下，应用BIM技术高效完成项目建设。

（四）价值流程图

价值流程图(Value Stream Mapping，VSM)被广泛运用于精益生产，用以识别和消除库存浪费、运输浪费、流程浪费和等待浪费。同时，VSM还描绘出了信息流程，可以很好地解决信息传递和反馈问题。VSM是一种直观且形象地描述物流与信息流的精益优化工具，主张根据业主定义的价值或最终用户的硬性要求，进而识别施工过程中的增值活动以及非增值活动，再针对非增值活动进行剔除或者实施改进。其要求调动全员力量，在施工过程中识别浪费、查找浪费根源。同时，运用VSM技术可以增加业主的满意度，降低工程成本。例如，通过分析价值流，可以找出项目中生产、运输、库存、管理等方面的浪费，并采取一定的措施减少这些浪费，从而达到降低成本的目的。

VSM与BIM的结合运用，旨在优化建筑项目中信息流的管理。VSM作为一种精益优化工具，通过绘制详尽的流程图，将从初步设计到最终产品完成的整个MEP（机械、电气和管道）流程中信息流的每一步都可视化，从而揭示了流程中的浪费环节，如信息的过度生产、不必要的延迟、无效率的传输、缺陷问题等。这种直观的展示，不仅有助于项目团队识别和消除浪费，而且加深了对BIM流程中潜在问题的洞察，特别是在信息处理和团队协作方面。BIM作为一个集中的信息共享平台，其宗旨是通过促进更紧密的合作来提升生产力。然而，在实践中，项目参与者在从传统的以文档为中心的工作方式向以信息为中心的工作方式转变时，面临诸多挑战，这导致了非增值信息的泛滥和额外的返工。VSM通过揭示这些障碍，促进了项目参与者之间的沟通与协作，帮助他们识别并执行标准化流程，减少了由于流程不明确或不一致而产生的浪费。此外，VSM的应用还涉及BIM执行计划（The BIM Execution Plan，BEP）的制订和实施，该计划详细规定了信息的生产和交换流程，以及项目各个阶段中角色和责任的分配。通过BEP，项目团队能够标准化信息传递流程，减少因软件不兼容、难以打破的传统工作模式、供应链整合问题等导致的协作障碍。这种标准化有助于缩小理解上的差异，通过为所有参与者提供统一的术语和概念，减少了误解和返工。综合来看，VSM和BIM的结合运用，不仅提高了项目信息管理的效率，还促进了项目团队对BIM技术更深层次的理解，帮助他们从传统做法平稳过渡到以BIM为基础的新实践。通过识别和消除信息流中的浪费源，VSM为未来建筑项目的信息流优化提供了减少浪费、提高效率的策略和解决方案，进而提高了整个建筑行业的生产力和运作效率。

（五）末位者计划系统与建筑信息模型的集成应用

末位者计划系统（Last Planner System，LPS）是20世纪90年代起源于美国的一种关注近期和基层生产计划改进的施工生产管理方法。这种方法对传统的计划制订方法及生产流程进行了改进，基于精益思想的基本原则，将“推式”的生产流程改进为“拉式”的生产流程，确保任务在开始实施之前，其必要条件都已具备，进而可以有效地按照计划执行。LPS特别适用于装配式建筑施工的精细化进度管理，作为一种拉动式生产方法，有效减少了不确定性。

LPS包括四级计划，即总进度计划、阶段进度计划、前瞻性进度计划、每周进度计划。末位者计划系统改变了传统的管理层编制计划推动项目实施的方式，采用“拉式”生产模式，强调下级的主观能动性。在装配式建筑现场施工过程中，项目的进度、构件的吊装、机械设备的使用等主要计划由管理层制订，项目的周计划和日计划由基层作业班组根据具体施工进度制订。在现场装配计划执行过程中，基层作业班组将预制构件吊装过程的实际进度反馈至日计划及周计划，同时分析计划实施过程中出现偏差的原因。如果发现进度计划不合理，则及时调整日计划和周计划。调整后的日计划和周计划再反馈至主要计划，从而拉动项目进度、构件吊装、机械设备使用等主要计划的同步调整。

在装配式建筑领域，LPS与BIM的集成应用，为提高项目管理效率、优化资源配置、增强施工安全性和促进可持续发展提供了重要的支持。其中，LPS作为一种灵活的拉动式生产控制方法，依据施工现场的实际情况进行计划的动态调整；BIM则作为一个集成的、可共享的数字模型平台，为设计、施工和设施管理提供了强大的可视化和模拟能力。这种集成，不仅实现了信息流与物流的有效融合，还显著提高了施工计划的实时性和灵活性，减少了资源浪费，提高了资源的利用效率。

LPS和BIM的结合，进一步强化了项目团队成员间的沟通与协作，提高了施工质量和安全性。基于现场反馈的持续改进得以实现，通过建立一个实时的信息通道，有效解决了计划层和执行层之间的信息断层问题。这为建造项目提供了一个更加集成、高效和透明的管理环境，有助于提高项目的管理水平，实现更好的施工控制和资源优化。在具体实践中，BIM技术通过提供精确的3D模型和4D施工模拟，增强了设计精度和施工协调性，确保设计变更能够迅速反映到施工计划中，实现设计与施工的高度协调。LPS的拉动式生产方法与BIM相结合，优化了施工计划和物流管理，确保了预制构件的及时供应，减少了库存和浪费。BIM的可视化管理与LPS的实时进度跟踪相结合，提高了施工现场的透明度，使管理者和工人能够更清晰地理解施工状态，及时调整工作计划，减少延误和错误。此外，BIM在预制构件的详细质量控制中发挥着重要作用，而LPS通过持续改进和问题解决机制，提高了施工现场的安全标准。BIM和LPS的集成，还促进了供应链的整合，提高了供应链的透明度和效率。在环境管理方面，BIM有助于评估装配式建筑的环境影响，优化材料使用，而LPS通过减少现场浪费和返工，进一步降低了对环境的负面影响。综合来看，LPS和BIM的结合为装配式建筑项目管理提供了一个全面的解决方案，从设计到施工，再到运营，都能实现更高效、更精确和更可持续的建筑实践。这种集成应用对于推动装配式建筑的发展具有重要的理论和实践价值，为建筑行业的现代化、信息化和全球化提供了强有力的支持。

（六）BIM技术与看板管理系统的集成

看板管理源于制造业生产系统，是日本丰田汽车公司开发的一种现场管理方法，可对生产活动、机械设备、作业人员等实行可视化管理，方便管理层的监督和控制。看板通常用于信息的收集和传递，通过看板上的信息，工人在生产任务的执行过程中能够明确知晓数量、规格、时间、生产标准和指定位置，从而可以有效把握产品质量，避免过度生产及不必要的移动。建筑工程项目的规模通常较为庞大，材料种类繁多且工序烦琐复杂，导致建筑产品交付的质量、工期、建造成本以及现场安全状况不能得到有效控制。因此，返工、进度拖延、质量和安全事故等现象频繁发生，造成巨大的浪费。看板管理的应用将为这些问题的解决提供帮助。首先，看板管理的应用以末位者计划系统为基础，该体系对项目的进度计划根据现场的实际情况进行动态、灵活的调控，而不再是上层管理人员主观化的制定和压迫性的层层推进式的实施。拉动式的进度计划可以增强计划和工作流的可靠性。其次，看板可以优化材料供应和库存管理。通过看板系统，供应商可以及时掌握施工现场的材料需求情况，从而合理地制订材料供应计划，使得项目库存大大降低，减少了浪费，节约了项目成本。此外，看板可以实现现场材料加工配送和施工的标准化，使建筑产品的质量能得到更好的控制，现场管理也更加有序。

BIM与看板系统的集成，则是将进度计划导入BIM模型，构建BIM 4D模型，再根据周进度计划和日进度计划，可以快速准确地计算出每日所需的物料信息，以及每个施工班组所需完成的任务。这些信息就是物料看板和施工信息看板的信息来源。对于商品混凝土、预制构件、钢筋等的采购，项目部可以运用BIM模型，通过计算，得到准确且详细的需求计划。项目部将BIM数据库与供应商数据库整合，建立信息沟通合作机制，使得供应商能够及时接收材料需求计划，并据此制订生产计划和进行运输安排，保证准时地将商品混凝土、钢筋和预制构件等材料运送到施工现场，实现项目的及时采购、准时生产。

在制造业中，电子看板的应用已经普及。相较于传统看板，电子看板的信息更新速度更快、管理效率更高。因此，建筑业中也应考虑电子看板的开发和应用。然而，像制造业中那样在生产车间设置悬挂式的电子看板，在施工现场显然并不现实，因此开发移动终端无疑是一个更为理想的解决方案。建筑企业可以自己开发或购买BIM移动终端，使得项目管理人员和工人可以随时随地查看BIM模型信息。然后，再将质量规范和标准、合同规定的质量标准及本企业的施工工艺、工法制度等导入BIM数据库，将这些信息与具体的构件相关联，明确标示每道工序的作业标准、检查验收标准、安全注意事项等，使工人在施工过程中可以及时查看，项目管理人员、监理人员也可以在项目进行过程中对工人的操作进行及时、快捷、准确的指导和监督，提高施工质量和施工效率。此外，还可以通过移动终端将每天的工作任务发送给每个工人，与施工信息板搭配使用，方便工人根据自己的情况选择方便的方式查看自己所需要的信息。施工完成后，工人首先对照检查验收标准进行自检和互检，然后由项目部质量员进行检查，如无问题，则填写验收看板信息。其次，监理人员随后进行验收检查，如果发现质量问题，则立即将相关信息记入返工追踪看板。最后，班组长应立即组织返工修补，待监理人员验收通过后才能将返工追踪看板上的信息清除。项目管理人员在进行质量检查的同时，还应对照工期计划，检查该项工作的进度是否存在拖延。如有拖延，应分析和查找原因，如果是工人自身原因，则责令工人将延误的进度补救回来，并在今后的工作中改正；如果是项目计划和控制的原因，则要审视计划与控制的过程，并进行改进。验收结束后，项目管理人员将相关的验收信息上传至BIM数据库，更新项目的完成情况。

第三节 装配式建筑与精益建造

一、精益建造对装配式建造的作用

精益建造是精益管理理念在建筑行业中的应用，其核心目的是通过消除浪费、优化流程、提高生产效率和质量，以实现项目的成本控制和周期缩短。精益建造不仅能够在传统建筑过程中提高效率，同样在装配式建筑中也起到了至关重要的作用。装配式建筑的主要特点是将建筑构件在工厂中预制，现场进行快速组装，强调标准化、工业化和模块化。精益建造则为这一过程提供了更加高效的运作模式和管理理念。在装配式建造的实施过程中，精益建造发挥的作用包括以下几个方面。

（一）提高生产效率和资源利用率

装配式建筑依赖大规模的构件生产和现场装配，而这些生产环节通常面临着生产周期长、材料浪费多、人员配置不合理等问题。精益建造通过精细化的生产计划和调度，确保构件生产过程中的每一个环节都在最优时间内完成，最大化地利用设备和人员资源，减少了不必要的等待时间和浪费。此外，精益建造通过标准化和模块化设计，减少了构件的重复生产和加工，进一步提高了生产效率和资源利用率。

（二）优化供应链管理

装配式建筑的建设依赖各类建筑构件的供应，而这些构件的生产和配送必须按照项目的实际进度进行精准调配。精益建造通过供应链的精细化管理，确保材料和构件能按时、按需供应，避免了材料过剩和短缺的情况，从而降低了库存成本，确保了工程进度的稳定。此外，精益建造还推动了供应商与建筑企业之间的信息共享与协同合作，增强了供应链的弹性和响应速度，使得构件生产和配送更具灵活性和可靠性。

（三）减少浪费和质量控制

在装配式建筑中，质量问题和施工浪费常常发生在现场施工环节，而精益建造通过在整个建造过程中应用质量控制手段，如持续改进、标准化作业、5S 管理等，确保了施工环节的规范性和高效性。通过精益管理的推行，装配式建筑不仅能减少材料的浪费，还能减少由于不合格构件导致的返工、修复等不必要的工作。精益建造强调从源头上消除浪费，使得每一个构件、每一道工序都能够精益求精，保证了建筑质量。

（四）缩短项目周期

装配式建筑的一个重要优势是能够通过工厂预制构件的方式，大大缩短建造周期。然而，预制构件的生产和现场安装仍然存在协调不当、工期拖延等风险。精益建造通过精准的工期管理、生产调度和资源配置，消除了可能导致工期延误的因素，并且通过项目整体优化，确保每个环节的高效对接。精益建造特别注重提前识别并解决潜在的问题，在施工过程中减少中断、等待等无效工时，从而进一步缩短装配式建筑的整体项目周期。

（五）提高安全性

装配式建筑通常涉及大量的机械化操作和高空作业，传统施工方式在这方面存在一定的安全隐患。精益建造在提高效率的同时，还能注重安全管理的优化，通过标准化作业程序和现场管理，减少了工人的非规范操作和安全风险。精益建造强调通过培训和定期检查，确保施工人员掌握必要的安全技能，并在施工过程中严格执行安全规范，减少事故发生。

（六）推动数字化与智能化应用

精益建造不仅仅是管理模式的优化，它还与数字化技术紧密结合，推动了装配式建筑的智能化发展。通过建筑信息模型（BIM）、物联网、云计算等技术的应用，精益建造能够实现对装配式建筑全过程的精确管理。

BIM技术能够帮助设计和施工团队更好地协同，优化装配式构件的设计和生产。物联网技术可以实时监控材料和设备的使用情况，确保现场的资源调配和物流管理更加高效。精益建造与数字化技术的结合，进一步提高了装配式建筑的生产效率、质量控制和项目管理水平。

精益建造对装配式建筑的作用，不仅体现在提高生产效率和减少浪费上，还在于优化供应链管理、缩短项目周期、提高安全性等方面。通过精益管理，装配式建筑能够更好地克服传统建造方式中的弊端，提高整个建造过程的效率和质量，最终实现建筑业的现代化转型。随着精益建造理念的深入推广，装配式建筑必将在未来的建筑实践中发挥更加重要的作用，推动建筑行业迈向更高效、更绿色、更智能的未来。

二、精益建造在装配式建造中的应用

精益建造（Lean Construction）作为精益管理理念在建筑行业的延伸，强调通过优化流程、消除浪费、提高效率和增强价值，达到提高建筑生产率和质量的目的。在装配式建造的背景下，精益建造的应用可以有效促进装配式建筑项目的高效实施，确保构件的高质量生产、供应链的协调以及现场装配的顺利进行，从而实现项目的整体效益提升。在装配式建造过程中，精益建造的应用主要表现在以下几个方面。

（一）精益化的生产管理与制造流程

装配式建筑的关键在于预制构件的高效生产和高质量制造。精益建造通过实施精细化的生产管理，在构件生产环节实施严格的标准化作业和流程优化。

1. 标准化生产流程

通过优化生产线布局和作业流程，精益建造要求预制构件的设计和生产过程标准化，从而保证每个环节都能够高效、精准地执行，减少生产过程中的浪费和时间损耗。

2. 看板管理

精益建造过程中，看板管理被应用于构件生产的调度和库存管理。通过实时的物料需求反馈，确保每个构件的生产环节都按照预定计划进行，避免库存积压和物料浪费。

3. 持续改进

在装配式建筑的生产过程中，精益建造提倡持续改进的文化，鼓励各个生产环节不断发现问题、分析原因并提出改进方案，以持续提高生产效率和质量。

（二）精益化的供应链管理

装配式建筑对供应链的依赖性非常高，涉及大量的构件生产、运输和现场装配环节。精益建造的供应链管理，主要通过以下方式进行优化。

1.准时化交付

精益建造要求构件生产和运输按照实际需求进行调配，确保物料和构件能够及时送达工地，避免库存积压和因材料短缺而导致的施工延误。准时化交付的实施能够有效降低企业库存成本，提高施工现场的资源利用效率。

2.供应商协同与信息共享

精益建造强调与供应商之间的紧密协作，通过信息技术手段实现与供应商的实时数据共享，从而保证建筑材料和构件的质量、数量以及交付时间的准确性。这种协同机制，不仅减少了因供应不及时导致的施工停滞，还提高了整个建筑项目的执行效率。

3.全局视角的物流管理

精益建造要求从全局角度对整个项目的物流进行管理，确保构件和材料的流动高效且无障碍。合理规划运输路线、优化装卸流程，以及提前对施工现场进行资源调配，都是精益建造在供应链中的重要应用。

（三）精益施工现场管理

在装配式建筑的施工现场，精益建造的应用表现在流程优化、任务精确分配、精细化管理等方面，这些措施能够有效减少施工中的等待时间，提高现场的工作效率。

1.现场作业标准化

精益建造要求现场作业标准化，制定统一的施工标准和流程，以保证现场工作人员能够高效、无误地执行每一道工序。标准化施工不仅减少了人为差错，还确保了装配式构件的高效安装。

2.5S管理

5S管理作为精益建造的重要工具之一，广泛应用于装配式建筑的施工现场。通过实施5S管理，能够有效提高现场的整洁度，减少工人寻找工具和材料的时间，降低施工中的浪费，提高工作效率。

3.拉动式调度

装配式建筑的施工通常依赖精确的构件安装调度。精益建造中的拉动式调度要求通过工地上实际的需求拉动生产和供应，使得构件在施工现场按需、及时地进行装配，从而避免了过多的构件堆积和浪费。

4.看板管理与任务流动

在施工现场，通过看板管理和任务流动的方式，确保各个施工环节之间的衔接顺畅，避免施工停滞。通过看板系统，工人和管理人员能够清楚地了解施工进度和待完成的任务，保证现场操作的有序进行。

（四）精益建造中的持续改进与质量控制

精益建造不仅强调效率的提高，还十分注重质量的控制。装配式建造作为一种高度工业化的建造方式，要求对每一项工作都进行精细的质量管理。精益建造在装配式建造中的应用，可以通过以下措施确保高标准的质量。

1.质量控制与预防

精益建造提倡通过质量管理工具（如PDCA循环、FMEA等）对装配式构件的生产过程进行全程监控和质量控制，确保每个构件在生产和运输过程中都符合标准，从源头上预防质量问题的发生。

2.反馈与改进机制

在装配式建筑施工过程中，精益建造强调及时收集施工现场的反馈信息，通过反馈与改进机制，发现并解决质量问题。通过这种持续改进的方式，确保施工质量的逐步提升。

（五）数字化技术支持下的精益建造

精益建造与数字化技术的结合，为装配式建造提供了强有力的支持。BIM技术在精益建造中的应用，使得装配式建筑的设计、生产、运输和施工各环节能够实现信息的实时共享与精确管理。

1.BIM与精益建造的结合

通过BIM技术，可以精确建模装配式建筑的构件和工艺流程，帮助设计、施工和制造团队在建造过程中共享信息，减少因信息不对称导致的错误和返工。

2.物联网与实时监控

精益建造还通过物联网技术实现对装配式建筑施工现场的实时监控，实时跟踪构件的生产、运输和装配过程，确保每个环节的工作状态都在可控范围内。

精益建造在装配式建造中的应用，通过精细化的生产管理、优化的供应链调度、标准化的施工现场管理、持续改进的质量控制等手段，提高了装配式建筑项目的整体效率和质量，减少了资源浪费，缩短了施工周期。精益建造不仅解决了装配式建造实施过程中的诸多瓶颈问题，还推动了其高效、智能、绿色发展。随着技术的不断进步和管理理念的深入应用，精益建造将在装配式建造的未来发展中扮演更加重要的角色。

三、精益建造实施过程中面临的挑战

精益建造作为一种以提高效率、降低成本、消除浪费为核心目标的管理理念，尽管在装配式建造过程中展现出了巨大的潜力，但在实际应用中仍面临诸多挑战。这些挑战不仅与建筑行业的特殊性有关，还与精益管理理念的实施、人员素质、技术支持等方面密切相关。

（一）组织文化的适应性问题

精益建造的实施往往要求建筑企业在整体运营模式上进行文化转型，尤其是从传统的项目管理模式转向更为灵活、合作、持续改进的精益模式。然而，在许多建筑企业中，传统的管理理念根深蒂固，员工和管理层对于新管理理念的接受度较低，可能会表现出抗拒心理或适应困难。这种文化适应性问题表现在以下几个方面。

1. 员工的抗拒心理

精益建造强调团队合作、标准化流程以及持续改进，但这些要求可能与某些企业的传统运作方式存在冲突。例如，个别建筑工人或管理人员可能习惯于依赖经验和个人判断，而不愿意按照精益的标准化流程操作。

2. 管理层的支持不足

精益建造的成功实施离不开管理层的支持。如果管理层未能充分认识到精益建造的价值，未能提供足够的资源和支持，精益管理很难在企业内部扎根并推广。

（二）技术和工具的应用难度

精益建造强调高效的流程优化、数据分析和信息共享，这要求建筑企业必须加大资本投入力度，用于改进技术。然而，许多建筑企业在技术应用方面存在以下难题。

1. 技术落后

尽管现代建筑行业已逐步引入建筑信息模型（BIM）、物联网等先进技术，但许多中小型建筑企业仍缺乏足够的技术支持，导致精益建造的实施受到制约。例如，精益建造中的数据分析、信息共享和流程优化等依赖高效的信息化平台，而许多企业仍在使用传统的管理方式，导致信息的传递和协调效率低下。

2. 高技术门槛

精益建造的成功实施依赖大量的数据处理、分析和实时监控，这对于技术基础薄弱的企业而言，无疑是一个巨大的挑战。对于那些缺乏完善数字化基础设施的企业而言，技术升级不仅成本高昂，而且实施过程复杂，可能会影响精益建造的实际效果。

（三）施工现场管理的复杂性

尽管精益建造在理论上能够显著优化施工现场的管理，但实践中施工现场的复杂性往往使得精益管理在具体操作中面临诸多困难。

1. 现场协调难度大

装配式建筑项目通常涉及多个环节，包括构件的生产、运输、装配等，并且每个环节都需要高度的协调和配合。精益建造要求在这些环节之间建立紧密的联系，但在实际操作中，施工现场的协调往往难以做到精准和高效。例如，施工进度的延迟、材料供应的不及时等问题，可能导致施工现场出现瓶颈，从而影响整体的工作效率。

2. 不稳定的工作环境

建筑施工现场具有很强的动态性，天气、工人流动、设备故障等因素均可能影响施工进度。在这种高度不确定的环境下，精益建造要求的高效流程管理和精确调度面临很大的挑战。尤其是在一些突发情况或不可预见的困难面前，精益建造的流程优化可能无法及时应对，导致项目进度受到影响。

（四）利益相关者的多样性与协同问题

装配式建筑项目涉及的利益相关者众多，包括设计方、施工方、供应商、运输方等。精益建造要求各方紧密协作、共享信息并保持高效沟通，但在实践中，利益相关者之间的协调和合作常常面临以下问题。

1. 信息共享障碍

精益建造的核心理念之一是各方之间的信息透明和共享。然而，在传统建筑项目中，各方之间的信息往往是隔离的，设计方、施工方、供应商等信息不对称，导致了工作中的重复劳动、误解和效率低下。即便是引入了BIM等技术，若没有统一的信息平台和信息共享机制，协同工作仍然存在较大困难。

2.利益冲突和目标不一致

不同利益相关者有不同的目标和利益诉求。例如，施工方通常关注施工进度和成本控制，供应商则关注材料的及时供应和成本利润，而设计方则注重设计质量和创新。各方目标的差异使得精益建造的协同合作变得复杂，如何平衡各方利益并达成共同的精益目标是一个值得关注的问题。

（五）项目管理经验的缺乏

尽管精益建造的理论体系已经在一些大型建筑项目中得到了成功应用，但在许多中小型建筑企业中，项目管理人员缺乏精益建造的专业知识和经验。这使得精益建造的实施往往停留在表面，缺乏深度的管理与实践。

1.缺乏精益建造培训和知识储备

建筑行业的项目经理和工人往往缺乏精益建造的专业培训，导致其对精益理念的理解存在偏差或不到位。在没有足够理论支持的情况下，精益建造的实施可能会走弯路，甚至无法发挥出预期的效益。

2.经验不足

尽管一些大企业或领先的建筑企业已积累了较为丰富的精益建造经验，但对于许多新兴企业或传统施工企业而言，精益建造的实施仍然是一个全新的领域。由于缺乏经验，他们在具体操作过程中可能会出现执行不力或策略选择不当的情况，从而影响整体效果。

（六）资金和成本控制的压力

精益建造虽然能够通过优化流程、减少浪费来降低成本，但其在实施过程中也面临一定的资金压力，尤其是初期阶段的投入。精益建造要求进行技术升级、流程调整和员工培训，这些都需要一定的资金支持。对于一些资金紧张的建筑企业，精益建造的初期投入可能成为一种负担。

综上所述，精益建造在实施过程中面临的挑战是多方面的。这些挑战涉及组织文化、技术应用、施工现场管理、利益协调、项目管理经验等多个方面。为了有效克服这些挑战，建筑企业需要在管理理念、技术手段、员工培训、供应链协同等方面做好充分准备，同时加强与利益相关者的沟通与合作，推动精益建造的顺利实施。

第三章　装配式建筑与精益建造研究现状

第一节 装配式建造研究现状

装配式建造是一种创新和可持续的建造模式，其核心特点是标准化设计、工厂化生产、现场装配和高效的信息管理。与传统施工相比，其具有质量高、工期短、建筑浪费少和能源消耗低等潜在优势。例如，中国香港采用装配式建造方式，相较于传统施工方式，平均可减少约52%的建造废弃物。装配式建造不仅可以满足日益增长的住房需求，而且还可以提高建筑项目的建造绩效。为此，英国、新加坡、澳大利亚等一些发达国家都广泛采用了这种建造模式。近年来，随着环境污染、资源消耗及人力短缺等问题的日益凸显，中国、马来西亚等一些发展中国家也开始将其作为传统建造产业实现可持续转型的重要方式之一。

然而，装配式建造受到一些问题的影响，导致其绩效方面呈现出成本高、质量差、效率低等弊端，进而限制了装配式建造的应用。这些问题涉及多个方面，包括缺乏技术标准、知识和经验，熟练工人短缺，以及利益相关者协作不足等。当前，已经大量研究从影响因素、技术和管理等多个角度出发，致力于解决这些问题。例如，从开发商的角度出发，识别了PC构件发展的主要障碍，为开发商和政府采取措施提高装配式建造项目的绩效，推进装配式建造的发展提供了有价值的参考；Li等提出，基于RFID的BIM平台，改善装配式建造的运营管理，进一步降低建造过程中的超期、超支等风险；通过运用精益工具和原则，消除装配式项目建造过程中的非增值活动，以减少碳排放和能源消耗，进而提高项目在可持续方面的绩效；等等。

需要指出的是，利益相关者之间信息交流和合作不足对其他改进措施的效果产生了消极影响。例如，利益相关者之间的协作是促进设计标准化和扩大装配式建筑规模的关键。因此，其被认为是限制装配式建造项目绩效提升的主要因素之一。实际上，受传统施工模式的影响，装配式建造过程中需要集成的设计、预制生产和现场施工等环节往往都是相互割裂且碎片化的。特别是在设计过程中，设计方在进行装配式项目设计时没有考虑到相关的生产和施工阶段流程，一定程度上造成了项目成本的增加。因此，从利益相关者的角度关注装配式项目建造绩效的提升至关重要。

第二节 建筑项目中利益相关者参与相关研究综述

一、利益相关者综述

利益相关者是指任何能够影响或受项目目标实现影响的团体或个人。在装配式建造项目中，利益相关者包括政府、金融机构、设计院、开发商、总承包商、分包商、供应商、生产企业、物流企业、咨询机构、最终用户等。利益相关者管理（Stakeholder Management）在项目中发挥着重要的作用，特别是在提升项目绩效方面，如质量、成本和可持续性等。在此过程中，利益相关者参与是利益相关者管理的重要组成部分，其通过对利益相关者相互间关系的协调，对项目绩效有着较为重要的影响。因此，建立和加强利益相关者之间的协作是利益相关者参与研究的一个重要课题。通过利益相关者参与可以促进协同管理（Collaboration Management），满足利益相关者之间的信息交流及价值需求。

值得注意的是，利益相关者的参与对装配式建造项目绩效的提升也有重要影响，应引起更多关注。这是由于当前我国的装配式建造处于发展的初期阶段，并且深受传统现浇建造模式的影响，利益相关者之间的合作非常有限。实际上，由于利益相关者之间协同不足，导致建造过程呈现出碎片化和不连续的状态，使得装配式建造过程变得更加复杂。这进一步给装配式建造项目带来了成本高、效率低等负面影响，较大程度上限制了装配式建造项目在我国的发展。

当前，已有一些面向装配式建造利益相关者参与的研究，为提高装配式项目建造绩效提供了支撑。例如，创建一个产业共生模型，分析利益相关者及其相互关系，识别影响其共生水平的关键利益相关者和过程；识别并确定嵌入装配式建造供应链的利益相关者相关风险的优先级；探讨利益相关者协作对装配式建造成本绩效的正向影响；探讨如何通过利益相关者参与，解决装配式建造发展的多重障碍；等等。这些研究侧重于装配式建筑项目利益相关者的识别和协同关系，进一步表明确定利益相关者在装配式建筑项目中的角色和需求是利益相关者管理的基础，以及整合、协作和共生的利益相关者关系可以带来资源和能力的互补。这些研究较少关注利益相关者之间的间接关系及价值活动交换，造成项目所有者不能清晰了解在产业链价值网络中的重要利益相关者及价值活动，进而不能制定出更有效的优化利益相关者参与措施来提升项目绩效。因此，本研究侧重于探究利益相关者之间的关系及相互间的交换价值活动，并识别对装配式项目建造绩效具有显著影响的利益相关者及活动。

二、利益相关者研究方法综述

当前，有一系列针对利益相关者的研究方法。一些学者利用显著性、位置和矩阵等分析模型对利益相关者进行识别和分类。例如，利用显著性模型，基于利益相关者的角色和属性，对其进行识别和描述；基于项目的背景和动态性，采用动态双模型来确定公私伙伴关系项目（Public—Private Partnership，PPP）的利益相关者；利用Stakeholder Circle™方法，识别和确定重要利益相关者的优先级，并可视化地映射他们对项目的影响。然而，这些方法主要集中在对利益相关者的识别和分类，以及分析他们对项目的影响，不能完全揭示利益相关者之间的价值边界及其相互关系。

为了解决这些问题，研究者进一步引入了其他方法来加强对利益相关者的研究。这些方法主要分为三类，包括案例研究、博弈论和基于网络的分析。值得注意的是，研究者越来越多地采用网络方法来处理利益相关者参与的复杂问题，如相互关系等，特别是在一些规模较大且较为复杂的项目中。这些网络方法，包括网络分析（Analytic Network Process，ANP）和社会网络分析（Social Network Analysis，SNA）等。特别是SNA越来越多地被应用于建设项目的利益相关者分析，这是由于其可以用系统的、可视化的、定量的模式来描述利益相关者的特征、相互关系和影响。例如，使用SNA来识别和分析建设项目不同阶段的利益相关者及其关注的问题。

虽然SNA是探讨和分析利益相关者之间相互关系的有效方法，能够识别对项目产生重要影响的利益相关者及其关系，但是其不能明确利益相关者之间具体的有价值的活动，不能探索活动网络的结构，不能确定影响项目的重要路径。然而，装配式项目建造过程中涉及多个利益相关者，他们通过开展基于自身及相互间交互的建造活动来推进项目。因此，识别这些活动，探索这些活动之间的相互关系，以及基于相互关系的价值网络结构，对于利益相关者采取有效措施提高项目绩效，尤其是在提高装配式建造项目绩效方面至关重要。前期研究成果表明，利益相关者价值网络（Stakeholder Value Network，SVN）分析是研究利益相关者整体相关性的有效方法，为利益相关者关系中定量描绘利益相关者关系及其之间价值活动分配提供了清晰的思路和研究方法。此外，SVN能够通过直观的可视化网络识别和量化重要利益相关者及其价值贡献。该方法已经被广泛应用于多个研究领域，如BIM实施、工业共生系统分析、能源保护参与者分析、公共汽车运输系统等。鉴于此，本研究的目的是提出一个清晰且可视化的网络，以识别和量化重要的利益相关者和其相互间的价值活动，促进利益相关者有效参与，进而有效提升装配式建造项目的整体绩效。

三、利益相关者价值网络分析（SVN）

利益相关者价值网络分析（Stakeholder Value Network，SVN）是一种基于网络的分析方法，与社会网络分析（Social Network Analysis，SNA）、价值网络分析（Value Network Analysis，VNA）和网络分析法（Analytic Network Process，ANP）等网络分析方法类似。SVN能够从定性和定量的角度综合评估一个项目、团队或任务中的各利益相关者之间的直接或间接关系。该方法已被广泛应用于多个领域和研究主题，包括建筑信息模型（BIM）、工业共生、能源保护和交通运输系统等。

SVN模型一般包括三个部分，分别为核心组织（Focal Organization）、利益相关者（Stakeholder）及其相互间交互的价值流（Value Flow）。其中，核心组织位于整个网络的中心位置，能够影响利益相关者和价值活动。它可以是公司、项目、政府或任何其他类型的组织。如果有多个组织处于中心位置，它们都可以被认为是核心组织。利益相关者，是指除核心组织以外的其他利益相关方。价值流是指核心组织与利益相关者之间，以及各利益相关者彼此间的价值传递与互动活动。价值活动的类型是多种多样的，既可以是有形资源，如材料、产品和资金等，也可以是无形资源，如信息、技术和管理理论等。根据社会交换理论（Social Exchange Theory，SET），价值活动主要分为四种类型，包括制度（如政策）、信息（如知识、需求）、产品和服务（如材料、合同）以及财务（如费用）。为了确定这些价值活动，需要确定每个利益相关者需要从其他利益相关者那里获得的价值活动，以及自身可以为其他利益相关者提供的价值活动。而这些价值活动取决于各利益相关者在项目中扮演的角色。实际上，利益相关者对项目有多样的需求和期望。

多个利益相关者及其之间涉及的多个价值流组成的路径，称为价值路径；以核心组织为起点和终点的闭环价值路径，称为价值环。为了清晰地呈现SVN的构成要素，绘制了其概念模型，如图3—1所示。

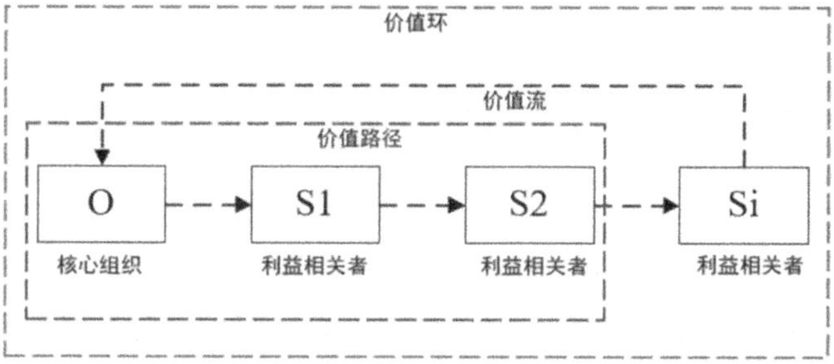

图3—1 SVN概念模型

SVN可以在整合技术、经济、社会等不同类型价值流（活动）的基础上，综合分析利益相关者之间的多元关系。此外，它还关注利益相关者之间的价值活动交换，可以识别整个协作网络中的关键价值活动和价值环。这是SVN与其他网络分析方法相比的优点之一，如ANP、SNA等，这些方法主要强调利益相关者之间单一类型的关系和网络结构。因此，SVN是一个有效的分析方法，可以用来分析利益相关者之间的关系和相互间的重要价值活动。

四、SVN分析过程

关于SVN的分析过程，主要分为五个步骤。第一步，确定核心组织及其利益相关者。第二步，确定核心组织与利益相关者之间的直接价值活动，并构建由核心组织、利益相关者及价值流组成的定性SVN模型。第三步，基于对各个价值流从“紧迫性”和“时间敏感性”两个方面进行打分，确定各个价值流的效用权重，建立定量模型。第四步，根据乘法规则计算所有价值路径的效用权重（包括价值环）。第五步，通过计算确定针对核心组织的重要利益相关者、价值流及价值环。

第三节 建筑企业建造能力成熟度评价综述

一、能力成熟度模型及评价方法综述

成熟度（Maturity）是一种用以评估企业或组织采用某种技术或管理系统发展水平的有效方法。成熟度首先在软件工程领域中被提出和采用。此后，它被引入到其他行业，如制造业、科技服务业和医疗服务业等。同时，已经有一些聚焦于建筑行业成熟度的研究工作，用以提高建筑项目的绩效，如建筑信息模型成熟度（BIM Maturity）、项目管理成熟度（Project Maturity）、供应链成熟度（Supply Chain Maturity）、风险管理成熟度（Risk Maturity）和知识管理成熟度（Knowledge Management Maturity）等。装配式建造发展成熟度模型将有助于建筑企业探索其装配式建造能力，以进一步提高其装配式建造业务发展水平及项目绩效。实际上，已有较多从建筑企业的角度探究提升预制建造项目绩效的研究。这些研究工作主要集中在探索装配式建造发展的驱动因素和障碍，以及利益相关者之间的协作关系等方面，忽视了对建筑企业装配式建造发展成熟度的评估。

值得注意的是，关于装配式建造成熟度的研究越来越多。当前的研究涉及多个主题，包括供应链成熟度、BIM成熟度和预制构件能力成熟度等。这些研究为建筑企业制定提高预制建造能力措施提供了有价值的信息，进而有利于进一步提高其装配式建造项目的绩效。例如，通过评价供应链管理成熟度，提高总承包商在预制建造项目中的绩效。

值得注意的是，建筑企业在了解自身整体的装配式建造发展成熟度和影响因素的情况下，可以采取更加有效和系统的措施，用以提高其装配式建造能力。然而，目前针对建筑企业的装配式建造发展成熟度评价和因素识别方面的研究相对较少，这不利于有效制定提高装配式建造能力的针对

性措施。为了弥补该研究的不足，本章旨在提出一种可用于评估建筑企业装配式建造发展成熟度的多准则模型。

通常，成熟度模型被用于评价成熟度，并为提高成熟度水平提供建议和路径。当前，已经开发出了面向不同情境的多种成熟度模型，如能力成熟度模型（Capability Maturity Model，CMM）、项目管理成熟度模型（Project Management Maturity Model，PM3）和过程成熟度模型（Process Maturity Model，PMM）。评价方法是成熟度模型的重要组成部分，其对模型计算结果的准确性和有效性具有重要的影响。在以往研究中，评价方法一般选用平均值法。然而，该方法是基于问卷调查，在操作过程中相对比较烦琐。此外，有些研究还选用层次分析法、数据包络分析法、逼近理想解排序法等作为评价方法。然而，这些方法大多依赖评价准则的主观数据，忽视了准则的客观方面，因此可能会对评价结果的准确性产生负面影响。

模糊积分是一种基于评价准则的主观数据和客观数据的多准则评价方法。模糊积分已被有效地应用于多个领域，如供应商评价、绩效评价、产品评价、项目评价等。例如，提出一种模糊积分方法，用于评价建筑的能耗绩效。

此外，还可以将模糊积分与其他方法相结合，以提高计算结果的准确性。在研究中，一些计算评价准则权重的有效方法，如网络分析法、层次分析法和模糊层次分析法，被用于优化模糊积分计算过程中的权重计算。例如，提出了一种基于网络分析法确定准则权重的非加性模糊积分方法，用于供应商评价，不仅提高了计算结果的准确性，还降低了计算过程的复杂性。这些研究在成熟度评价方面取得了显著成效。然而，综合考虑评价准则的客观方面和主观方面来计算其权重的研究工作还较少。

模糊层次分析法（Fuzzy Analytic Hierarchy Process，FAHP）和层次分析法（Analytic Hierarchy Process，AHP）是常用的基于专家打分的主观数据计算评价准则权重的主观评价方法。熵值法是一种常用的基于准则实际值计算准则权重的客观评价方法。将FAHP、AHP和熵值法相结合，已被证明是一种计算准则权重的更有效的方法。集成AHP和熵值法的综合评价方法（AHP－Entropy），已经被用于评价环境管理的成熟度水平，以及建筑企业的建筑工业化发展水平等方面。而集成FAHP和熵值法的评价方法（FAHP－Entropy），也已经被用于评价问题，并且获得了更加科学且有效的结果。

综上所述，AHP－Entropy和FAHP－Entropy是用来优化模糊积分评价过程中的准则权重计算的有效方法。基于AHP—Entropy权重计算的模糊积分评价模型已经被提出，并且被用于评价企业的创新能力。然而，利用FAHP—Entropy来优化模糊积分评价模型的权重的研究还相对较少，更缺少利用该方法用以评价建筑企业装配式建造发展成熟度水平的研究。为此，本章旨在构建一种针对建筑企业装配式建造发展成熟度的基于FAHP—Entropy混合权重的模糊积分评价模型，为企业明晰其装配式建造能力水平及关键影响因素，进而制定更加有效的提升措施提供方向。

二、模糊积分评价模型相关理论介绍

（一）直觉模糊数

由于知识或数据缺乏，决策者在复杂和不确定环境下的数值判断能力受限，难以确定决策参数的准确值，而直觉模糊集理论从隶属度和非隶属度两方面描述不确定信息，能够更好地刻画决策者评价信息的不确定性。

定义1：设X是非空论域，X上的直觉模糊集定义为：

$$A=\{x,\mu_A(x),\gamma_A(x)|x\in X\}$$

其中，$\mu_{A,}\ \gamma_A$：$X\rightarrow[0,1]\times[0,1]$，$x\rightarrow(\mu_A(x),\gamma_A(x))$。

$\mu_A(x)+\gamma_A(x)\leqslant1$，则称$\mu_{A,}\ \gamma_A$确定了论域$X$的一个直觉模糊集。$\mu_A(x)$称为$x$对直觉模糊集$A$的隶属度函数，表示$x$的隶属程度。$\gamma_A(x)$称为$x$对直觉模糊集$A$的非隶属度函数，表示$x$的非隶属程度。对于任意$x\in X$，$\pi_A(x)=1-\mu_A(x)-\gamma_A(x)$，称为直觉模糊集$A$的直觉模糊犹豫度，$0\leqslant\pi_A(x)\leqslant1$。

对于任意$x\in X$，与模糊集对应的向量（$\mu_A(x),\gamma_A(x),\pi_A(x)$)称为一个直觉模糊数（IFN），并且可以简记为$x=$（$\mu_x,\gamma_x,\pi_x$）。

设$\alpha=$（μ_α,γ_α）和$\beta=$（μ_β,γ_β）均为直觉模糊数，则直觉模糊数的基本运算法则如下：

加法：$\alpha+\beta=$（$\mu_\alpha+\mu_\beta-\mu_\alpha\mu_\beta,\gamma_\alpha\gamma_\beta$）

减法：$\alpha-\beta=$（$\mu_\alpha\gamma_\beta,\gamma_\alpha+\mu_\beta-\gamma_\alpha\mu_\beta$）

乘法：$\alpha\times\beta=$（$\mu_\alpha\mu_\beta,\gamma_\alpha+\gamma_\beta-\gamma_\alpha\gamma_\beta$）

除法：$\alpha\div\beta=$（$\mu_\alpha+\gamma_\beta-\mu_\alpha\gamma_\beta,\gamma_\alpha\mu_\beta$）

定义2：任意两个直觉模糊数$\alpha=$（$\mu_\alpha,\gamma_\alpha,\pi_\alpha$）和$\beta=$（$\mu_\beta,\gamma_\beta,\pi_\beta$）的距离公式为：

$$d(\alpha,\beta)=\sqrt{1/2\{(\mu_\alpha-\mu_\beta)^2+(\gamma_\alpha-\gamma_\beta)^2+(\pi_\alpha-\pi_\beta)^2\}}\qquad(3-1)$$

（二）三角模糊数

利用模糊层次分析法计算指标权重时，其实质是将三角模糊数引入判断矩阵，进而构造模糊判断矩阵，然后对其进行计算并进行检验之后得到初始模糊权重，最后计算总权重。该方法有利于专家打分，并且准确性更强、操作更加合理。三角模糊层次分析法（TFAHP）计算得出的结果较层次分析法（AHP）的结果更加准确、科学，因为三角模糊层次分析法能够有效地解决打分专家个人因素问题。在模糊层次分析法（FAHP）中，采用多位专家打分制度，将每一位专家的打分取平均值作为最终的评价标准，将个人影响因素降至最低，因此采用三角模糊层次分析法计算指标权重较为合理、准确。

定义3：设论域R上的模糊数为M，如果M的隶属度函数μ_M使得$R\rightarrow[0,1]$表示为：

$$\mu_M(x)=\begin{cases}x/(m-x)-l/(m-l) & x\in[l,m]\\ x/(m-x)-u/(m-u) & x\in[m,u]\\ 0 & x\in(-\infty,l]\cup[u,+\infty)\end{cases} \tag{3-2}$$

则称M为三角模糊数，$\mu_M(x)$为三角模糊函数。

三角模糊数的几何解释为：

一般三角模糊数M表示为（l,m,u）。其中，m为M的隶属度为1的中值；当$x=m$时，x完全属于M；l和u分别为下界和上界，在l，u范围以外的完全不属于模糊数M。

三角函数的基本运算为：

定义4：设定$M_1=(l_1,m_1,u_1)$和$M_2=(l_2,m_2,u_2)$为两个三角模糊数，其四则运算法则如下：

加法：$M_1+M_2=(l_1+l_2,m_1+m_2,u_1+u_2)$

乘积：$M_1\otimes M_2=(l_1l_2,m_1m_2,u_1u_2)$

数乘：$\lambda\otimes M_1=(\lambda l_1,\lambda m_1,\lambda u_1)$

倒数：$1/M_1\approx(1/u_1,1/m_1,1/l_1)$

（三）模糊积分评价

模糊积分方法不仅综合考虑所涉及因素的模糊信息强度，同时也全面考虑评价系统所涉及因素状态特征的重要程度，而且强调了因素之间相互关联、制约对整个评价结果的影响。因此，它也可被应用于评价指标间具有相关性的情况，是一种评价指标合成技术方法。

模糊测度是使用模糊积分方法的前提条件和关键要素，其首次实现了用较弱的单调性代替可加性。因此，用模糊测度来表示单个或集体指标的重要程度，能更加准确地刻画评估行为。g_λ模糊测度是经常用到的测量度量方法，它的性质和求解公式如下：

若$A=\{x_1,x_2,x_3,\cdots,x_n\}$有限集合，$g_A$具有如下性质：

性质1：

$$g_\lambda(A^c)=\frac{1-g_\lambda(A)}{1+\lambda g_\lambda(A)} \tag{3-3}$$

性质2：若$A\supseteq B$，则：

$$g_\lambda(A-B)=\frac{g_\lambda(A)-g_\lambda(B)}{1+\lambda g_\lambda(B)} \tag{3-4}$$

性质3：$\forall i\neq j$时，$A_i\cap A_j=\varnothing$，则：

$$g(\{x_1,x_2,\cdots,x_n\})=\sum_{i=1}^{n}g_i+\lambda\sum_{i_1=1}^{n-i}\sum_{i_2=1}^{n}g_{i_1}g_{i_2}+\cdots+\lambda^{n-1}g_1g_2\cdots g_n=\frac{1}{\lambda}\left[\prod_{i=1}^{n}(1+\lambda g_i)-1\right]\lambda\in(-1,\infty)且\lambda\neq 0 \tag{3-5}$$

当$g(x)=1$时，可计算λ值如下：

$$\lambda+1=\prod\nolimits_{j=1}^{n}(1+\lambda g(x_i)) \tag{3-6}$$

模糊积分是定义在模糊测度基础上的一种非线性函数，最常用的是Choquet模糊积分等。Choquet模糊积分在考虑评价各个指标重要程度的基础上，对指标间的相互作用的程度用模糊测度进行描述。模糊积分不需要假设评价指标间相互独立，是一种合成技术方法。

$$\int_A f\mathrm{d}g=\sup_{a\in[0,1]}(a\wedge g(A\cap F_a)) \tag{3-7}$$

其中，a为阈值，$F_a=\{x|f(x)\geqslant a\}(a\in[0,1])$，$A$为定义域。

当$A=X$时，$(A\cap F_a)=(X\cap F_a)=F_a$，则积分公式为：

$$\int f\mathrm{d}g=\sup_{a\in[0,1]}(a\wedge F_a) \tag{3-8}$$

当$A=X,X=\{X_1,X_2,\cdots,X_n\}$为有限集合时，则积分公式为：

$$\int f\mathrm{d}g=\bigvee_{n}^{i=1}(a_i\wedge g(f_{ai})) \tag{3-9}$$

如果$f(X_1)\geqslant f(X_2)\geqslant\cdots\geqslant f(X_n)$，则积分公式为：

$$\int f\mathrm{d}g = \overset{i=1}{\underset{n}{\vee}} \left(f(x_i) \wedge g(X_i) \right) \tag{3-10}$$

其中，$X=\{X_1,X_2,\cdots,X_i\}(i=1,2,\cdots,n)$，$\wedge$表示体现最大化数值的最大运算子，$\vee$表示体现最小化数值的最小运算子。

基于Choquet模糊积分，设$f(X_1)\geqslant f(X_2)\geqslant\cdots\geqslant f(X_i)\geqslant f(X_n)$，$f$的模糊测度$g$在$X$上的Choquet积分可以表述为：

$$\int f\mathrm{d}g = f(X_n)g(X_n)+\left[f(X_{n-1})-f(X_n)\right]g(X_{n-1})+\cdots+\left[f(X_2)-f(X_1)\right]g(X_2) \tag{3-11}$$

其中，$f(X_i)$为待评估方案在i属性上的表现；$g(X_i)$表示同时考虑$X_1,X_2,\cdots,X_i$时的重要度，$g(X_1)=g(\{x_1\})$，$g(X_n)=g(\{x_1,x_2,\cdots,x_n\})$。

（四）FAHP权重计算中的数据收集

在基于FAHP的主观权重计算中，评价专家组利用三角模糊数（Triangle Fuzzy Number，TFN）对指标间的相对重要性进行打分，以作为构建模糊判断矩阵的基础。为了确保打分的准确性，一般情况下采用多位专家对已构造的层次体系进行打分，然后再取平均值。

三角模糊层次分析法的判断矩阵的打分值运用三角模糊数进行表达，一般表示为$[l,m,u]$。其中，m为中间值，l和u分别为上界和下界。$|u-l|$的差值越大，表示此因素的模数程度越大。模糊判断矩阵的三角模糊的取值是依据层次分析法中的1~9标度法来确定。

模糊判断矩阵中三角模糊数中值m的取值依据AHP的1~9标度法确定，见表3-1。三角模糊数的下界l和上界u可根据模糊程度加以确定，$|u-l|$的差值越大，表示判断越模糊；$|u-l|$的差值越小，表示判断越清楚；当$|u-l|=0$时，判断是非模糊的，这时$l=m=u$，与一般意义下的判断标度值相同。l和u的取值可以根据$0.5<|u-l|<1$和$0.5<|u-m|<1$，并根据经验确定，或者根据三角模糊数上下界的取值表取值，具体依据见表3-2。需要注意的是，取值以1~9标度为标准，不用倒数进行标注，然后再利用模糊数的互反性质求得互反矩阵。

表3-1　m值的1~9标度法

1~9标度	含义
1	当两个因素两两比较时，两者具有同等重要性
3	当两个因素两两比较时，前者比后者稍显重要
5	当两个因素两两比较时，前者比后者明显重要

续表

1~9标度	含义
7	当两个因素两两比较时，前者比后者强烈重要
9	当两个因素两两比较时，前者比后者极端重要
2、4、6	表示上述相邻判断程度的中间值
倒数	1、1/3、1/5、1/7和1/9与1、3、5、7和9有相反的含义

表3–2 l和u的取值法

评分自信水平	$u-l$值	TFN值	描述
高	1	$(\max(m-1/2,1), m, \min(m+1/2,9))$	对m值打分不模糊
中	2	$(\max(m-1,1), m, \min(m+1,9))$	对m值打分较模糊
低	3	$(\max(m-3/2,1), m, \min(m+3/2,9))$	对m值打分非常模糊

第四节 运作视角下精益建造相关研究综述

一、精益建造研究综述

建筑业在生产力、成本、效率及质量等方面存在的问题，一直是学术界和理论界关注的焦点，并且提出了一系列相应的理论和方法，包括利益相关者管理、项目管理、风险管理、成本管理、组织管理、精益建造等。其中，精益建造已经被广泛认为是一种提高建筑项目绩效的有效方法，特别是在优化建造作业流程方面。其以减少建造过程存在的浪费和提升价值创造为目标，通过控制建造过程的变化来保持建造过程的持续流动，进而提高建造过程的质量、成本、效率、安全及可持续等方面的绩效。

在精益建造的实施过程中，存在对精益建造不同的解释，经常被描述为一个充满消除浪费及提升价值的方法和工具的工具箱。在运用精益理念的过程中，人们对精益理念的理解可分为三个层面，包括战略层面、战术层面、操作层面。其中，在战略层面，精益被认为是一种可持续改善和创造价值的哲学思考；在战术层面，精益是一套改善原则，一般包括五项基本原则，即顾客价值、价值流、持续流、顾客拉动和尽善尽美，以及十四项精益管理准则，即价值准则、流动准则、拉动准则、质量准则、人员准则等；在操作层面，精益是一系列的工具、技术、方法和实践，如5S、价值流图、准时化等。

在对精益概念的理解中，操作层面的精益工具及技术是精益建造实施过程中最为直接和有效的途径，为实现精益理念提供支撑。虽然，当前一些研究已经探究了精益工具对建筑项目绩效提升的影响，并且为精益工具的选择提供了一些参考。然而，这些研究主要关注项目整体改善，较少涉及针对具体建造活动的精益工具选择。当前，企业在制定改善具体作业活动的精益实施方案时，在选择合适的精益工具方面仍旧存在较大的挑战和困难，制约了精益实施对企业和项目绩效的提升效果。特别是当前已经有100多种精益工具被应用的情况下，虽然这些精益工具为企业提升绩效提供了更多的选择，但是也给企业如何选择合适的精益工具带来了更大的疑惑和困难。为此，企业在选择合适的精益工具时，需要投入更多的时间和精力，以深化对精益思维、理论和方法方面的理解。然而，当精益工具选择出现偏差时，不仅不会对企业绩效的提升产生良好效果，还会浪费较多的资源。

二、精益建造框架研究综述

一些学者采用精益建造和信息技术，如建筑信息模型（Building Information Modeling，BIM）和物联网（Internet of Things，IoT）等，改善建筑企业的运作管理和协作。在精益建造方面，一些研究探究了精益建造五原则在工业化建造体系中的应用，认为精益施工作为一种有效的策略，其可以通过减少材料浪费、安全隐患和施工时间，提高模块化住宅建筑的可持续性。在BIM和IoT方面，通过构建集成RFID和BIM的知识体系，提高了装配式建造供应链透明性和自学习决策能力，进而提高了整体项目的绩效，如降低成本、减少错误和缩短工期。需要注意的是，将精益建造和BIM等结合已经成为当前研究的焦点。例如，采用BIM与精益建造工具的末位者计划系统（Last Planner System，LPS）和目标价值设计（Target Value Design，TVD）相结合，优化装配式项目的设计流程，以提高设计效率和质量；构建一个基于FRID、BIM和精益建造的集成系统平台，用以加强装配式建造项目生产过程中各参与方之间的协作，进而提高生产过程的稳定性和效率。

通过上述分析可知，精益建造是提升建筑企业管理能力及项目绩效的有效方法。在企业实施精益建造的过程中，精益建造框架可以为其制定精益建造实施方案提供一定的参考依据。精益建造框架，通常也被称为精益建造模型，用于为建筑企业制定精益建造方案提供指导，以使其更好地利用精益建造提升自身能力及项目绩效。当前，已经大量研究聚焦于精益建造框架。第一，通过与精益制造的对比分析，提出了一个精益建造实施的社会－技术（Socio－Technological）框架，描绘了建筑建造过程中人员管理、建造项目管理及制造过程管理中可以应用的精益准则和相应的精益工具。然而，其偏重探究精益制造准则在建造过程的可应用性，未涉及具体的建造活动。第二，提出了一个精益建造概念框架，涉及采购、管理、计划/控制、行为、供应、协同、设计、装配八个方面，进而探究了精益建造在这些方面的作用，但未涉及具体的建造作业活动。第三，集成精益技术及6 Sigma，提出了一个面向建造设计、供应链、装配过程浪费消除的精益建造框架，以实现精益设计、供应及装配。然而，其偏重部分项目流程，未涉及生产环节，也未涉及相关参与方的具体作业活动。第四，基于精益管理14项准则构建了与之相对应的精益建造概念框架，并提出了应用每条精益建造准则的指导原则。然而，其偏重精益建造概念模型层面，没有涉及具体的企业或活动。第五，基于价值流分析，提出用以减少混凝土砖生产过程浪费的精益建造框架，但其主要关注生产过程浪费点的识别与改进。第六，集成精益建造、绿色、6 Sigma理论和方法构建了建造过程优化框架，但其偏重利用这些建造技术对建造过程进行优化，并未涉及具体的技术和方法。第七，基于精益建造的末位者计划，提出了针对建造项目的生产控制的精益框架，但其只聚焦末位者计划对生产控制层面的改进。第八，基于精益价值流，提出了减少设计过程成本的精益模型，但其侧重使用精益工具优化存在成本浪费的设计过程。

此外，当前一些学者开始关注使用BIM、IoT等信息化技术来促进精益建造的实施，并构建了集成BIM等信息技术的精益建造框架。其中，信息技术主要用于信息的获取和与其他参与者的协同交流。例如，使用IoT技术及末位者计划，构建了优化传统建造施工现场活动的精益建造框架；构建了集成IoT和BIM技术的云平台，但其偏重信息技术框架，并未详细探究精益建造的应用；使用BIM和RFID技术优化精益建造计划，以提升材料的流动过程，但其只关注通过计划控制来优化建造过程中材料的流动；使用BIM和RFID等信息技术和精益建造理论，搭建了提升预制房屋生产绩效的集成信息平台，并提出了相应的精益建造准则，但其只关注精益准则的整体应用，未涉及具体的精益工具选择。

综上所述，当前关于精益建造框架的研究主要集中在概念架构层面，为使用精益建造提升项目绩效提供了有价值的信息和参考。然而，仍存在以下不足：第一，主要针对建筑项目整体或设计、生产、施工等某个特定作业流程，较少涉及建筑企业在建筑项目中的建造运作流程。第二，较少涉及面向设计、生产、施工等建筑企业实施项目建造流程的具体精益建造方案，特别是基于运作流程的精益建造工具选择方案。第三，较少关注针对建筑企业内部及项目中建造作业流程优化的精益建造框架构建。第四，大多数研究主要关注运用精益建造理念或BIM等信息技术，以优化建筑企业内部的作业流程，或提高建筑企业之间的协同效率，较少同时关注这两个方面。此外，当前研究主要关注精益建造理念、准则或部分精益工具的应用，较少涉及针对建筑企业内外部建造作业流程的系统性的精益建造工具的选择方案。因此，建筑企业在选择具体的精益建造工具和制定集成IoT、BIM技术的实施方案，以提升其自身及与外部利益相关者协同运作流程时，面临较大的困难和挑战，制约了其自身建造能力和项目整体绩效的提高。

鉴于此，本部分针对前面分析得出的装配式建造项目利益相关者协同及企业自身的装配式建造能力不足的问题，提供了一个可供参考的具体的针对其具体建造作业流程的精益建造框架及模式，为其制定有效且可实施的精益建造和BIM实施方案提供了参考，进而提高建筑企业的建造能力及项目的整体绩效。

三、IDEF流程建模介绍

（一）基于IDEF的运作流程建模综述

进行运作流程管理和优化，首先需要清晰且系统地梳理自身的运作过程，包含与其他重要利益相关者的协同活动，进而为企业制定运作流程优化措施奠定基础。运作流程涵盖企业制造产品和提供服务过程中涉及的各种运作活动。运作流程管理，是指对这些运作活动进行计划、协调和控制，特别是针对运作活动中的各要素，如员工、设备、设施、资源分配、工作方法等，以实现更加高效地把资源投入转化为产出。因此，建筑企业进行流程优化时，不仅需要识别相关的运作活动，还需要明确这些运作活动所涉及的管控要素，否则难以制定出有效的且具有针对性的优化措施。为系统地识别和描绘运作流程及其相关管控要素，业务流程建模的相关方法和理论为其提供了支撑，特别是一些结构化的建模方法。

当前，有较多的结构化的业务流程建模及分析工具，比如统一建模语言（Unified Modelling Language，UML）、Petri 网（Petri Network，PN）、Agent 建模、业务流程建模标记法（Business Process Modeling Notation，BPMN）、集成定义方法（Integrated DEFinition method，IDEF）、设计结构矩阵（Design Structuring Matrix，DSM）等。这些业务流程建模工具在刻画业务流程活动及关系时具有不同的特点。UML偏重反映各业务活动的结构、行为和功能。PN偏重反映业务活动的状态。IDEF由一系列复杂系统建模、分析和设计模型组成，其中IDEF0和IDEF3模型可以较好地清晰刻画业务活动、相互关系及相关的机制和控制，并且便于操作和实施。IDEF0表示功能建模（Functional Modeling），IDEF3表示过程描述获取（Process Description Capture）。例如，使用IDEF0模型构建空基反导活动模型，以刻画空基反导作战流程及其相互关系；使用IDEF3模型描绘飞机组件拆装流程、活动及相互关系。然而，由于IDEF0模型侧重建立功能活动及其相互关系的功能模型，IDEF3适用于获取对过程的准确描绘的模型，因此两者结合使用可以更加清晰地从整体与局部、功能与关系方面综合描绘作业流程及其关系。例如，使用IDEF0和IDEF3构建通信产品开发流程、活动及其关系模型，并基于此进行开发流程改进。

（二）IDEF建模方法

IDEF建模方法是20世纪70年代由美国空军发明，是最早用于描述企业内部运作的一套建模方法。IDEF方法是由IDEF0～IDEF14共计16个模型组成的方法集合。这16个建模方法具有不同的特点和功能，分别通过一定的建模流程来获取建模中的不同信息，IDEF0表示功能建模、IDEF1表示信息建模、IDEF1X表示数据建模、IDEF2表示仿真建模设计、IDEF3表示过程描绘获取等。其中，IDEF0和IDEF3被认为是进行作业流程或过程建模的有效方法，可以用于对过程的分析和改进。IDEF0模型着重于功能建模，通过“输入－控制－输出－机制”结构系统且直观地描绘各作业活动的信息。IDEF3模型偏重对建造活动过程的描述，其通过定义任务执行顺序和它们之间的信息依赖关系，实现对过程的描绘。

由此可见，IDEF0可以整体描绘项目实施包含的运作流程、活动及其相互关系。然而，IDEF0没有时序关系，无法描绘工作过程在不同时间段上流过同一功能模块的情况，也不能表述工作流的并行关系。IDEF3可以进行层次分解，并且具有时序关联性，在描绘具体任务的实施过程上具有方法简单、描绘清楚的特性。IDEF3所描绘的行为单元活动较为具体，但在对企业整体组织过程的描绘上存在不足之处。因此，我们可以将IDEF0和IDEF3结合使用，在使用IDEF0描绘系统整体运作流程及活动的基础上，使用IDEF3进一步将这些运作活动进行细化，以更加清晰地描绘运作活动、相互关系及管控要素。

（三）IDEF0业务流程建模

IDEF0模型是一种结构化的业务流程建模及分析方法，其通过结构化的图形形式，将系统或组织内的业务流程或活动的功能、关系、管控等信息清晰地进行描绘。组成IDEF0模型的图形称之为活动图，其组成单元由盒子和箭头组成，如图3－2所示。

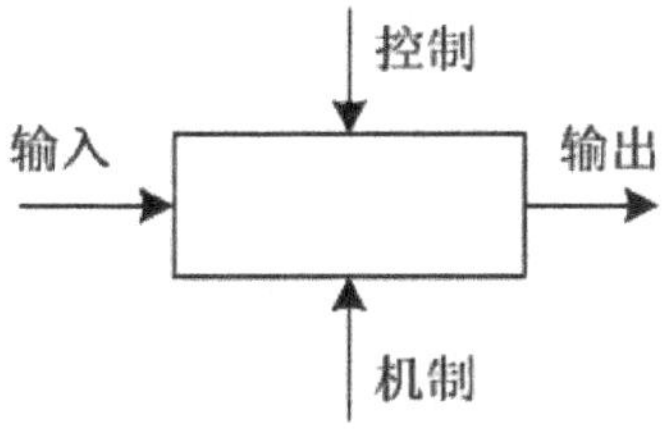

图3－2　IDEF0活动图组成单元

图3－2中，盒子表示业务流程中的活动，不同位置的箭头分别表示输入、输出、控制和机制四个作业活动的功能特性。

输入：盒子左侧箭头的“输入”表示实施作业活动需要的数据，即等待活动进行处理的内容，其一般来自上个作业活动的输出。

输出：盒子右侧的“输出”表示作业活动完成后所产生的数据等内容，这些内容需要被后续活动进一步处理或直接进行成果输出。

控制：盒子上方的“控制”表示实施作业活动的条件或环境，也就是进行作业活动的约束条件或管控条件。一个作业活动可以没有输入，但至少有一个控制要素。

机制：盒子下方的“机制”表示实施作业活动所需要的资源，包括人力、设备、资本等。由此可见，机制是实施作业活动的基础条件。

输入与输出的关系就是活动，是将输入要素转变为输出要素的过程。这种转化可能是行动、作业或过程，需要根据对作业活动划分的颗粒度大小确定。然而，两个活动之间的输入与输出关系仅代表两个作业活动之间存在的约束或依赖关系，而不一定代表两个作业活动之间的流程顺序。总之，“输入”到“输出”表示盒子内作业活动进行的是什么内容（What），“控制”表示这个作业活动为何这么做（Why），“机制”表示如何实施这个作业活动（How）。

此外，IDEF0模型可以是多层级，以清晰地描绘不同层级的作业流程或活动，如图3—3所示。

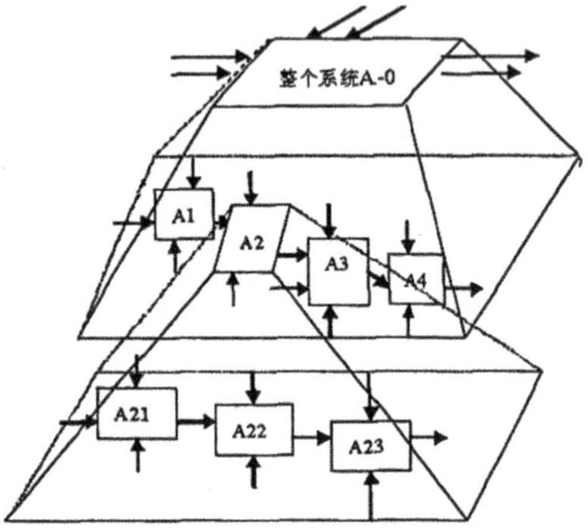

图3—3 IDEF0层级结构模型

如图3—3所示，系统的作业流程IDEF0模型根据整体到局部，可以划分为多个层级。其中，第一层级A—0反映系统作业流程的整体流程、作业活动及其关系，而下一层级A—1反映第一层级A—0中的某一作业活动或过程的细分作业流程及活动。以此类推，可以根据问题需要，将系统的作业流程划分为不同颗粒度的层级。

（四）IDEF3业务流程建模

IDEF3是一种作业过程描述方法，其主要通过定义作业活动的执行顺序和它们之间的逻辑关系来进行作业流程刻画。因此，使用IDEF3建模，可以通过定义系统中各个作业活动的实施顺序和相互关系来清晰描绘一个系统的作业过程。在模型构建过程中，IDEF3模型主要通过场景描述和对象，实现对作业流程及活动的精准刻画。

场景描述是指待描述系统或组织中可以用文件进行记录的经常或重复出现的情景，其主要用于描述在特定情景下发生的一组过程及其相应的背景。场景描述的主要作用是反映系统中不同场景下的运作过程的前后关系，进而刻画信息流的传递范围和内容。对象是待描述系统中存在的实体（如物料、设备等）或非实体（如信息、控制等）事物，对其特征的识别，可以更好地对系统作业流程及其状态转换过程进行描述。

一般情况下，系统或组织中存在多个场景和对象，并且每个场景可能由多个细分的场景组成。这些场景和对象共同对系统或组织的结构、运作流程、过程进行系统的刻画。在具体的描绘过程中，需要使用形式化的建模元素来构建IDEF3模型。这些模型的符号元素主要包括3种类型，分别为行为单元（Unit of Behavior，UoB）、联接（Link，LIN）和交汇点（Junction，JUN）。

1.行为单元（UoB）

UoB标签	
节点号	IDEF参考号

图3—4　IDEF3模型中的UoB符号

在IDEF3模型中，UoB表示待描述系统或组织中的作业过程或活动。UoB由3部分进行特征标记，分别为标签、节点号和参考号，如图3—4所示。标签表示该作业过程或活动的名称；节点号表示该作业过程在IDEF3模型中的实施及发生顺序；参考号表示过程流之外参考物的编号，一般情况下较少描述。

在具体实施过程中，如果UoB所代表的运作活动较复杂，可以根据需要将其分解为由多个运作活动组成的流程，并且层次越低，对运作过程的描述越具体。同时，对下一层级的节点编号时，应基于其上一层级节点号，以反映层级结构。例如，上一层模型中某一个作业活动的节点号为“1”，而由其引出的下层模型作业活动编号应该从“1.1”开始进行，并以此类推。

2.联接（LIN）

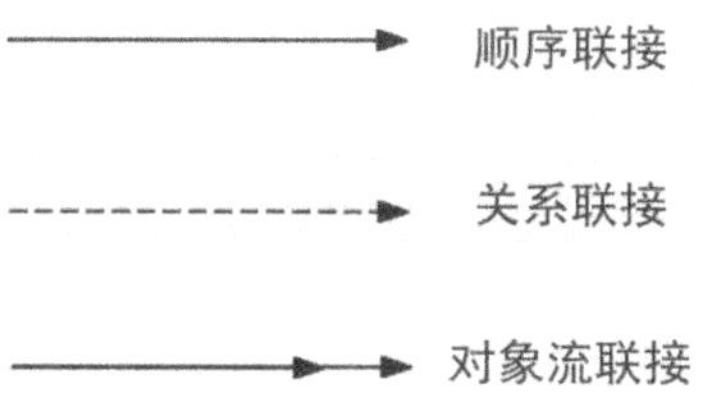

图3—5　IDEF3模型中的LIN符号

在IDEF3模型中，LIN表示相连接的两个UoB之间的关系，其分为顺序联接、关系联接和对象流联接三种，如图3—5所示。在模型中，顺序联接用实线箭头表示，其反映两个作业活动之间时间上的前后关系，是经常使用的联接类型。关系联接用虚线箭头表示，其没有特定的关系含义，是用户自定义的联接类型。对象流联接用双箭头实现表示，其强调一个对象参与到两个作业活动的机制。

3.交汇点（JUN）

表3–3　IDEF3模型中的JUN符号及含义

汇入的交汇点类型	符号	语义说明
异步“与”	&	交汇点前的所有过程分支必须已完成
同步“与”	&	交汇点前的所有过程分支必须同时完成
异步“或”	0	交汇点前的过程分支中一条或多条已完成
同步“或”	0	交汇点前的过程分支中一条或多条同时完成
异“或”	X	交汇点前的过程分支中只能有一条完成

在IDEF3模型中，JUN表示具有联接关系的不同路径的作用流程之间的逻辑关系，用以表示过程流的汇总（扇入）或分发（扇出）。汇总，表示两个或两个以上的作业过程流汇合为一个作业过程流；分发，表示一个作业过程流可分为两个或两个以上的作业过程流。过程交汇点的类型主要分为5个类型，分别为异步“与”、同步“与”、异步“或”、同步“或”、异“或”，具体符号及含义见表3—3。

第五节　精益建造实施策略间的关系探究综述

一、要素间关系的探究方法综述

当前，建造领域的学者已开始进行因素间关系的研究，以解释各因素间存在的关系。在此过程中，他们采用或提出了一系列的研究方法。这些方法主要包括因子分析（Factor Analysis，FA）、网络分析法（Analytic Network Process，ANP）、结构方程模型（Structural Equation Modeling，SEM）、决策和评价实验室（Decision－making Trial and Evaluation Laboratory，DEMATEL）、解释结构模型（Interpretive Structure Modelling，ISM）等。

关于FA和SEM方法。使用SEM方法确定了影响公私合营建造项目（Public Private Partnership，PPP）的关键成功因素间的相互关系。针对建筑工人安全风险承受能力的影响因素，在使用FA方法进行因素关系初步探究及分类的基础上，使用SEM方法进一步确定了这些因素对风险能力的影响路径。在识别面向中国建筑企业风险管理的关键成果因素的基础上，采用FA方法对这些因素进行关系研究和分类，并使用SEM方法进一步探究了因素间的相互关系，并提出了相应的概念模型。针对影响精益建造实施过程中工作流可靠性的关键因素，使用FA和SEM方法探究了这些影响因素间的相互关系及框架。使用FA方法分析了影响越南大型建造项目质量、安全及生产率等绩效的因素间的关系，并基于此将这些因素划分为5类。

关于DEMATEL和ANP方法。使用DEMATEL和ANP相结合的方法，建立了影响建造项目可持续管理影响因素间的关系，并通过计算权重进行了重要性排序。使用DEMATEL方法在构建可持续供应链管理的关键风险因素间相互关系的基础上，通过计算各个因素的权重对因素的重要性进行了排序。

其他研究方法。基于多案例调研，采用认知地图技术（Cognitive Mapping）描绘了引起基础设施建设项目中设备布置影响因素间的相互关系，但该研究偏重定性研究。使用德尔菲法（Delphi Method），通过交叉影响分析，以定量的方式确定了有效预防建造过程损伤策略间的相互关系。

FA、ANP、SEM等研究方法偏重确定各因素间的相互关系或分类，而没有基于识别出的这些相互关系，将因素进一步划分为逻辑递进的层次结构，造成不能清晰地描绘这些因素的逻辑关系。ISM被认为是一种可以清晰描绘各因素间相互关系及层级结构的有效方法。通过该方法，研究者可以在建立各因素相互关系的基础上，将它们划分为不同属性的层级。因此，ISM不仅可以建立各个因素间的直接关系和间接关系，还可以识别它们对影响对象的影响程度，进而有利于制订实施计划。ISM通常与交叉影响矩阵相乘模型（Matrices Impacts Croises－Multiplication Appliance Classement，MICMAC）集成使用，以更加清晰地定量描绘影响因素关系及层级结构中应该更加注重哪些因素，为后续制订相应的实施计划提供更加明确的支撑。

当前，已经有较多的研究将ISM和MICMAC方法应用于影响因素关系的定量构建和重要性分析。例如，采用ISM识别和探究了影响建筑工人劳动率的影响因素间的相互关系；采用ISM建立和分析了在代建项目模式下，影响大学人才公寓建设的风险因素间的相互关系，并使用MICMAC对这些因素进行了重要性划分；针对中国建造行业向预制建造转型的阻碍，使用ISM识别和探究了这些阻碍间的相互关系，并且使用MICMAC对这些因素进一步基于驱动力和依赖力两个方面进行了划分，以识别需要优先解决的阻碍；采用ISM与MICMAC相结合的方法探究了影响中国预制建造项目建造信息模型（Building Information Modeling，BIM）实施阻碍间的交互关系和结构关系，并指出了需要重点关注的驱动因素和关联因素；基于识别出的影响沙特阿拉伯建造行业实施精益建造的12个关键成功因素，利用ISM在探究了这些因素间的相互关系，并建立了基于ISM的精益建造实施框架。

尽管ISM与MICMAC相结合的方法定量地探究了影响因素间的交互关系，并依据ISM模型从驱动强度和依赖强度确定了需要重点关注的影响因素，但是对因素重要性的体现并不具体，并且忽视了影响因素间的相对重要性。因此，在ISM和MICMAC模型的基础上，需要进一步探究和确定各影响因素的重要性排序，以进一步识别制订实施计划时需要重点关注的影响因素。当前，已经有一些学者进行了探究，主要是在构建ISM模型的基础上，运用要素评价方法或理论进一步对相关因素进行评价和分析，如AHP、ANP、DEMATEL、贝叶斯网络（Bayesian Network，BN）、图论（Graph Theory）等。

关于ISM与DEMATEL、效用指标（Effectiveness Index，EI）、模糊认知地图（Fuzzy Cognitive Maps，FCM）的集成分析：将EI引入ISM构建Weighted－ISM模型，并结合MICMAC分析了影响制造系统柔性的因素，但忽视了除EI之外的其他因素；利用一种基于ISM和DEMATEL的集成方法，在构建影响水回收阻碍因素相互关系的基础上，确定了最有影响的阻碍因素，但没有考虑阻碍间的层次结构；提出了ISM与FCM相结合的方法，用于评价精益供应链的敏捷性，但其偏重定性分析。

关于ISM与AHP的集成分析：针对影响高速公路项目绩效的成功与风险因素评价，在使用层次分析方法（Analytical Hierarchy Process，AHP）确定这些因素重要性的基础上，构建了针对较为重要的16个因素的ISM模型，并使用MICMAC进行了分类分析，为制订管控计划提供了支撑；针对影响铁路安全的要素，首先使用ISM构建结构化模型，其次使用MICMAC

从驱动性和依赖性角度分析策略的重要性，再次使用AHP对策略按照权重进行了排序，并据此提出了实施框架。虽然AHP是进行要素排序的有效方法，但是其忽视了ISM模型中各因素间的相互关联关系。

关于ISM与ANP的集成分析：提出了一个集成ISM与ANP的模型，用于供应商选择、供应链管理策略选择和新技术选择。其中，ISM为ANP提供了评价指标间的交互关系，并通过MICMAC对指标进行了分类分析；ANP确定了ISM中指标的相对重要程度。尽管ANP相较于AHP而言，是一种更为高效的网络分析方法，考虑了底层各因素间的交互关系，然而其对ISM模型的多层级结构及其对重要性影响的考量仍显不足，并且偏重主观评价。

关于ISM与BN的集成分析：使用ISM构建了影响铁路货物运输系统风险的相互关系模型，并使用BN计算了各风险的发生概率，并对其进行了排序，为制定预防风险措施提供了参考。针对离岸管道项目的作业风险评价，在使用ISM构建风险影响因素相互关系的基础上，进一步构建了BN模型，用以分析具体案例下的重要风险因素。虽然BN提供了一种更为系统和定量的方法，但是它在ISM模型的结构层级对权重所产生的影响方面考虑不足。

关于ISM与图论的集成分析：提出了一种集成ISM与矩阵图理论（Graph Theoretic Matrix）的方法，探究了供应链中买卖双方的结构化关系及重要性。该方法集成了ISM、图论（Graph Theory）和矩阵论（Matrix Approach），构建了一个探究因素关系及重要性的模型，并应用于企业实施商业智能项目意愿的分析。虽然图论与矩阵论相结合为探究因素间的交互关系提供了一种定量且更加客观的分析方法，并开辟了新的研究视角，但该方法未考虑要素的交互关系水平及在系统中的位置对重要性的影响。

综上所述，对于ISM中影响因素重要性的进一步分析，主要是基于网络分析方法，如ANP、BN、图论等。这是因为各种影响因素或策略间存在复杂的交互关系，并由此建立起了一种复杂的网络结构。在这样的复杂网络结构中，节点（即要素或策略等）间的关联程度、交互关系，以及节点在网络中所处的位置等对节点的重要性均有较大的影响。然而，ANP、BN、图论等网络分析方法，主要偏重各要素之间的相对重要程度，并没有考虑网络的结构特性对要素重要性的影响。

实际上，复杂网络理论是探究由具有复杂交互关系的节点组成的系统的一种有效方法。复杂网络理论已被广泛应用于各种不同类型的复杂系统中，用以解决不同的问题，如生物系统、交通系统、社交系统和社会网络系统等。精益建造实施策略间相互影响，关系错综复杂，将其作为复杂系统对待，可以明确各因素间的关系及重要性，有利于制定更加贴合实际且有效的实施策略、框架和路径。

基于ISM模型和复杂网络理论，提出了综合考虑节点出入度以及节点所在网络层级的重要性的评价方法，以确定节点的结构层级的重要性值。虽然该方法考虑了因素在ISM中的层级对其重要性的影响，但在节点间的间接关联对其重要性的影响上考虑不足。在精益建造实施过程中，在ISM和MICMAC模型中，存在驱动因素和依赖因素，这些因素不仅与相邻的因素有关，也与具有间接关联的因素有关。例如，驱动因素是所有实施策略的基础，对所有因素都存在一定程度的驱动作用。

在复杂网络中，基于复杂网络结构本身，当前已经有较多学者对复杂网络中如何确定各要素的重要性进行了研究。重要性贡献矩阵模型（Nmei-nvode Importance Contribution Matrix，NICM）和节点重要度评价矩阵（Node Importance Evaluation Matrix，NIEM）是复杂网络分析中经常应用的方法。基于网络的拓扑结构参数，包括节点出入度、节点距离、网络直径等，并考虑网络中不同节点间的相互关系对节点重要性的影响，以及每个节点对其相邻节点重要程度的贡献（影响）等，提出了NICM方法，用于评估复杂网络中节点的重要性。该方法在通信网络节点重要性评价中取得了良好的效果。一些学者还探究了NICM方法在其他领域的应用。例如，使用改进的NICM模型，识别了中国核心地铁技术；使用基于信息熵的NICM模型，分析了云计算平台的数据中心网络中影响安全的关键节点。然而，由于NICM方法把节点的重要性评价分配给相邻节点，造成节点的NICM值与度值不一致，即NICM值越大度值反而越小，与实际中度值越大对其余节点的贡献越大不一致。在NICM方法的基础上，通过节点的效率值和度值来反映其相邻节点的贡献，提出了NIEM方法，以确定节点的拓扑结构重要性值。当前，已经有一些研究将NIEM方法应用于不同情境下的复杂网络节点重要性评价。例如，使用NIEM方法识别和监测航空网络的关键节点；使用NIEM方法对多用户参与的微博转发网络中的关键节点进行识别和分析。

在构建精益建造的实施框架与路径的过程中，实施策略之间的相互关系较为复杂，而且各因素之间存在直接或间接关联，对实施路径的制定有着较大的影响。基于此，为了提高要素重要性评价的准确性和可操作性，需要综合考虑要素的结构层级以及相互间的间接关系对重要性的影响，也就是要集成MICMAC、拓扑结构权重（Topological Structure Weight, TSW）和结构层级权重（Structural Degree Weight, SDW）。对于ISM、TSW和SDW的集成，通过使用该集成方法，可以识别制造系统中的关键脆性因子，并借助实际案例和ARPA对比试验，验证了该方法的可行性以及相较于其他方法的有效性。然而，该方法并未进行MICMAC分析，这是因为在识别关键因子时，没有进行路径分析，所以无须考虑因素的驱动力和依赖力。

二、ISM理论介绍

（一）ISM的基本概念与特点

解释结构模型（Interpretation Structure Modeling, ISM）由美国的沃费尔德教授于1973年首次提出。它是一种专门分析复杂社会经济系统结构问题的方法，在系统工程领域中是较为常用的一种结构模型化分析方法。它基于图论中的关联矩阵原理，以此来构建复杂系统的结构模型，常用于分析一个变量对其他变量的影响。ISM不仅是一个识别和加强系统中特定元素之间关系的好工具，还是一种用于确定特定项目之间关系的好方法。研究人员使用ISM，能够深入理解不同行业中各个变量之间的直接关系和间接关系。

ISM系统地应用了图论的一些基本概念。其使用概念、理论和计算能力来解释变量集之间上下文关系的复杂模式。ISM将流程讲不清楚、表达不清的系统思维模型转换为可见的、定义明确的模型。它可以作为对变量之间关系的复杂性施加顺序和方向的工具。

ISM广泛地应用于系统工程中，其非常适用于变量众多、因素关系复杂而层级结构不清晰的系统分析，其有助于以简化的方式呈现复杂的系统，并有助于识别系统内的结构。ISM可以对组成系统要素的合理性选择进行分析，同时也可以对系统的结构层级分析、关键要素辨识等问题进行分析研究。该方法的基本思想是对系统内所有的影响因素进行层级划分，找出不同因素间的相互影响关系，构建多层递阶的有向图结构模型，从而将各因素间的错综复杂、模糊不清的关系转化为层级清晰的结构关系。

ISM也有一定的局限性。首先，链接的解释是不全面的，因此模型受到用户的多样化解读。其次，该模型对链接的因果关系保持沉默，因此在回答为什么要进行理论构建时受到限制。最后，变量之间的关系始终取决于个人的知识和判断。为克服该模型的局限性，以获得问题的精确结果或满足验证需求，可以采用与其他方法集成使用，如ANP、SEM、AHP、TOPSIS、DEMATEL等。

（二）ISM的构建过程

ISM模型的构建过程主要分为以下八个步骤。

Step1：识别与某个问题相关的因素（Element，E）

此步骤可以采用文献分析、管理技术、专家意见和问卷调查等方法。管理技术，如德尔菲法、头脑风暴等。

Step2：建立因素间的结构关系（Contextual Relationship，CR）

在此步骤中，通过专家访谈、调研或问卷调查来确定Step 1中被识别元素之间直接的结构关系。

Step3：构建因素间的结构自交互矩阵（Structural Self－Interaction Matrix，SSIM）

SSIM建立在Step2中确定的各因素间的结构关系基础上，将其以矩阵的形式进行表示。

Step4：建立临接矩阵（Adjacent Matrix，AM）

此步骤基于Step2中的SSIM，将因素间的四种相互直接关系用二进制的“0”或“1”进行表示，以构建因素间的临接矩阵。

Step5：求解可达矩阵（Reachability Matrix，RM）

为了不仅反映因素间的直接关系，并进一步表达因素间可能存在的间接关系，在AM的基础上可以获得可达矩阵。具体为：将AM加上单位矩阵I所获得的矩阵（AM＋I）进行布尔运算，直到矩阵不再发生变化时得到的矩阵为RM，即寻找到了因素间全部的直接和间接关系，具体公式如下所示。其中，k为矩阵的迭代次数。

$$(AM+I)^1 \neq (AM+I)^2 \neq (AM+I)^3 \neq \cdots \neq (AM+I)^{k-1} = (AM+I)^k = RM$$

Step6：划分因素层级

本步骤基于RM，通过对其进行划分，将影响因素划分到不同的层级，进而可以清晰地表达各因素间的层级结构。

Step7：绘制结构层级图，并构建ISM模型

基于Step4中确定的由因素间直接关系组成的临接矩阵AM，以及Step 6中确定的各因素所在的层级，绘制由各因素相互间直接关系及层级组成的结构层级图。然后，进一步将用符号表示的结构节点代替为具体的要素内容，构建ISM模型。

Step8：检查及调整ISM模型

对Step7构建的ISM模型，通过专家访谈等方式，检查其合理性，并对不合理的地方进行必要的修改和调整，进而得到最终的ISM模型。

三、MICMAC理论介绍

交叉影响矩阵相乘模型（Matrices Impacts Croises—Multiplication Appliance Classement，MICMAC）是Michel Godet和François Bourse于1993年提出的，它是一种使用矩阵相乘对系统或网络要素进行分类定量分析的方法。MICMAC方法是从系统结构的视角，探究系统中各要素间的间接关系。假设系统中任意的三个要素为A、B和C，在传统的直接关系结构矩阵中，主要探究三个要素间的直接关系，比如A对B的影响或B对C的影响等，而忽视了各个要素间的影响关系的传递，也就是间接影响。比如，若A对B有直接影响，同时B对C产生直接影响，虽然A对C没有直接影响，但其与B具有间接影响关系。当A发生变化时，通过B的传递作用，C也会受到一定的影响。这种分析也称为灰色区域探索，即探究系统要素间存在的非直接结构关系。因此，系统或网络中要素间的间接关系也会对系统的整体运行产生重要影响。

对这些要素之间间接关系的识别，可以通过对要素间直接关系组成的结构矩阵（也叫临接矩阵）进行幂运算得到。当直接结构矩阵进行平方运算时，可以得到要素A与B的二阶关系。同样，当矩阵依次进行m次相乘后，可以得到这些要素间的m阶关系。当矩阵迭代m+1次与m次相同时，矩阵达到稳定状态，已经寻找到系统或网络中各要素间全部存在的间接关系，该矩阵为间接结构关系矩阵（也叫可达矩阵）。同时，在矩阵迭代过程中，伴随对系统各要素间间接关系的识别，每一次的迭代也可以得到一个新的指标层次，根据这个间接关系，可以得到系统内所有要素的分类。这也是MICMAC方法可以对要素进行分类的基础。显然，ISM方法中的可达矩阵RM就是这种稳定的间接矩阵。因此，MICMAC经常和ISM结合起来使用，得到可达矩阵RM后，继续进行MICMAC分析，以对ISM模型中的要素进行分类，以及对模型中的要素和关系进行验证，可以明晰不同要素在系统中的作用。

MICMAC的分类分析，主要是基于系统中各个要素的驱动力（Driving Power）和依赖性（Dependence Power）强弱将要素进行分类，以找到需要管控的重要要素。要素的驱动力，是指一个要素对其他要素的直接和间接影响能力。一般通过计算可以到达该要素的要素个数来确定，也就是在稳定的间接结构矩阵中与行要素相对应的数值为“1”的列要素个数。要素的依赖性，是指一个要素受其他要素直接影响和间接影响的程度。一般通过计算可以达到该要素的要素个数来确定，也就是在稳定的间接结构矩阵中与列要素相对应数值为“1”的行要素个数。

基于此，根据要素的驱动力和依赖性强弱，可以将要素划分为四个象限，即四类，分别为自治要素（Autonomous Elements）、依赖要素（Dependent Elements）、关联要素（Linkage Elements）和驱动要素（Driving Elements），如图3—6所示。

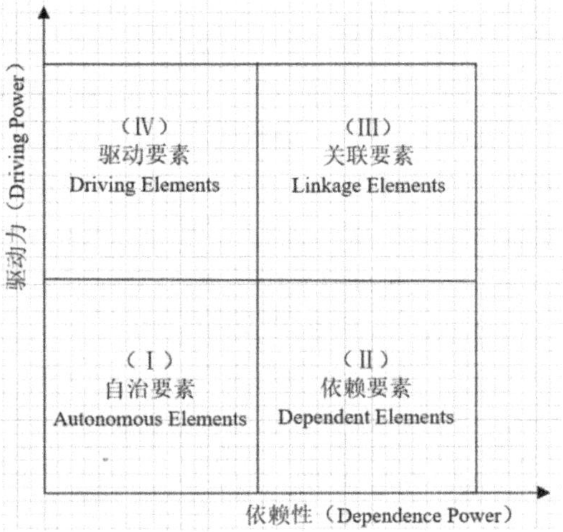

图3—6　MICMAC分类

四、复杂网络理论

（一）复杂网络的基本理论

从图论的角度，网络是由节点和连线构成的图，而网络和系统通常又是密切联系的，其为研究系统的结构提供了一种新的方式。系统是由相互作用和相互依赖的若干要素（部分）组成的具有特定结构和功能的有机整体，具有集合性、相关性、层次性、整体性、环境适应性等特点。因此，可以用网络中的节点表示系统的各个系统元素，用两个节点之间的连线表示系统元素之间存在的相互关系。此外，还可以从网络的视角探究具有相互作用的多个元素间的关系和结构。

对于系统内各要素不是孤立、静止和显而易见特性的，并且兼具非线性和动态性、非周期性和开放性、结构自相似性特征的系统，称之为复杂系统。复杂网络为研究复杂系统提供了有效工具。对于具有自组织、自相似、吸引子、小世界、无标度中部分或全部性质的网络称为复杂网络。复杂网络可以看作由一些具有独立特征的又与其他个体相互连接的节点的集合，每个个体可抽象为网络中的节点，节点间的相互连接可抽象为网络的边。一般情况下，任何包含大量组成单元（或子系统）的复杂系统，当我们把构成单元抽象为节点，单元之间的相互作用抽象为边时，都可以将其当作复杂网络来研究。当前，复杂网络理论已经被广泛应用于通信网络、科研合作网络、物流网络、社会网络和影响要素网络等领域。

基于图论与网络的关系，复杂网络可以抽象为由节点集V（系统元素）和边E（元素间存在的关系）组成的图G来表示，为G=（V,E），并且$n=|V|$表示网络中的所有节点个数，也就是组成系统的元素个数，$m=|E|$表示网络中所有节点间边的个数，也就是系统要素间的关系数量。进一步，根据网络边E有无方向及权重，可以将网络划分为四类，见表3—4，对应的示意图，如图3—7所示。

表3-4　复杂网络的类型及特点

网络类型	示意图	边方向	边权重	特点
无向无权网络	(a)	无	无	边（i，j）与（j，i）为同一条边，用于简单表示各个元素间存在联系，或存在对等的联系，如道路网络等
无向有权网络	(b)	无	有	边（i，j）与（j，i）为同一条边，并且增加了边权重，用于表示两元素间的流通量，有利于基于此优化网络，如公交路线网络等
有向无权网络	(c)	有	无	边（i，j）与（j，i）为不同的边，强调相互影响的主体和客体，有利于清晰识别要素间的直接关系和间接关系，如关系网络等
有向有权网络	(d)	有	有	边（i，j）与（j，i）为不同的边，并且增加了边权重，不仅强调要素间关系的方向性，还强调关系的强度，如项目网络等

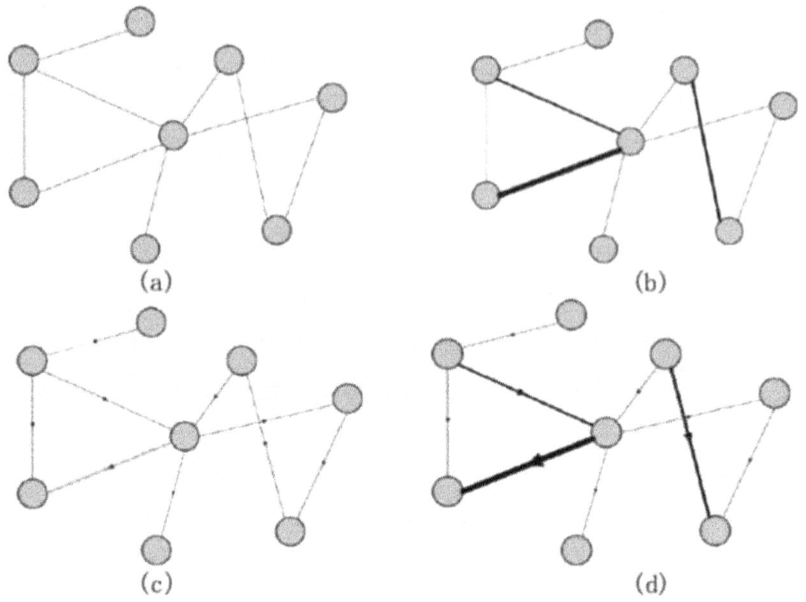

图3—7 复杂网络的类型示意图

需要注意的是，与图论研究有所不同，复杂网络研究更侧重于从各种实际网络现象之上抽象出一般的网络几何量，并利用这些一般性质指导更多实际网络的研究，进而通过讨论实际网络上的具体现象来形成网络模型的一般方法，最后讨论网络本身的形成机制。在研究复杂网络时，主要涉及两个层面：一是作为其连接拓扑结构的图；二是作为其状态和功能的系统。复杂网络研究的独特之处在于网络中大规模节点及其连接的特性是站在统计角度思考的，不同的特性反映了网络内部不同的结构，而系统功能的差异正是由于不同网络内部结构所导致的。因此，对这些统计特性的描述和理解是开展复杂网络相关研究的基础。统计物理学因其对模型研究、演化机制及结构稳定性的重视，在复杂网络研究领域中得到了广泛应用。此外，图论与社会网络分析所提供的网络静态几何量及其分析方法，构成了复杂网络研究的坚实基础。

综上所述，复杂网络研究和分析的核心在于其网络拓扑结构参数（统计变量），这些参数是描述网络内部结构及元素间关系的基础。复杂网络拓扑结构参数主要包括网络平均度、度分布、节点距离、网络平均路径长度、网络效率、聚集系数、介数和中心性等。考虑到篇幅限制，本节仅概述与本研究密切相关的几个参数，旨在奠定研究的理论基础。

（二）复杂网络拓扑特征参数

1.节点及网络平均度

在复杂网络中，某节点i的度（Degree，D）是指其具有直接连接关系的节点的数量，设定为D_i。一个节点的度越大，其与周围其他节点的关联程度越高，在网络中的重要性越大。在有向网络中，节点度分为出度和入度，分别设定为D_i^{out}和D_i^{into}。其中，出度指的是由该节点指向其他节点的边数量；入度指的是由其他节点指向该节点的边数量。

在计算过程中，出度等于临接矩阵中该节点所在行对应的列元素为1的元素数量；入度等于临接矩阵中，该节点所在列对应的行元素为1的元素数量。在有向网络中，由于两个节点间存在相互的关系，为了确保节点度为连接点个数，节点度等于该节点的出度和入度之和减去节点对应的行与列中均为元素1的相同节点的数量。网络整体的平均度（Average Degree，AD）为网络中所有节点的度的平均值。节点度和网络平均度计算公式如下所示。

节点度计算公式：

$$D_i = \sum_{j=1}^{n}(a_{ij} + a_{ji}) - b \tag{3—12}$$

其中，i和j为复杂网络中的任意两个节点，n为复杂网络中节点的总数量，并且i和j=1，2，3，…，n；$D_i^{out} = \sum_{j=1}^{n} a_{ij}$，$D_i^{into} = \sum_{j=1}^{n} a_{ji}$；$b$为元素$i$对应的行与列元素均为“1”的元素数量；$a_{ij} = \begin{cases} 1, 节点i指向节点j \\ 0, 反之 \end{cases}$，$a_{ji} = \begin{cases} 1, 节点j指向节点i \\ 0, 反之 \end{cases}$。

网络平均度计算公式：

$$AD = \sum_{i=1}^{n} D_i / n \tag{3—13}$$

2.节点距离及网络平均路径长度

在复杂网络里，任意两个节点i和j之间的距离（Distance，D）为最短路径上所包含的最少边数量，并且为了与节点度D区分开，用d表示。在有向网络中，由于节点i到节点j的路径存在方向性，因此节点i和j之间的距离d_{ij}表示的是从节点i沿着影响关系方向到达节点j的最少边数量。如果不存在影响关系，则两个节点间的距离为∞。网络中任意两个节点之间距离的平均值就是网络平均路径长度（Average Length，AL），它代表了网络中节点间的分离程度，是对网络全局特性的反映。节点距离及网络平均路径长度的计算公式如下所示。

节点距离计算公式：

$$d_{ij}=\min_{i,j}(l_{ij}) \tag{3-14}$$

其中，i和j为复杂网络中的任意两个节点，并且i，$j=1$，2，3，…，n；l_{ij}表示节点i与节点j之间的所有路径。

网络平均路径长度计算公式：

$$AL=\frac{1}{n(n-1)}\sum_{i=1}^{n}\sum_{j=1,j\neq i}^{n}d_{ij} \tag{3-15}$$

其中，AL表示网络平均路径长度；i和j为复杂网络中的任意两个节点，并且i，$j=1$，2，3，…，n；n表示网络中节点的总数量。

3.节点及网络平均效率

节点效率（Efficiency，E）用以反映节点与其他节点的紧密接近度，用来度量节点间的信息传递速度，即影响速率。节点i的效率E_i为节点i到其他节点的最短距离之和的平均值。由此可见，节点效率与节点距离成反比，也就说某节点的效率值越大，该节点到其他节点的距离都相对较短，可以更加快速地对其他节点产生影响，进而该节点在网络结构中的位置越重要。网络平均效率（Average Efficiency，AE）为网络中所有节点效率的平均值，反映了整个网络的聚集程度。节点效率和网络平均效率的计算公式如下所示。

节点效率计算公式：

$$E_i=\frac{1}{n-1}\sum_{j=1,j\neq i}^{n}\frac{1}{d_{ij}} \tag{3-16}$$

其中，i和j为复杂网络中的任意两个节点，并且i，$j=1$，2，3，…，n；d_{ij}表示节点i和j之间的距离。

网络平均效率计算公式：

$$AE=\frac{1}{n}\sum_{i=1}^{n}E_i=\frac{1}{n(n-1)}\sum_{j=1,j\neq i}^{n}\frac{1}{d_{ij}} \tag{3-17}$$

第四章 产业链层面装配式建造要素分析

由于装配式建造产业链涉及多个利益相关者，并且其参与过程存在不确定性、复杂性、离散性等问题。因此，优化利益相关者参与机制，对于提升装配式建造产业链的管理水平及项目绩效具有重要影响。然而，之前的研究主要关注利益相关者之间的关系探究，比如协同关系，较少关注利益相关者之间的间接关系及价值活动网络，造成产业链中的重要利益相关者及价值活动等管理要素模糊不清，进而不能通过基于利益相关者参与的措施来提升产业链管理水平。

价值网络分析（SVN）是一种基于网络的分析方法，能够通过建立清晰的可视化网络来识别和量化重要利益相关者和价值活动等产业链整体管理要素，这是相较于其他网络分析方法的显著优势之一。SVN已被广泛应用于不同的研究领域，如BIM实施、工业共生系统分析、能源保护参与者分析、公共汽车运输系统等。因此，本章借助SVN，通过深入探究装配式建造产业链中各利益相关者之间的价值活动及其相互关系，以明确产业链整体管理的关键要素，包括核心利益相关者、关键价值活动、价值路径（即由利益相关者及其对应价值活动构成的价值传导路径）等。

本章主要内容：首先，通过文献梳理和实地调研，识别出装配式建造产业链所涉及的12个关键利益相关者及其相互间的110个直接价值活动，并构建出价值活动网络；其次，通过问卷调查，收集各利益相关者对所接收价值活动在紧急性和重要性两方面的评估数据；再次，构建适用于装配式建造产业链价值活动网络分析的SVN模型；最后，运用SVN模型对所收集的数据进行定量分析，以量化各项价值活动，从而精准识别出产业链中的关键利益相关者、核心价值活动、主要价值路径等关键管理要素。

第一节 装配式建造产业链的协同关系分析

装配式建造过程主要包括四个阶段：开发阶段、设计阶段、生产阶段和施工阶段。开发阶段主要涉及土地获取、概念设计、初步规划设计等内容。设计阶段在开发阶段初步规划的基础上进行详细规划设计，主要包括预制结构设计、施工图纸设计、构件深化设计等。生产阶段依据设计阶段的设计方案进行原材料采购和预制构件生产，并负责预制构件的存储和配送。施工阶段负责施工材料采购、现浇结构施工、辅助结构施工、预制构件装配等工作。在由这四个建造阶段组成的装配式建造产业链中，涉及不同的参与方或利益相关者，包括开发企业、政府、生产企业、总承包企业等。

除了受到劳动力、材料、管理、技术等要素的影响之外，利益相关者之间缺乏协同合作，也是导致装配式建造产业链管理不畅及项目绩效低下的另一关键原因。由于装配式建造具有设计、生产、施工一体化的特点，理论上要求产业链上的利益相关者进行协同及合作，以提升产业链管理水平及项目绩效，包括质量、成本、效率、可持续性等方面。然而，受传统建造模式的影响，在当前装配式建造过程中，产业链上的各利益相关者缺少合作及协同，各自基于自身完成相关作业。由此造成相关的设计、制造、储存、运输和现场装配等环节脱节。尤其在设计阶段，因缺乏各方的协同参与，设计企业未能充分考虑生产企业的生产水平及施工企业的装配施工能力，导致生产、运输和装配成本显著增加，这已成为阻碍装配式建造发展的关键因素之一。鉴于此，需要建立装配式建造过程中开发、设计、生产、施工阶段的协同关系。在此过程中，装配式建造产业链中各利益相关者之间需要建立多类型关系，特别是价值活动创造及交互关系。

因此，本部分使用SVN模型来构建和评价装配式建造中各利益相关者之间的价值活动网络。基于SVN模型，为探索利益相关者间关系和交互价值活动，可以构建面向装配式建造产业链的SVN模型。该模型的构建及应用主要包括以下三个部分。

第一，采用文献分析、调研、访谈等方法，识别装配式建造产业链中的核心组织（如开发企业等）和相关利益相关者（如设计企业、生产企业、施工总承包企业等），并识别核心组织与利益相关者以及利益相关者之间的价值活动，进而构建SVN定性模型。

第二，设计调查问卷，让每条价值活动的接收利益相关者，对该价值活动从“需求强度”（设定为N_i）和“需求重要度”（设定为R_j）两个方面进行评价并使用乘积函数公式确定每条价值活动的最终效用值（设定为U），进而构建SVN定量模型。

第三，根据SVN模型分别计算价值环（Value Cycle）的效用值U_p、加权的利益相关者比例（Weighted Stakeholder Occurrence，WSO）、加权的价值活动比例（Weighted Value Flow Occurrence，WVFO）、加权的输出比例（Weighted Output Occurrence，WOO），并依据数值大小进行排序，确定并分析价值网络中重要的价值环、利益相关者、价值活动、输入和输出价值活动等对装配式建造产业链整体管理具有显著影响的要素。

第二节　装配式建造产业链中利益相关者及价值活动识别

本部分采用文献分析及专家访谈的方法来识别装配式建造产业链中的利益相关者。当前，已经有大量的研究致力于识别这些利益相关者。例如，Li等提出了开发企业、设计企业、施工总承包企业、制造商、物流企业、施工分包商和地方政府7个利益相关者，以及客户、设计企业、施工总承包企业、预制工厂、物流公司5个主要利益相关者；Jiang等提出了开发企业、承包商、工程师、部品供应商、部件供应商和物业管理公司6个利益相关者；Zhong等提出了客户、设计企业、施工总承包企业、制造商、物流公司5个利益相关者。

在大多数研究工作中，通常会涉及5个主要利益相关者，包括开发企业、设计企业、构件制造商、施工总承包企业和施工分包商。基于此，本研究将这5个利益相关者作为利益相关者初始清单，然后通过专家访谈进一步分析该利益相关者初始清单，进而确定出最终的利益相关者清单。在此过程中，本研究应用链推荐抽样方法（Chain—referral Sampling）进行访谈对象（利益相关者）选择。在本研究中，选择开发企业作为该链推荐抽样的初始链，即选用5个拥有五年以上装配式建造相关经验的开发企业作为该链锁的初始成员。这5个开发企业被要求对上述利益相关者初始清单进行评估，并补充他们认为应纳入清单的其他利益相关者。在此过程中，饱和度被用作停止采样的标准，即新增样本对象不再被发现。本研究最终确定了装配式建造全产业链中的12个主要利益相关者，包括政府（Government，G）、金融机构（Financial Institution，F）、开发企业（Developer，DV）、设计企业（Designer，D）、施工总承包企业（General Contractor，GC）、施工分包企业（Sub—contractor，SC）、生产企业（Producer，P）、装配式咨询企业（Prefabrication Consultant，PC）、供应商（Supplier，S）、物流企业（Logistic，L）、物业管理企业（Facility Manager，FM）和用户（User，U），见表4—1。一般情况下，开发企业被认为是核心组织，这是因为开发企业是装配式建造项目的投资者，不仅关注项目的绩效，而且对建造过程具有最高的控制权。当前，开发企业已开始聚焦于借助建造产业链协同这一方式，提升产业链管理水平和项目绩效。

表4-1　装配式建造产业链中的12个主要利益相关者

序号	利益相关者	代码	建造阶段	利益相关者描述
1	政府	G	开发阶段	从宏观层面提供装配式建造项目相关的需求、政策、准则、激励等
2	金融机构	F		装配式建造项目的融资机构
3	开发企业	DV		装配式建造项目的投资方和所有者
4	设计企业	D	设计阶段	装配式建造项目的设计，包括施工图、深化设计等
5	生产企业	MF	生产阶段	装配式建造过程中，所有预制构件的生产及储存
6	物流企业	L	运输阶段	装配式建造过程中，预制构件从工厂到施工现场的运输
7	施工总承包企业	GC	建造阶段	装配式建造过程的全面实施和管控
8	施工分包企业	SC		装配式建造过程中，负责特定施工作业
9	供应商	S		装配式建造过程中，为生产企业及施工现场提供原材料

续表

序号	利益相关者	代码	建造阶段	利益相关者描述
10	物业管理企业	FM	运维阶段	装配式建造项目中，进行最终建筑项目的运行和维护
11	用户	U		装配式建筑的最后购买者和使用者
12	装配式咨询企业	PC	所有阶段	为装配式建造项目全过程绩效提升提供技术和管理支持及咨询服务

在确定利益相关者后，使用文献分析、调研、访谈等方法进一步确定利益相关者之间的价值活动。在此过程中，利益相关者特征框架（Stakeholder Characteristic Template，SCT）经常被应用于提炼和识别利益相关者之间的价值活动。SCT提供了一个清晰的结构，以确定某一个利益相关者可以提供什么价值活动，并从另一个利益相关者那里需要获得什么价值活动。具体而言，SCT包括四个方面，即利益相关者的角色、目标、价值活动需求和输入价值活动。通过文献分析，初步确定针对每个利益相关者的SCT框架内容，然后使用基于Hein等提出的访谈清单进行半结构式访谈，并对SCT内容进行增加、删除、合并、调整等操作。在此过程中，本研究选取了涵盖12个利益相关者类型的41个访谈对象，包括3名政府代表、2名金融机构代表、5名开发企业代表、2名设计企业代表、4名制造商代表、3名物流企业代表、4名工程施工总承包企业代表、3名施工分包商代表、4名原材料供应商代表、2名物业管理企业代表、4名用户代表、5名装配式咨询企业代表。同时，所有访谈对象都有至少3年的装配式建造相关经验或5年的建造工程经验，以确保其具有评价和验证SCT结果有效性和准确性的足够技能。基于此，可以确定出每个类型的利益相关者的SCT内容。

基于每个利益相关者的SCT内容，可以分析出每个利益相关者在装配式建造产业链中为实现项目目标需要哪些价值活动以及哪些利益相关者能够提供这些活动。本研究最终提炼和确定了12个利益相关者之间存在的110条直接价值活动。为清晰且直观地标记每条价值活动，构建了由价值活动提供者及接收者组成的价值活动代码。价值活动代码由两个利益相关者的代码组成，表示前面的利益相关者为后者提供价值活动，并用数字表示两个相同利益相关者之间的不同价值活动。例如，DV－G_1表示开发企业（DV）给政府（G）提供的第一条价值活动。110条价值活动的组成关系，见表4－2，其所对应的具体价值活动描述如附录A中的表A－1所示。

表4-2　12个利益相关者之间的110条价值活动组成

	G	F	DV	DS	GC	SC	P	PC	S	L	FM	U
G	—	G−F1（9）	$G-DV_1$（12） $G-DV_2$（13） $G-DV_3$（14）	$G-DS_1$（28） $G-DS_2$（29）	$G-GC_1$（55） $G-GC_2$（56）	$G-SC_1$（77）	$G-P_1$（37） $G-P_2$（38）	$G-PC_1$（94）	$G-S_1$（85）	—	—	—
F	—	—	$F-DV_1$（15）	—	—	—	—	—	—	—	—	—
DV	$DV-G_1$（1） $DV-G_2$（2）	DV−F1（10） DV−F2（11）	—	$DV-DS_1$（30） $DV-DS_2$（31） $DV-DS_3$（32） $DV-DS_4$（33） $DV-DS_5$（34）	$DV-GC_1$（57） $DV-GC_2$（58） $DV-GC_3$（59） $DV-GC_4$（60） $DV-GC_5$（61） $DV-GC_6$（62）	—	—	$DV-PC_1$（95） $DV-PC_2$（96） $DV-PC_3$（97） $DV-PC_4$（98）	—	—	$DV-FM_1$（107） $DV-FM_2$（108）	$DV-U_1$（105）
DS	$DS-G_1$（3） $DS-G_2$（4）	—	$DS-DV_1$（16） $DS-DV_2$（17） $DS-DV_3$（18）	—	$DS-GC_1$（63） $DS-GC_2$（64）	—	$DS-P_1$（39） $DS-P_2$（40） $DS-P_3$（41）	—	—	—	—	—
GC	$GC-G_1$（5） $GC-G_2$（6）	—	$GC-DV_1$（19） $GC-DV_2$（20） $GC-DV_3$（21）	$GC-DS_1$（35）	—	$GC-SC_1$（78） $GC-SC_2$（79） $GC-SC_3$（80） $GC-SC_4$（81） $GC-SC_5$（82）	$GC-P_1$（42） $GC-P_2$（43） $GC-P_3$（44） $GC-P_4$（45）	$GC-PC_1$（99） $GC-PC_2$（100） $GC-PC_3$（101）	$GC-S_1$（86） $GC-S_2$（87） $GC-S_3$（88） $GC-S_4$（89）	—	$GC-FM_1$（109）	—
SC	—	—	—	—	$SC-GC_1$（69） $SC-GC_2$（70） $SC-GC_3$（71）	—	—	$SC-PC_1$（102） $SC-PC_2$（103） $SC-PC_3$（104）	—	—	—	—
P	$P-G_1$（7） $P-G_2$（8）	—	—	$P-DS_1$（36）	$P-GC_1$（65） $P-GC_2$（66）	—	—	—	$P-S_1$（90） $P-S_2$（91） $P-S_3$（92） $P-S_4$（93）	$P-L_1$（51） $P-L_2$（52） $P-L_3$（53） $P-L_4$（54）	—	—
PC	—	—	$PC-DV_1$（22） $PC-DV_2$（23）	—	$PC-GC_1$（74） $PC-GC_2$（75）	$PC-SC_1$（83） $PC-SC_2$（84）	—	—	—	—	—	—
S	—	—	—	—	$S-GC_1$（72） $S-GC_2$（73）	—	$S-P_1$（49） $S-P_2$（50）	—	—	—	—	—
L	—	—	—	—	$L-GC_1$（67） $L-GC_2$（68）	—	$L-P_1$（46） $L-P_2$（47） $L-P_3$（48）	—	—	—	—	—
FM	—	—	$FM-DV_1$（15）	—	—	—	—	—	—	—	—	$FM-U_1$（106）

第三节 基于SVN的装配式建造产业链价值活动网络分析的数据收集

本部分采用调查问卷的方式，收集各个利益相关者对所接收的价值活动的评价数据。具体为，设计调查问卷，让每条价值活动的接收者（利益相关者），对该价值活动从重要性（N_i）和紧急性（R_j）两个方面进行评价，用以构建针对装配式建造产业链价值活动网络分析的SVN定量模型。

一、问卷设计

采用问卷调查的方法，对利益相关者之间的价值活动，从N_i和R_j两个方面进行评价和量化。问卷由两个部分组成。第一部分用于收集受访者的基本信息，包括性别、年龄、从事装配式建造的年限等。在第二部分中，受访者需对其接收的价值活动从N_i和R_j两个方面进行评价。其中，依据表4—3从A、B、C、D、E五个层级对N_i进行评价；依据表4—4从1、2、3、4、5五个层级对R_j进行评价。由于每个类型的利益相关者接收的价值活动不同，为方便利益相关者评价对应的价值活动，问卷按照利益相关者的类型分为12个部分。

表4-3　利益相关者相关价值活动的N_i测量表

层级	N_i分值	具体描述（月）
A	N_A=0.11	此需求应该被满足的时间为[4，∞)
B	N_B=0.19	此需求应该被满足的时间为[3，4)
C	N_C=0.32	此需求应该被满足的时间为[2，3)
D	N_D=0.54	此需求应该被满足的时间为[1，2)
E	N_E=0.92	此需求应该被满足的时间为[0，1)

表4-4 利益相关者相关价值活动的R_j测量表

层级	R_j数值	评价水平	描述
1	R_1=0.11	不重要	该活动对于满足需求不是必须的
2	R_3=0.33	稍微重要	该活动对于满足需求是可以接受的
3	R_5=0.55	重要	该活动对于满足需求是较好的
4	R_7=0.77	非常重要	该活动对于满足需求是期望的
5	R_9=0.99	极其重要	该活动对于满足需求是必须的

问卷设计完成后，选取从事装配式建造相关业务的24个调研对象（每个利益相关者选取2个调研对象）对问卷进行试填，以确保问卷内容清晰且易于理解。在分发时，为提高发放效率，使用“问卷星”在线平台进行问卷制作，并通过“微信”“邮件”等方式进行分发。在问卷发放过程中，主要通过以下三个渠道选择调研对象：一是基于预调研的24个利益相关者进行扩散；二是在合作项目企业中发放，并请其协助进一步发放；三是利用装配式建造项目的相关会议进行发放。

二、问卷回收

本次调查共计发送问卷300份，最终回收有效问卷194份。在这194份有效问卷中，受访利益相关者的类型分布如图4—1所示。

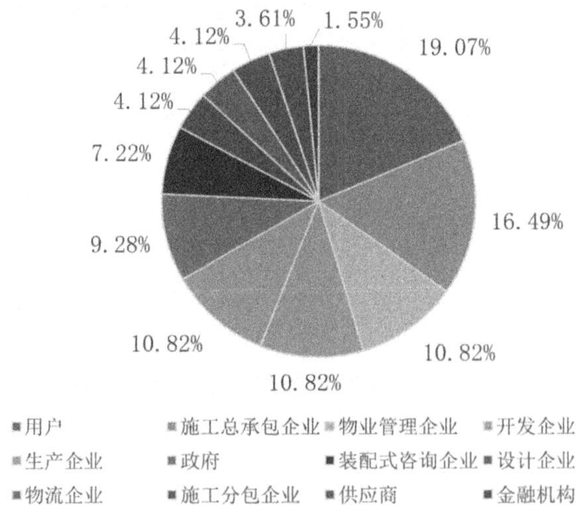

图4—1 受访利益相关者分布

受访者的基本信息，见表4—5。

表4-5　受访者基本信息汇总

基本信息	分布	比例
性别	男性	58.76%
	女性	41.24%
年龄（岁）	受访者≤24	10.31%
	24<受访者≤34	59.79%
	34<受访者≤44	20.10%
	44<受访者≤54	7.73%
	受访者>54	2.07%
从事装配式相关工作年限	1<受访者≤2	23.71%
	2<受访者≤5	60.82%
	5<受访者≤10	7.73%
	受访者>10	7.73%
企业性质	国有企业	50.52%
	民营企业	49.48%

在通过调查问卷获得价值活动的N_i及R_j的基础上，可以使用乘积函数公式（4—1）集成N_i和R_j，进一步计算出价值活动的效用值，设定为U_v。价值活动的效用值，见表4—6。

$$U_v = N_i \times R_j \tag{4—1}$$

其中，v=1，2，3，…，25；i=0，1，2，3，4；j=1，3，5，7，9。

每条价值活动的最终效用值是该价值活动在同一类型的利益相关者所有得分的平均值，如式（4—2）所示。

$$U_{s,v,n} = \sum_{n=1}^{n} N_{n,i} \times R_{n,j} ln \tag{4—2}$$

其中，$U_{s,v,n}$表示由n个利益相关者打分的s价值活动的最终效用值。

表 4-6　价值活动的效用值

R_j \ N_i		A	B	C	D	E
		0.11	**0.19**	**0.32**	**0.54**	**0.92**
1	**0.11**	0.01	0.02	0.07	0.06	0.10
2	**0.33**	0.04	0.06	0.11	0.18	0.30
3	**0.55**	0.06	0.10	0.18	0.30	0.51
4	**0.77**	0.08	0.15	0.25	0.42	0.71
5	**0.99**	0.11	0.19	0.32	0.53	0.91

根据调查问卷收集的利益相关者对所接收价值活动的N_i和R_j值，使用表4—6和公式（4—2）可以计算出12个利益相关者之间的110条价值活动的最终效用值，见表4—7。为此构建出了装配式建造产业链价值活动网络分析的SVN量化模型，其反映接收价值活动的利益相关者对该价值活动的满意度和期望程度。

表 4-7　110条价值活动的最终效用值

序号	价值活动	效用值	序号	价值活动	效用值	序号	价值活动	效用值	序号	价值活动	效用值
1	DV—G_1	0.455	29	G—DS_2	0.269	57	DV—GC_1	0.417	85	G—S_1	0.502
2	DV—G_2	0.476	30	DV—DS_1	0.363	58	DV—GC_2	0.485	86	GC—S_1	0.402
3	DS—G_1	0.454	31	DV—DS_2	0.678	59	DV—GC_3	0.433	87	GC—S_2	0.414
4	DS—G_2	0.534	32	DV—DS_3	0.411	60	DV—GC_4	0.432	88	GC—S_3	0.421
5	GC—G_1	0.436	33	DV—DS_4	0.369	61	DV—GC_5	0.375	89	GC—S_4	0.408
6	GC—G_2	0.587	34	DV—DS_5	0.418	62	DV—GC_6	0.499	90	P—S_1	0.362
7	P—G_1	0.443	35	GC—DS_1	0.686	63	DS—GC_1	0.634	91	P—S_2	0.404
8	P—G_2	0.536	36	P—DS_1	0.688	64	DS—GC_2	0.472	92	P—S_3	0.325
9	G—F_1	0.237	37	G—P_1	0.543	65	P—GC_1	0.656	93	P—S_4	0.414
10	DV—F_1	0.373	38	G—P_2	0.432	66	P—GC_2	0.416	94	G—PC_1	0.412
11	DV—F_2	0.197	39	DS—P_1	0.543	67	L—GC_1	0.413	95	DV—PC_1	0.403
12	G—DV_1	0.554	40	DS—P_2	0.674	68	L—GC_2	0.354	96	DV—PC_2	0.371

续表

序号	价值活动	效用值	序号	价值活动	效用值	序号	价值活动	效用值	序号	价值活动	效用值
13	$G-DV_2$	0.656	41	$DS-P_3$	0.549	69	$SC-GC_1$	0.675	97	$DV-PC_3$	0.543
14	$G-DV_3$	0.521	42	$GC-P_1$	0.515	70	$SC-GC_2$	0.567	98	$DV-PC_4$	0.370
15	$F-DV_1$	0.553	43	$GC-P_2$	0.604	71	$SC-GC_3$	0.413	99	$GC-PC_1$	0.655
16	$DS-DV_1$	0.557	44	$GC-P_3$	0.551	72	$S-GC_1$	0.431	100	$GC-PC_2$	0.358
17	$DS-DV_2$	0.570	45	$GC-P_4$	0.537	73	$S-GC_2$	0.351	101	$GC-PC_3$	0.375
18	$DS-DV_3$	0.518	46	$L-P_1$	0.490	74	$PC-GC_1$	0.689	102	$SC-PC_1$	0.604
19	$GC-DV_1$	0.533	47	$L-P_2$	0.453	75	$PC-GC_2$	0.578	103	$SC-PC_2$	0.321
20	$GC-DV_2$	0.567	48	$L-P_3$	0.514	76	$FM-GC_1$	0.277	104	$SC-PC_3$	0.379
21	$GC-DV_3$	0.518	49	$S-P_1$	0.500	77	$G-SC_1$	0.211	105	$DV-U_1$	0.391
22	$PC-DV_1$	0.562	50	$S-P_2$	0.541	78	$GC-SC_1$	0.406	106	$FM-U_1$	0.425
23	$PC-DV_2$	0.524	51	$P-L_1$	0.396	79	$GC-SC_2$	0.562	107	$DV-FM_1$	0.504
24	$FM-DV_1$	0.388	52	$P-L_2$	0.466	80	$GC-SC_3$	0.508	108	$DV-FM_2$	0.586
25	$U-DV_1$	0.450	53	$P-L_3$	0.445	81	$GC-SC_4$	0.379	109	$GC-FM_1$	0.441
26	$U-DV_2$	0.426	54	$P-L_4$	0.430	82	$GC-SC_5$	0.489	110	$U-FM_1$	0.609
27	$U-DV_3$	0.401	55	$G-GC_1$	0.457	83	$PC-SC_1$	0.325	—		
28	$G-DS_1$	0.280	56	$G-GC_2$	0.518	84	$PC-SC_2$	0.557			

在确定110条价值活动最终效用值的基础上，通过R编程，可以计算出价值路径的数量（由利益相关者及相关价值活动组成的价值活动路径），见表4—8，并计算出每条价值环的效用值。在表4—8中，对角线上的斜体数字表示从某利益相关者开始并以其结束的价值环的数量。在装配式建造价值网络中，价值环是以开发企业为起点和终点的价值活动闭环路径。其中，用虚线圆圈标记出的99555表示从核心组织开发企业开始并以其结束的价值环的数量，其是SVN模型中各种统计指标计算的基础。基于价值环效用值，可以进一步计算得出装配式建造产业链中的重要价值环、利益相关者、价值活动及输入和输出价值活动等整体管理的重要方面。12个利益相关者之间的价值路径数量，见表4—8。

表4-8　12个利益相关者之间的价值路径数量

	G	F	DV	DS	P	L	GC	SC	S	PC	U	FM
G	87026	17691	8846	17032	13104	52416	4531	32725	38213	33761	28812	28615
F	3220	3222	1	3636	5092	20368	2115	20083	16192	30480	2115	2115
DV	3220	3222	99555	3636	5092	20368	2115	20083	16192	30480	2115	2115
DS	8188	31282	11715	88535	10775	43100	2809	34761	29388	31488	33961	33625
P	9900	17362	3811	12945	94259	4	2037	20825	13732	19084	12049	11937
L	20960	42050	10805	31275	7307	29228	6089	56853	52944	51288	34483	34169
GC	1942	3742	958	2364	3652	14608	101002	5217	12234	3570	2864	2863
SC	12810	20754	4494	12642	14934	59736	8223	67521	58398	6798	21588	21579
S	15108	27008	6098	18346	5186	20744	4020	35212	51932	32588	19802	19608
PC	6168	12572	3666	7568	8928	35712	2998	17290	32144	81696	13902	13894
U	14306	16106	958	16402	23462	93848	8455	83903	75190	123302	7301	6343
FM	13958	15758	958	15964	23204	92816	8449	82793	74362	121802	956	11321

第四节　装配式建造产业链价值活动网络的SVN模型分析

基于110条价值活动的效用值，利用R编程计算出99555条价值环的效用值、WSO值、WVFO值、WOO值，并根据数值的大小可以确定装配式建造价值活动网络中重要的价值环、利益相关者、价值活动、输入和输出价值活动等对装配式建造产业链整体管理具有显著影响的要素。

一、装配式建造产业链中重要价值环分析

根据相关价值活动的效用值，可以使用公式（4—2）计算得出每条价值环的效用值。考虑到价值环的数量较多，无法将99555条价值环的效用值全部列出，因此绘制了价值环的效用值分布图，用以分析这些价值环效用值的大小分布等特点，如图4—2所示。

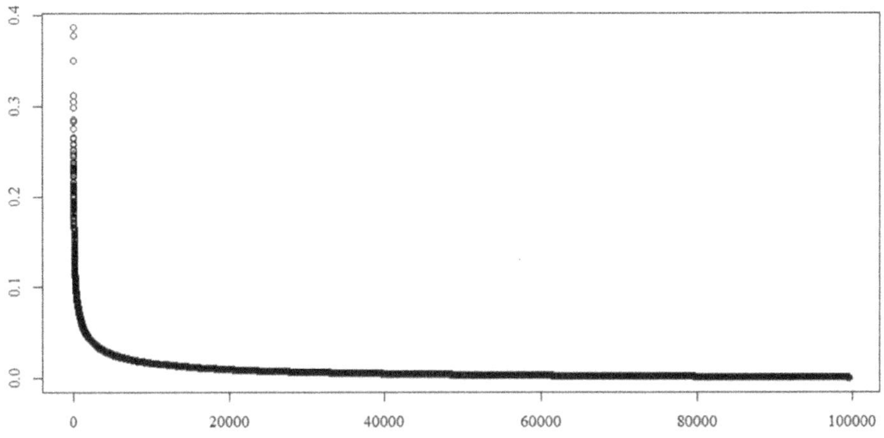

图4—2　以开发企业为核心组织的99555条价值环效用值分布

如图4—2所示，这些价值环的效用值分布在最小值0.0001和最大值0.3868之间，并且呈现幂次分布；效用值得分大于0.001的价值环有88612条，占价值环总数的89%；效用值得分大于0.01的价值环有298条，占价值环总数的0.3%。由于价值环的效用值越高，其对装配式建造产业链整体管理水平及项目绩效的影响越大，因此这些具有较高效用值的价值环需要被识别和重点关注。为识别最重要的价值环，我们将所有价值环按照其效用值大小进行排序，并选取效用值最高的6条价值环进行分析，以描绘对装配式建造产业链管理水平提升具有较大影响的价值活动路径、利益相关者及价值活动等因素。这6条价值环，按照效用值大小排序为A（U_A=0.3868）、B（U_B=0.3778）、C（U_C=0.3599）、D（U_D=0.3123）、E（U_E=0.2437）和F（U_F=0.1699），如图4—3所示。

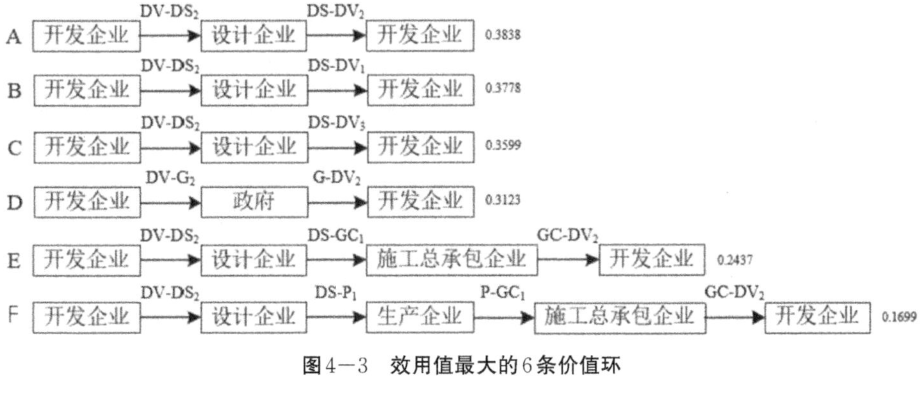

图4—3　效用值最大的6条价值环

如图4—3所示，价值环A、B和C均涉及开发企业和设计企业两个利益相关者。开发企业需要为设计企业提出“协同设计的需求和期望”（$DV-DS_2$）。这表明，在装配式项目的设计阶段，设计企业应与施工总承包企业和构件生产企业建立协同关系。协同对装配式建造产业链整体管理水平及项目绩效具有显著影响，包括降低成本、提高质量和效率等。尤其是协同有助于解决装配式建造相对于传统建造成本较高的问题，而这正是阻碍装配式建造应用的主要因素之一。因此，设计企业应重视与装配式建造产业中其他利益相关者的协同设计，特别是与生产企业和施工总承包企业的协同。设计企业需提供充分考虑构件生产能力及现场施工能力的设计图纸（$DS-DV_2$）、设计变更方案（$DS-DV_1$）和准确的工程概算（$DS-DV_3$）。

价值环E和F进一步描述了协同设计的具体形式及内容，进而勾画了协同设计如何影响装配式建造产业链整体管理水平及项目绩效的细节。

价值环E描述了设计企业与施工总承包企业间的协同关系。设计企业需要有效地为施工总承包企业提供“及时的设计变更作业”（$DS-GC_1$），这主要是由于预制构件在施工现场安装过程中，通过设计企业与施工总承包企业的协同设计，需要设计企业进行的设计变更较少。因此，协同初始设计和设计变更可以保证装配式建造的可施工性，进而有利于装配式建造产业链整体管理水平和项目绩效的提高。在此基础上，施工总承包企业可以在更短的时间内向开发企业交付高质量且低成本的装配式建造项目（$GC-DV_2$）。

价值环F描述了影响装配式建造产业链整体管理水平和项目绩效的更多利益相关者之间的价值活动关系，特别是设计企业、生产企业和施工总承包企业之间的协同关系。由此可见，生产企业也是装配式建造产业链中协同设计的重要一环，也应该给予较多的关注。尤其是我国装配式建造处于发展初期阶段，生产企业缺少足够的预制构件生产经验及资源，这导致生产企业只能通过标准化及大规模的生产方式生产一些特定类型和参数的预制构件，如楼梯、叠合板、阳台板等。因此，在设计阶段，设计企业需要考虑生产企业制造资源的约束条件，进行协同设计。生产企业通过接收由设计企业提供的符合其标准化生产流程（$DS-P_1$）的构件设计图纸，可以生产出更高质量和更低成本的预制构件（$P-GC_1$），从而更好地满足施工总承包企业的施工计划等需求，进而施工总承包企业可以为开发企业提供更高质量的装配式建造项目（$GC-DV_2$）。

价值环D表明开发企业希望政府制定装配式建造相关的指导方针和技

术标准（$G-DV_2$）。当前，我国装配式建造处于发展初期，由于缺乏相关的指导规范和标准，开发企业在成功实施装配式建筑项目方面面临较大困难。事实上，我国大多数开发企业正处于由传统建造模式向装配式建造模式转型的初期，对装配式建造的了解比较有限，如果缺少政府颁布的装配式建造相关指导及标准，将使得这些企业在推进装配式建造项目时面临更大的挑战。因此，我国政府应该制定更多的与装配式建造相关的指南和标准；同时，开发企业可以通过向政府提供更具体、更完善的装配式建造项目信息（$DV-G_2$），以获得更多政府支持。这契合我国装配式建造行业发展初期的现状，即政府在推动该产业发展中扮演着至关重要的角色。

二、装配式建造产业链中重要利益相关者分析

在SVN模型中，WSO被用来评价利益相关者的重要性。利益相关者的WSO值越大，说明其对装配式建造产业链整体管理水平和项目绩效的影响越大。对于WSO值，由于开发企业处于所有价值环中的起点和终点，所以其WSO值为“1”。对于其他利益相关者，其WSO值与经过该利益相关者的价值环的效用值之和以及以开发企业为起点和终点的所有价值环的效用值之和有关，如式（4—3）所示。

$$WSO(q)=\sum_{j=1}^{n}U_j(q)\Big/\sum_{P=1}^{m}U_P \qquad (4-3)$$

其中，m表示价值环的总数量；U_p表示99555条价值环中第p条价值环的效用值；q表示SVN网络中利益相关者的数量；n表示包含q利益相关者的价值环数量；$U_j(q)$表示包含q利益相关者的j价值环的效用值。

据此，可以计算得出12个利益相关者的WSO值，具体为：*WSO*（DS）=0.784、*WSO*（G）=0.737、*WSO*（F）=0.019、*WSO*（GC）=0.962、*WSO*（SC）=0.390、*WSO*（P）=0.778、*WSO*（PC）=0.626、*WSO*（S）=0.302、*WSO*（L）=0.141、*WSO*（FM）=0.060、*WSO*（U）=0.027，如图4—4所示。

从图4—4可以看出，施工总承包企业的WSO值为0.962，是对开发企业（产业链中核心组织）实现项目目标及提高装配式建造产业链整体管理水平最具影响力的利益相关者。这意味着开发企业与施工总承包企业之间的交互价值活动对提高装配式建造产业链整体管理水平及项目绩效是最重要的。这是由于施工总承包企业是装配式建造的主体，其主要负责项目的质量、成本、工期等方面的绩效，尤其是在开发企业缺乏装配式建造经验时，需要依靠施工总承包企业来提高装配式建造项目的绩效。

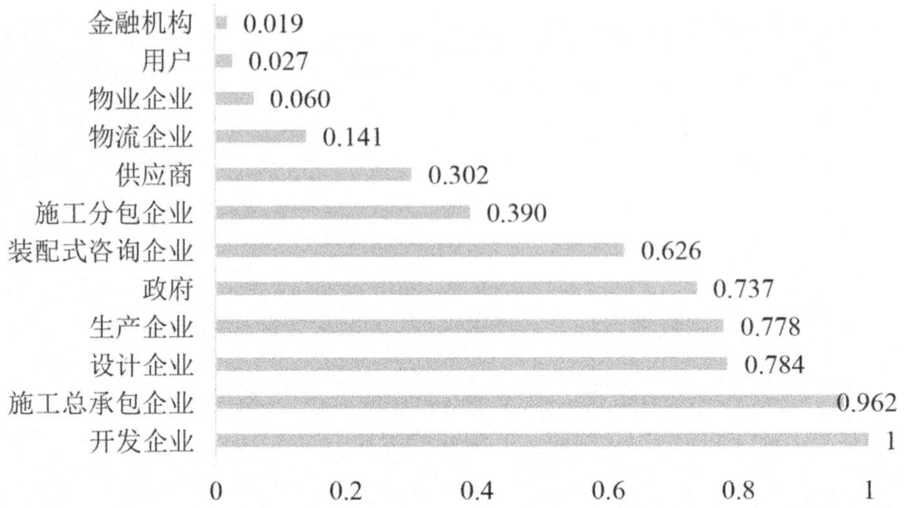

图4—4　12个利益相关者WSO值对比图

设计企业和生产企业的WSO值比较接近，分别为0.784和0.778，其也是对开发企业实现项目目标及提高装配式建造产业链整体管理水平具有重要影响的利益相关者。设计企业是第二重要的利益相关者，其通过与施工总承包企业和生产企业进行协同设计，对提高装配式建造产业链整体管理水平和项目绩效发挥着重要作用，这与前面对重要价值环的分析结果相一致。与传统建造模式相比，预制构件生产企业是建筑行业中的新增利益相关者，是第三重要的利益相关者，其在装配式项目建造中扮演着决策支持者、制造者和协调者三重角色。

政府也是影响开发企业实现项目目标及提高装配式建造产业链整体管理水平的重要利益相关者，其WSO值为0.737，处于第四重要的位置。这在很大程度上是由于当前我国装配式建造面临着成本高、技术标准不成熟等问题，造成装配式建造产业链中的大多数利益相关者，特别是开发企业、设计企业、生产企业、施工总承包企业等开展装配式建造活动时，既缺乏积极性，又欠缺相关经验。在这种情况下，政府的政策、方针和激励可以有效缓解利益相关者在开展装配式建造过程中面临的挑战，有助于提高装配式建造产业链的整体管理水平及项目绩效，进而增强各利益相关者开展装配式建造的积极性。

值得注意的是，装配式咨询企业的WSO值也相对较高，为0.626，是影响装配式建造产业链整体管理水平及项目绩效的第五重要利益相关者。

我国处于装配式建造发展的初期阶段，装配式建造产业链中各利益相关者逐步开始从传统建造模式向装配式建造模式转型。在此阶段，利益相关者缺乏足够的装配式建造相关的知识、技能和经验，在一定程度上对装配式建造项目的绩效产生了消极影响。随着我国装配式建造项目规模的不断扩大，对产业链整体管理包括各利益相关者间的协同及各利益相关者的装配式建造能力提出了更高的要求。因此，利益相关者需要借助装配式咨询企业，丰富自身在装配式建造领域的知识和技能，以提高自身的装配式建造能力，进而提高装配式建造产业链整体管理水平及项目绩效。

三、装配式建造产业链中重要价值活动分析

（一）面向装配式建造产业链价值活动网络整体的重要价值活动分析

在SVN理论中，WVFO被用来评价12个利益相关者之间的110条价值活动的重要性。价值活动的WVFO值越大，其在所有价值活动中的重要性就越大，对开发企业实现项目目标及提高装配式建造产业链整体管理水平的影响就越大。价值活动的WVFO值，与包含该价值活动的所有价值环的效用值之和以及以开发企业为起点和终点的所有价值环之和有关，如式（4—4）所示。

$$WVFO(s)=\sum_{g=1}^{G}U_g(s)\Big/\sum_{p=1}^{m}U_p \qquad (4-4)$$

其中，s表示SVN模型中12个利益相关者间的110条价值活动中的任意s价值活动；U_p表示所有价值环中第p条价值环的效用值；G表示所有价值环中涉及s价值活动的数量；$U_g(s)$表示包含s价值活动的g价值环的效用值。

据此，可以计算得出12个利益相关者间的110条价值活动的WVFO值。根据WVFO值大小对110条价值活动按照从大到小排序，以反映价值活动对产业链管理及项目绩效影响的重要程度。为了描绘重要的价值活动，利用雷达图描绘WVFO值排名前20的价值活动，并选取最重要的3条价值活动进行分析，这3条价值活动为PC—DV_1、PC—DV_2、P—DS_1，如图4—5所示。

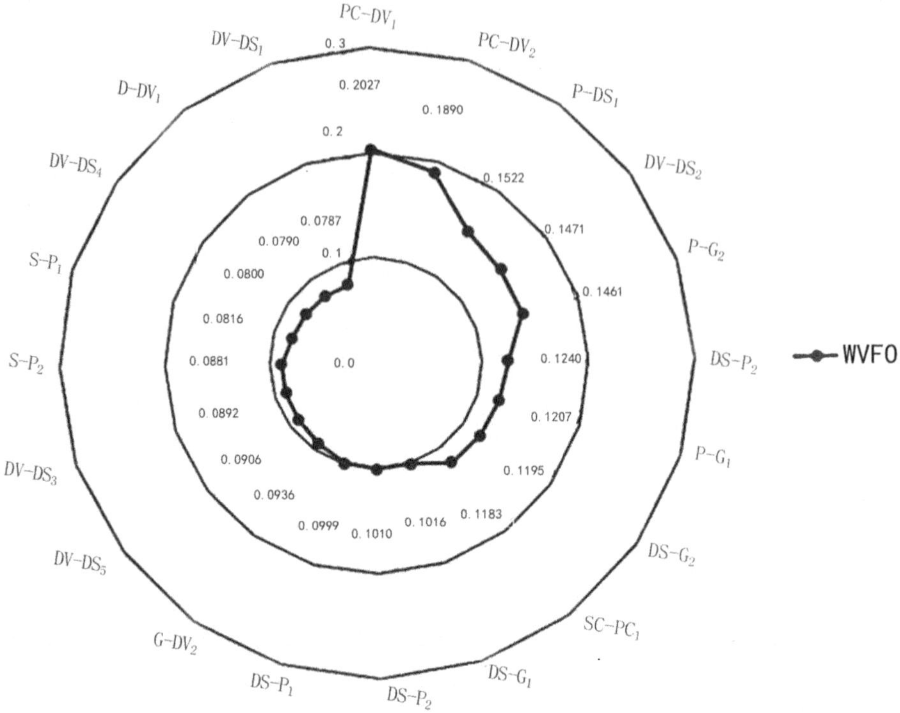

图4—5　WVFO值最大的20条价值活动统计分布

PC—DV_1和PC—DV_2分别代表装配式咨询企业为装配式建造产业链中开发企业提供的装配式建造项目相关培训和装配式建造项目管理体系（如质量管理、效率管理和成本管理）。PC—DV_1和PC—DV_2的WVFO值分别为0.2027和0.1890，是影响开发企业实现项目目标及提高装配式建造产业链整体管理水平的第一重要和第二重要的价值活动，也是开发企业需要重点关注的价值活动。由此可见，开发企业在装配式建造相关的培训和技能开发方面的投资是必要的。特别是在我国当前装配式建造的各个阶段，具有装配式建造技能和经验的技术劳动力短缺，以及缺少装配式建造相关的管理体系，已成为制约开发企业及其他利益相关者能力提升的主要障碍。这主要是由于我国当前处于装配式建造发展的初期，利益相关者参与的装配式建造项目较少、缺少装配式相关知识的学习，以及对工人的培训不足。尤其是受装配式建造项目的建造过程复杂、涉及众多利益相关者及资源有限等制约，利益相关者在员工技能培训等方面面临较大的挑战。因此，利益相关者应与装配式咨询企业合作，开展企装配式建造相关的知识培训，创建面向装配式建造全过程的质量、工期和成本管理的管理体系，以提高员工的技能和自身的建造能力，进而提高装配式建造产业链的整体管理水平和项目绩效。

P－DS_1为预制构件生产企业提供给设计企业的制造资源及能力报告，如模具、工艺、设备等，其WVFO值为0.1522，是影响开发企业实现项目目标及提高装配式建造产业链的整体管理水平的第三重要的价值活动。生产企业在装配式建造设计阶段的早期参与，对于提高预制构件的生产绩效，如降低成本、提高质量和效率等，发挥着重要作用。设计企业在进行装配式建造项目设计时，应充分考虑生产企业的制造能力和资源，进行协同设计。这是由于生产企业只能以大规模及标准化的大批量生产方式生产特定类型和参数的预制构件，以通过规模经济及增加模具的周转次数来降低生产成本和提高质量和效率。这与前文对我国装配式建造产业链中的重要价值环及利益相关者的分析相一致。然而，设计企业当前在设计装配式建筑时通常不考虑生产企业的制造能力，使得某些类型的预制构件无法进行大规模和标准化生产。因此，为了减少预制构件生产中的非必要时间和成本，同时提高产品质量，设计企业应该尽早与生产企业合作进行协同设计，将其制造能力及资源约束纳入设计过程。

（二）开发企业影响装配式建造产业链的重要价值活动分析

在SVN理论中，WOO用于评价装配式建造产业链中核心组织（开发企业）直接输出价值活动对装配式建造产业链整体管理能力及项目绩效提高的影响。价值活动的WOO值越大，表示该价值活动通过作用其接收利益相关者对产业链管理及项目绩效的影响越大，开发企业需要更加重视该价值活动，并为其配置更多资源。价值活动的WOO值，与包含该价值活动的价值环的效用值之和以及以开发企业为起点和终点的所有价值环效用值之和有关，如式（4—5）所示。

$$WOO(z)=\sum_{f=1}^{F}U_f(z)\Big/\sum_{p=1}^{m}U_P \qquad (4-5)$$

其中，z表示由核心组织输出的价值活动z；U_p表示所有价值环中第p条价值环的效用值；F表示包含z价值活动的价值环数量；U_f（z）表示包含z价值活动的第f价值环的效用值。

据此，可以计算得出22个由开发企业直接提供给其他11个利益相关者价值活动的WOO值。为了清晰描绘这22条价值活动的WOO值，绘制了相应的柱状图，如图4—6所示。

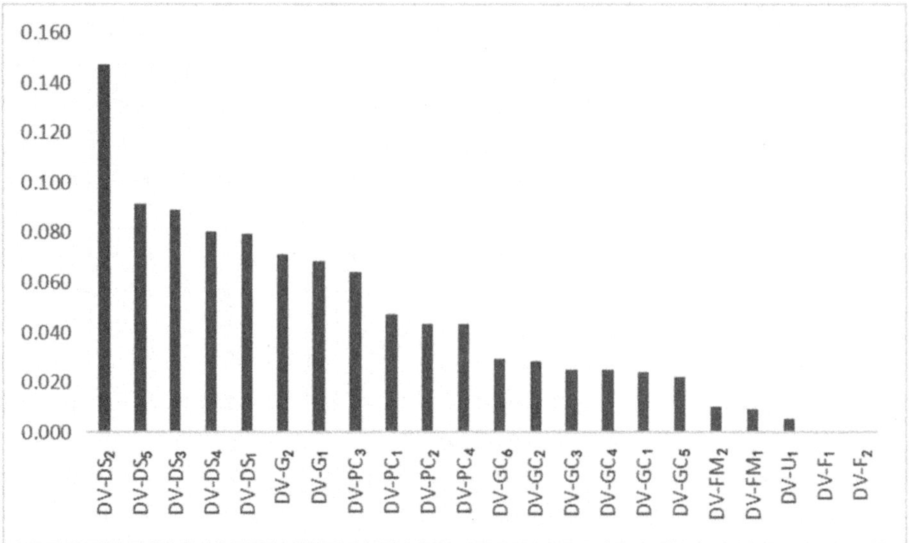

图4—6　开发企业直接提供的22条价值活动的WOO值

由图4—6可知，依据WOO值大小排序，处于前五名的价值活动为DV—DS_2、DV—DS_5、DV—DS_3、DV—DS_4、DV—DS_1，其均由开发企业提供给设计企业。由此揭示了在装配式建造中，开发企业与设计者之间的重要关系。接下来，选取WOO值最大的3条价值活动，即DV—DS_2、DV—DS_5、DV—DS_3，具体分析其对装配式建造产业链整体管理水平及项目绩效的影响。

价值活动DV—DS_2表示开发企业提供给设计企业的协同化设计需求，其WOO值最大，是开发企业直接输出的对装配式建造产业链整体管理水平及项目绩效影响最大的价值活动。该结果一方面再次反映出协同设计是提高产业链整体管理水平及项目绩效的重要途径，另一方面表明开发企业的要求是在装配式建造中实施协同设计的推动力。该结果与前文中对重要价值环分析的结果相一致，即基于协同设计的各方协同是影响装配式建造产业链整体管理水平及项目绩效的关键价值环。因此，开发企业在进行装配式建造项目开发时，需要重点关注和强调产业链中各利益相关者的协同建造，尤其是设计企业在协同设计方面的能力。

DV—DS_5为开发企业提供给设计企业的未来合作机会，其WOO值为第二大，说明其对提高装配式建造产业链整体管理水平及项目绩效也具有重要作用。这表明开发企业与设计企业建立长期合作关系的重要性。通过建立长期的合作关系，设计者考虑到持续的收益，会更加积极地为满足开发企业的协同设计等要求进行能力提升，进而设计企业可以更好地进行协同设计，促进产业链整体管理水平及项目绩效的提高。

DV－DS_3为开发企业提供给设计企业的装配式建造项目的具体需求和要求，包括功能、结构、预制比例等，其对提高装配式建造产业链整体管理水平及项目绩效具有重要作用。设计者根据开发企业的需求和要求进行项目设计。因此，开发企业需要清晰且具体地将项目要求传达给设计企业，以使设计企业据此进行项目建筑设计、结构设计、装配结构设计等。在此过程中，还需要与生产企业和施工总承包企业紧密合作，进行协同设计。

第五章 产业链节点企业装配式建造能力分析

通过对我国装配式建造产业链中利益相关者间价值活动网络的探究，识别出了提升产业链整体管理能力的重要管理要素，强调了设计企业、生产企业、施工总承包企业是产业链中的重要利益相关者，即重要节点，其相互间关系及自身装配式建造能力对于提升产业链管理水平及项目绩效具有重要意义。设计企业、生产企业、施工总承包企业是直接实施装配式建造作业的主要企业，一般统称为建筑企业。根据前文“产业链重要节点建筑企业建造能力相关研究综述”的分析可知，虽然已有较多研究从建筑企业的角度来探究提升装配式建造产业链管理能力及项目绩效，但是这些工作主要关注确定装配式建造发展的驱动因素和障碍，以及探索利益相关者之间的协作关系等方面，缺少针对我国建筑企业的装配式建造能力成熟度评价、因素识别（管理要素）及相应理论模型构建的研究。实际上，由于我国处于装配式建造发展初期，建筑企业的装配式建造能力有限，并且对自身装配式建造能力水平及相关管理要素认识不足，无法准确定位和把握进一步提升建造能力的关键，因而对装配式建造产业链管理能力及项目绩效的提升产生了消极影响。

当前，评价成熟度的方法主要有平均值法、层次分析法、数据包络分析法等。然而，平均值法基于问卷调查，在操作过程中相对比较烦琐；多指标决策评价方法大多依赖评价指标的主观数据值，因此可能会对评价结果的准确性产生负面影响；模糊积分是一种基于评价指标主观数据值和客观数据值的多准则评价方法。为了提高评价结果的准确性，当前研究通过将模糊积分与其他方法相结合，提出了改进模糊评价方法，特别是将计算评价指标权重的有效方法，如模糊层次分析法（Fuzzy Analytic Hierarchy Process，FAHP）、层次分析法（Analytic Hierarchy Process，AHP）等，用于优化模糊积分评价计算过程中的权重计算。为综合考虑评价指标的主观权重和客观权重，需要构建集成FAHP及熵值（Entropy）的混合权重计算方法。本章采用FAHP、Entropy、模糊积分评价理论，并综合考虑影响因素的精确数、区间数、直觉模糊数、语言变量等多种数据形式，构建了针对建筑企业装配式建造能力成熟度评价及影响因素识别的基于FAHP－Entropy混合权重的模糊积分评价模型。在此基础上，通过对施工总承包企业的案例分析，为了解我国建筑企业装配式建造能力水平及重要管理要素提供了参考。

本章主要内容：首先，通过文献综述及专家访谈，确定影响建筑企业（特别是施工总承包企业）装配式建造能力成熟度的评价指标体系；其次，构建基于FAHP－Entropy混合权重的模糊积分评价模型；再次，利用构建的模型对4个施工总承包企业的装配式建造能力成熟度水平及指标体系权重进行计算；最后，通过分析计算结果，验证模型的有效性，以及描述我国施工总承包企业成熟度水平和关键影响因素（管理要素），为了解我国建筑企业总体成熟度水平及重要管理要素提供参考。

第一节　建筑企业装配式建造能力成熟度评价指标及维度分析

一、建筑企业装配式建造能力成熟度评价指标识别及分析

当前，针对建筑企业装配式建造能力成熟度的评价指标体系还不健全，没有形成符合我国装配式建造发展现状的较完善的评价指标体系，不能对建筑企业的装配式建造能力成熟度进行准确评价。由于影响我国建筑企业装配式建造能力成熟度的因素比较复杂，因此在构建装配式建造能力指标评价体系时，既要借鉴国内外已有的评价指标，还要立足于我国装配式建造的发展现状。

本部分综合运用文献分析、专家访谈、调研，确定了建筑企业装配式建造能力成熟度评价指标。首先，进行了系统的文献分析，以确定最初的评价指标，所选用的英文数据库为“Google Scholar”“Web of Science”“Scope”，中文数据库为“Cnki”，并以单个关键词和多个关键词进行检索，

并且主要选用通过同行评议的期刊论文。关键词，包括装配式建造（Prefabrication/Prefabricated construction/Precast/Assembly Construction）、非现场建造（Offsite Construction/Off—site Construction）、工业化建造/建造工业化（Industrialised Construction）、建造能力（Construction Capability）、成熟度（Maturity）、建筑企业（Construction Firms/Construction Companies/Construction Enterprises）等。根据检索结果出现的频率，识别出47个与建筑企业装配式建造能力成熟度相关的初始评价指标。在此基础上，选择10位专家进行了深入访谈，以进一步判断初始评价指标的科学性和实践性。这10位专家均具有5年以上的装配式建造相关经验，包括1位来自政府的专家、2位来自开发企业的专家、5位来自施工总承包企业的专家、2位来自工程咨询公司的专家。他们根据自身的经验对初始评价指标进行评价，并提出相关的调整、合并、增加、删除建议。这10位专家进一步对修改后的评价指标进行打分（1~5分），最后选择平均分高于3的指标作为最终评价指标。最终确定出涵盖7个方面的27个建筑企业装配式建造能力成熟度评价指标，包括建造技术、建造管理、人力资源、创新能力、市场规模、环境及社会、经济效益，见表5—1。

表5-1　建筑企业装配式建造能力成熟度评价指标体系

一级指标	二级指标		指标类型	数值类型
建造技术（B_1）	C_1	BIM技术的应用	ST	IFN
	C_2	效率管控技术的应用	ST	IFN
	C_3	质量控制技术的应用	ST	IFN
	C_4	成本控制技术的应用	ST	IFN
	C_5	可达到最高预制率	OT	PNV
建造管理（B_2）	C_6	供应链管理水平	ST	LV
	C_7	精益建造实施水平	ST	LV
	C_8	资源配置及管理水平	ST	LV
	C_9	计划管控能力	ST	IFN
人力资源（B_3）	C_{10}	技术工人的比例	OT	IV
	C_{11}	技术工人的技能水平	ST	LV
	C_{12}	员工改善提案的平均数量	OT	IV

续表

一级指标	二级指标		指标类型	数值类型
创新能力（B_4）	C_{13}	专利及出版物的年数量	OT	PNV
	C_{14}	合作组织及机构的数量	OT	PNV
	C_{15}	标准及体系的提出数量	OT	PNV
	C_{16}	信息技术应用的创新能力	ST	LV
市场规模（B_5）	C_{17}	装配式建造项目的年面积	OT	PNV
	C_{18}	装配式建造项目的年数量	OT	PNV
	C_{19}	预制构件厂数量	OT	PNV
	C_{20}	预制构件种类	OT	PNV
环境及社会（B_6）	C_{21}	环保材料的比例	OT	IV
	C_{22}	原材料利用水平	ST	LV
	C_{23}	作业现场的污染防控水平	ST	IFN
	C_{24}	社会认可度	ST	LV
经济效益（B_7）	C_{25}	装配式建造项目的年产值	OT	PNV
	C_{26}	企业总资产规模	OT	PNV
	C_{27}	装配式建造项目的年利润	OT	PNV

需要注意的是，建筑企业装配式建造能力成熟度评价指标的评价值难以完全用精确的数值来体现。为了更加准确地描述建筑企业装配式建造的综合表现，评价值既要有基于调研统计结果的客观类型（Objective Type，OT），如精确数（Precise Numerical Value，PNV）、区间数（Integral Value，IV）等，又要有基于知识经验的主观类型（Subjective Type，ST），如直觉模糊数（Intuitive Fuzzy Number，IFN）、语言变量（Linguistic Value，LV）等。基于此，10位专家进一步从主观和客观两个方面对这27个评价指标的类型进行了评价，最终确定了建筑企业装配式建造能力成熟度评价指标体系及相对应的数值类型，见表5-1。其中，一级指标及二级指标分别用B_c（c=1，2，3，…，7）和C_i（i=1，2，3，…，27）进行编码。

装配式建造技术是推进装配式建造应用的必要前提，特别是我国处于装配式建造发展初期，装配式建造技术是制约我国装配式建造发展的重要因素。建造技术反映了建筑企业生产、运输、现场施工装配等技术的发展水平及硬件配置水平。

装配式建造管理水平是建筑企业建造能力的软实力，是提高装配式建造能力成熟度的关键。这是由于装配式建造过程需要对企业资源进行合理的配置和管理。在此过程中，要运用精益管理等科学合理的管理理论和方法，从全产业链和生命周期优化生产、储运、装配施工及价值链协同等，提高对人、机、料等方面的管控，以充分发挥企业各类资源的作用。

人力资源是建筑企业核心竞争力的源泉，特别是在我国装配式建造产业面临人才短缺的背景下，其是反映建筑企业装配式生产及施工技术水平的一个关键因素，也是质量保证、技术突破、施工水平及技术革新的重要支撑。

创新能力是反映建筑企业装配式建造能力的内在支撑，特别是在我国装配式建造产业面临装配建造技术体系、新技术应用不健全的背景下，它不仅是企业建造技术不断更新和突破、建造能力不断增强的关键，还是企业未来建造能力和价值创造的基础。

市场规模是反映建筑企业装配式建造能力的重要方面，是企业通过自身资源获取更多市场占有率及市场认可的直接体现，包括装配式建造项目的面积和数量、预制构件厂的数量、预制构件的种类。预制构件生产不仅是影响项目绩效的重要因素，还是实现生产与施工协同的关键。鉴于这一现状，众多施工总承包企业已纷纷涉足预制构件生产领域。

环境及社会反映建筑企业在装配式建造过程中对环境和资源的管控能力，是企业装配式建造能力成熟度的重要支撑。特别是随着社会、环境和资源的约束日益增强，对这一能力提出了更高的要求，其同时也是实现可持续建造和社会可持续发展的必要条件。

经济效益是建筑企业可持续发展的重要基础，不仅表现在它是建筑企业实施技术、管理、人力及可持续等方面管理效果的集中反映，还表现在其是调动企业进行技术升级和创新的原动力。因此，经济效益能够在一定程度上反映出建筑企业的整体建造能力。

二、建筑企业装配式建造能力成熟度维度划分

建筑企业装配式建造能力成熟度的维度反映了企业不同的装配式建造能力水平。根据之前的研究成果可知，成熟度维度级别通常处于3～6之间，并且5级成熟度维度被最广泛采用。因此，本部分也将装配式建造能力成熟

度维度设定为5个级别，分别为低（Very Low，VL）、较低（Low，L）、一般（Generally，GE）、良好（Good，GO）和优秀（Very Good，VG）。不同的成熟度维度反映了建筑企业在成熟度评价指标方面拥有的不同的能力和发展水平，包括装配式建造技术、管理、劳动力和创新等。对于与成熟度维度相对应的模糊积分分数范围，可以用三角模糊数（Triangular Fuzzy Number，TFN）或实数来表示。尤其是实数类型可以更加具体和精确地描述待评价对象的能力水平，并且已经在Luo和Wang的研究中取得了良好的效果。基于此，本部分也采用实数表示与装配式建造能力成熟度维度相对应的模糊积分值。这是由于本部分的核心关注点是帮助建筑企业明晰其具体的装配式建造能力成熟度水平，为制定更有效的提高装配式建造能力的措施提供可参考的方向。因此，通过系统的文献分析和企业访谈，最终确定了建筑企业装配式建造能力成熟度维度及其相对应的模糊积分值和特征，见表5—2。

表5-2　建筑企业装配式建造能力发展成熟度维度划分

成熟度维度	模糊积分区间	特征描述
低（VL）	[0，0.2)	建筑企业处于开展装配式建造项目的起步期，比较缺乏相关的技术、管理和技能工人等资源，只承担了数量相对有限的装配式项目
较低（L）	[0.2，0.4)	建筑企业处于开展装配式建造项目的初期，具备初步的装配式建造技术及管理能力，拥有少量技能水平比较有限的技术工人，开展的装配式建造项目数量不断增多，但还未成为其主要业务模式
一般（GE）	[0.4，0.6)	建筑企业处于开展装配式建造的中期，承担了一定数量的装配式建造项目，并且市场规模逐步增大，不仅在技术、管理、技能工人等方面取得了一些成绩，还具备了初步的创新能力和经济实力
良好（GO）	[0.6，0.8)	建筑企业处于开展装配式建造的半成熟期，在装配式相关的技术、管理、创新、工人技术等方面取得了较高的水平，并且拥有较多的技能工人和较大的项目市场规模。在取得了较好的经济效益的同时，对环境的保护能力也得到快速提升，并且处于较高水平
优秀（VG）	[0.8，1.0]	建筑企业处于开展装配式建造的成熟期，在装配式建造相关的技术、管理等各个方面均取得了优异的成绩，引领行业发展，占有较大的市场规模和份额，具有较高的品牌知名度和较强的竞争力

第二节 建筑企业装配式建造能力成熟度评价模型构建

一、建筑企业装配式建造能力成熟度评价指标的混合权重计算

（一）基于FAHP的建筑企业装配式建造能力成熟度评价指标的主观权重计算

FAHP被广泛应用于基于专家意见和评价，计算评价指标的主观权重。其计算过程主要包括四个步骤：第一步，构建模糊判断矩阵；第二步，计算模糊权重；第三步，模糊权重去模糊化；第四步，确定最终实数权重。本部分以二级指标对一级指标的权重计算为例，详细阐述具体的计算过程。

1.建造能力成熟度评价指标的模糊判断矩阵构建

在使用FAHP对建筑企业装配式建造能力成熟度评价指标的主观权重计算中，专家使用三角模糊数（TFN）对各级指标间的相对重要性进行打分，作为构建模糊判断矩阵的基础。为了确保打分的准确性，一般情况下采用多位专家对同一评价指标打分的评价值作为对该评价指标的打分。具体为，$[l, m, u]$表示任意一个TFN，其中，m值根据1～9标度法确定，l和u基于评价专家对m的打分，模糊程度依据参考文献中的结果来确定。

设有P位评价专家，一级指标中共有f个指标，二级指标中共有s个指标，与任意一个一级指标对应的共有n个二级指标（n=1，2，3，…，s）。据此，由第t位专家对二级指标相对一级指标c打分构成的三角模糊判断矩阵表示为A^t。其中，$a_{ij}^t=(l_{ij}^t,m_{ij}^t,u_{ij}^t)$；$c$=1，2，3，…,$f$；$t$=1，2，3，…，$P$。如式（5—1）所示。

$$A_t^t=\begin{bmatrix} a_{11}^t & a_{12}^t & \cdots & a_{1n}^t \\ a_{21}^t & a_{22}^t & \cdots & a_{2n}^t \\ \cdots & \cdots & \cdots & \cdots \\ a_{n1}^t & a_{n2}^t & \cdots & a_{nn}^t \end{bmatrix} \tag{5—1}$$

假设P位评价专家的权重值相同，则可将P位专家分别构建的P个三角模糊判断矩阵合成一个判断矩阵，其可以依据公式（5—2）和公式（5—3）

计算得出。

$$a_{ij}^{*} = \frac{1}{P}(a_{ij}^{1} + a_{ij}^{2} + a_{ij}^{3} + \cdots + a_{ij}^{P}) \quad (5-2)$$

据此，构建的综合判断矩阵，如式（5—3）所示。

$$A_c^{*}=\begin{bmatrix} (1,1,1) & a_{12}^{*} & \cdots & a_{1n}^{*} \\ a_{21}^{*} & (1,1,1) & \cdots & a_{2n}^{*} \\ \cdots & \cdots & \cdots & \cdots \\ a_{n1}^{*} & a_{n2}^{*} & \cdots & (1,1,1) \end{bmatrix} \quad (5-3)$$

2.建造能力成熟度评价指标的初始模糊权重计算

基于A_c^{*}，以二级指标i对一级指标c的三角模糊权重计算为例，来表示指标的初始模糊权重计算公式，具体公式如下所示。其中，i，j=1，2，3，…，n。

$$C_i^{c}=\sum_{j=1}^{n} a_{ij} \div \left(\sum_{i=1}^{n}\sum_{j=1}^{n} a_{ij}\right) \quad (5-4)$$

据此，可以计算得出全部二级指标分别对一级指标的三角模糊权重C^c（c=1，2，3，…，f）。以同样方式，可以求解得出一级指标对目标层的初始模糊权重，设为B=[B^1，B^2，B^3，…，B^f]。

3.建造能力成熟度评价指标的初始模糊权重去模糊化计算

一般使用可能度公式对三角模糊权重去模糊化，以便将初始模糊权重转化为实数权重。设任意两个三角模糊数为$C_i=(l_i,m_i,u_i)$和$C_i=(l_{i+1},m_{i+1},u_{i+1})$，$C_i \geqslant C_i+1$，可以用三角模糊函数来定义，具体公式如下所示。

$$V(C_i \geqslant C_{i+1})=\mu(d)=$$

$$\begin{cases} 1 & m_i \geqslant m_{i+1} \\ l_{i+1}-u_i/(m_i-u_i)-(m_{i+1}-u_{i+1}) & m_i \leqslant m_{i+1}, u_i \geqslant l_{i+1} \\ 0 & 其他 \end{cases} \quad (5-5)$$

基于此，进一步定义一个模糊数大于其他i个模糊数的可能度为该模糊数的实数权重，设定为$d(C)$，具体公式如下所示。

$$d(C)=V(C \geqslant C_1,C_2,C_3,\cdots,C_i=\min V(C \geqslant C_i) \quad (5-6)$$

4.建造能力成熟度评价指标的最终实数权重计算

使用公式（5—6）可以求得全部二级指标对一级指标的实数权重$d(C^i)$（i=1，2，3，…，n），以及二级指标对目标层级的实数权重$d(B^c)$（c=1，2，3，…，f），并利用最小—最大值对这些实数权重进行标准化，得到标准化权重$D(C^i)$和$D(B^c)$。基于此，可以计算得出全部二级指标对目标层级的最终实数权重，即建造能力成熟度评价指标的主观权重，具体如式（5—7）所示。

$$\theta=(\theta_1,\theta_2,\theta_3,\theta_4,\cdots,\theta_s)=D(C^i)\otimes(B^c) \tag{5—7}$$

（二）基于Entropy的建筑企业的装配式建造能力成熟度评价指标的客观权重计算

熵值理论（Entropy）是计算客观权重常用的方法，其主要依赖待评价指标的客观数值。使用Entropy计算评价指标权重的基本思想：如果不同待评价建筑企业之间的同一评价指标值的差异越大，那么该评价指标被赋予的权重系数就越大。使用Entropy计算评价指标权重的过程主要包括确定评价者权重、集成指标评价值、计算指标值权重三个步骤。

1.数据收集

装配式建造能力成熟度的评价指标分为客观类型（OT）和主观类型（ST）。客观类型包括精确值（PNV）和区间值（IV），主观类型包括直觉模糊数（IFN）和语言值（LV）。在确定装配式建造能力成熟度指标值的过程中，客观类型的评价指标值是通过建筑企业调研、建筑企业报告及关于建筑企业的报道等方式确定；主观类型的评价指标需要专家基于自身知识和经验，使用直觉模糊数和语言值对各指标值进行评价。基于此，需要进一步利用最大值—最小值方法对评价指标的精确值和区间值进行标准化处理，还需要将语言评价值转化为直觉模糊数。

2.评价专家权重计算

评价专家给出的直觉模糊数（μ，γ，π）中的犹豫度π反映了评价者对评价指标值评价的不确定程度，并且不确定程度会影响评价者的权重。在Entropy理论中，基于信息熵原理建立的信任度函数可以用于计算评价专家权重。

设共有e个评价专家，专家e的信任函数为$B_e(\pi)$，专家的权重为λ_e。专家权重λ_e可以根据公式（5—8）和公式（5—9）计算得出。其中，i=1，2，3，…，s。

$$B_e(\pi)=-1/\left(\left(\sum_{i=1}^{s}\sum_{j=1}^{r}\pi_{ij}^{e}\right)\ln\left(\sum_{i=1}^{s}\sum_{j=1}^{r}\pi_{ij}^{e}\right)\right) \tag{5—8}$$

$$\lambda_e=B_e(\pi)/\sum_{e=1}^{E}B_e(\pi) \tag{5—9}$$

3. 评价指标的评价值集结

在确定专家权重后，需要据此对评价指标的评价值进行集成，以得到综合评价值。设$x_{ij}=(\mu_{ij}^{e},\gamma_{ij}^{e},\pi_{ij}^{e})$为直觉模糊数和转化为直觉模糊数的语言值、$x_{ij}^{*}$为集结值及由集结值组成的模糊矩阵为M，则集结值可以根据公式（5—10）计算得出。

$$x_{ij}^{*}=\left(x_{ij}^{1}\right)^{\lambda_1}\oplus\left(x_{ij}^{2}\right)^{\lambda_2}\cdots\oplus\left(x_{ij}^{e}\right)^{\lambda_e}=$$

$$\left(\prod_{e=1}^{E}\left(\mu_{ij}^{e}\right)^{\lambda_e},1-\prod_{e=1}^{E}\left(1-\gamma_{ij}^{e}\right)^{\lambda_e}\right),\left(\prod_{e=1}^{E}\left(1-\gamma_{ij}^{e}\right)^{\lambda_e},-\prod_{e=1}^{E}\left(\mu_{ij}^{e}\right)^{\lambda_e}\right) \quad (5-10)$$

4. 评价指标的客观权重计算

设建筑企业的装配式建造能力的评价指标的客观权重为$w=(w_1,w_2,w_3,\cdots,w_s)$，并且$\sum_{i=1}^{s}w_i=1$。其中，$w_i$为评价指标$i$的权重，并且$w_i\geqslant 0$，$i=1$，2，…，$s$。$w_i$的计算过程如下。

评价指标i的综合评价值的均值可以根据公式（5—11）计算得出。

$$\overline{x_{ij}}=\left(\dot{x}_{i1}\oplus\dot{x}_{i2}\oplus\cdots\oplus\dot{x}_{ir}\right)/r=$$

$$\begin{cases}\dfrac{1}{r}\sum\limits_{j=1}^{r}x_{ij} & x_{ij}\in M_1\\ \left[\dfrac{1}{r}\sum\limits_{j=1}^{r}\left(x_{ij}\right)^{L},\dfrac{1}{r}\sum\limits_{j=1}^{r}\left(x_{ij}\right)^{U}\right] & x_{ij}\in M_2\\ \left(\prod\limits_{j=1}^{r}\left(\mu_{ij}\right)^{\frac{1}{r}},1-\prod\limits_{j=1}^{r}\left(1-\gamma_{ij}\right)^{\frac{1}{r}},\prod\limits_{j=1}^{r}\left(1-\gamma_{ij}\right)^{\frac{1}{r}}-\prod\limits_{j=1}^{r}\left(\mu_{ij}\right)^{\frac{1}{r}}\right) & x_{ij}\in M_3\end{cases}$$

（5—11）

其中，M_1为精确值、M_2为区间值、M_3为直觉模糊型数。

基于此，评价指标i的熵值可以根据公式（5—12）计算得出。

$$\sigma_i=-1/\ln(r)\sum_{j=1}^{r}\left(\frac{d\left(x_{ij},\overline{x_{ij}}\right)}{\sum\limits_{j=1}^{r}d\left(x_{ij},\overline{x_{ij}}\right)}\ln\left(\frac{d\left(x_{ij},\overline{x_{ij}}\right)}{\sum\limits_{j=1}^{r}d\left(x_{ij},\overline{x_{ij}}\right)}\right)\right) \quad (5-12)$$

其中，d为指标评价值x_{ij}与均值$\overline{x_{ij}}$之间的距离，计算公式如下所示。

对于精确值x_{ij}：

$$d\left(x_{ij},\overline{x_{ij}}\right)=\left(x_{ij}-\overline{x_{ij}}\right) \quad (5-13)$$

对于区间值$x_{ij}=\left[x_{ij}^{L},x_{ij}^{U}\right]$，$\overline{x_{ij}}=\left[\overline{x_{ij}^{L}},\overline{x_{ij}^{U}}\right]$：

$$d\left(x_{ij},\overline{x_{ij}}\right)=\sqrt{2}/2\sqrt{\left|x_{ij}^{L}-\overline{x_{ij}^{L}}\right|+\left|x_{ij}^{U}-\overline{x_{ij}^{U}}\right|} \tag{5-14}$$

对于直觉模糊数$x_{ij}=\left(\mu_{ij},\gamma_{ij},\pi_{ij}\right)$，$\overline{x_{ij}}=\left(\overline{\mu_{ij}},\overline{\gamma_{ij}},\overline{\pi_{ij}}\right)$：

$$d\left(x_{ij},\overline{x_{ij}}\right)=\sqrt{2}/2\sqrt{\left(\mu_{ij}-\overline{\mu_{ij}}\right)^{2}+\left(\gamma_{ij}^{e}-\overline{\gamma_{ij}}\right)^{2}+\left(\pi_{ij}-\overline{\pi_{ij}}\right)^{2}} \tag{5-15}$$

由此，可以根据公式（5—16）计算得出所有建筑企业的装配式建造能力成熟度评价指标的客观权重。其中，s为评价指标体系中二级指标的个数，i为二级指标中的第i个指标。

$$\omega_{i}=\frac{1-\sigma_{i}}{\sum_{i=1}^{s}(1-\sigma_{i})} \tag{5-16}$$

（三）建筑企业装配式建造能力成熟度评价指标的混合权重计算

在计算得出基于FAHP的主观权重θ_i及基于Entropy的客观权重w_i的基础上，为消除主观权重的人为干预的片面性和客观权重对数据准确度的依赖性，本部分进一步将两者集成计算基于FAHP—Entropy的混合权重，如式（5—17）所示。

$$W_{i}=\eta\theta_{i}+\left(1-\eta\right)\omega_{i} \tag{5-17}$$

其中，η表示主观偏好因子，并且一般取值为0.5（代表风险中性）。

二、模糊矩阵实数化转换

将本节中计算得出的模糊矩阵M和评价指标的最大值和最小值$C_i^{\max}$、$C_i^{\min}$中的区间数及直觉模糊数转化为精确值。区间数和直觉模糊数转化为精确值的计算公式不同，具体如下所示。其中，y_{ij}为实数矩阵M'中的元素。

对于区间数$x_{ij}^{*L}=\left[x_{ij}^{*L},x_{ij}^{*U}\right]$：

$$y_{ij}=M_{ij}=\frac{x_{ij}^{*L}+x_{ij}^{*U}}{2} \tag{5-18}$$

对于直觉模糊数$x_{ij}^{*}=\left(\mu_{ij}^{*},\gamma_{ij}^{*},\pi_{ij}^{*}\right)$：

$$y_{ij}=\mu_{ij}+\frac{\mu_{ij}}{\mu_{ij}+\gamma_{ij}}\pi_{ij} \tag{5-19}$$

据此，可以得到实数化矩阵$M'=(y_{ij})_{sr}$及$y_i^{\max}$、$y_i^{\min}$。在此基础上，以$y_i^{\max}$、$y_i^{\min}$为基准，使用最大值—最小值方法对$M'=(y_{ij})_{sr}$进行标准化处理，

得到矩阵 $Y=(y_{ij})_{sr}$，该矩阵是后续进行模糊积分评价的基础。

三、评价指标的模糊密度 $g(x_i)$ 计算

根据模糊积分评价理论，在上述步骤中求得的评价指标的混合权重 w_i 是该评价指标的模糊密度函数值，即 $g(x_i)=w_i$。其中，i=1，2，3，…，s。

四、模糊测度系数 λ 计算

基于 $g(x_i)$ 值，可以使用公式（5—20）计算模糊测度系数 λ。

$$\prod_{i=1}^{s}(1+\lambda g(x_i))=1+\lambda \tag{5—20}$$

五、评价指标的模糊测度值 $g_\lambda(X_i)$ 计算

在计算 $g(x_i)$ 时，需要对 $Y=(y_{ij})_{sr}$ 中的评价指标值从大到小排序，$Y_i \geqslant Y_i-1$，并对其重新进行编号 X_i（i=1，2，3，…，s）。据此，可以进一步根据公式（5—21）计算出 $g_\lambda(X_i)$ 值。

$$g_\lambda(X_i)=\frac{1}{\lambda}\left[\prod_{i=1}^{q}(1+\lambda g(x_i))-1\right] \tag{5—21}$$

即：

$$g_\lambda(X_1)=g_\lambda(\{x_1\});g_\lambda(X_2)=g_\lambda(\{x_1,x_2\});\cdots;g_\lambda(X_s)=g_\lambda(\{x_1,x_2,\cdots,x_s\})$$

六、建筑企业装配式建造能力成熟度值计算

建筑企业装配式建造能力成熟度值可以依据Choquet积分计算得出，如式（5—22）所示。

$$\begin{aligned}\int f\mathrm{d}g_\lambda=&f(Y_s)g_\lambda(X_s)+[f(Y_{s-1})-f(Y_s)]g_\lambda(X_{s-1})+\cdots+\\&[f(Y_1)-f(Y_2)]g_\lambda(X_1)\end{aligned} \tag{5—22}$$

基于此，可以根据建筑企业装配式建造能力成熟度值所处的成熟度维度，对建筑企业的装配式建造能力水平及影响装配式建造能力的重要因素进行分析。

第三节 基于装配式建造能力成熟度评价模型的案例计算

上述使用FAHP、Entropy、模糊积分评价，并综合考虑精确值、区间值、直觉模糊数、语言值等多种数据类型的评价指标值，构建了针对建筑企业装配式建造能力成熟度评价及影响因素识别的基于FAHP－Entropy混合权重的模糊积分评价模型。受篇幅限制，本部分选取对装配式项目建造及绩效负有最直接和重要责任的施工总承包企业为案例，验证该模型的有效性，并分析我国施工总承包企业的成熟度水平和影响因素，为了解我国建筑企业总体成熟度水平及重要影响因素提供参考。

本部分选取不同性质及发展水平的建筑企业作为研究案例，以更系统和全面地反映我国施工总承包企业的装配式建造能力成熟度水平及影响因素。基于作者参与调研的建筑企业，最终选取了4家具体不同属性的施工总承包企业，包括YD、ZY、ZJ、YZ，分别标记为G_1、G_2、G_3、G_4。其中，YD和ZY代表开展装配式建造业务起步较早、规模较大及产业布局较全的民营建筑企业；ZJ代表开展装配式建造业务较早、市场规模较大及产业链布局较全的国有建筑企业；YZ代表处于装配式建造业务开展初期的小型民营建筑企业，是在资源有限的条件下逐步开始装配式建造业务转型的建筑企业代表。

此外，为提升对评价指标值及相对重要性打分的准确性，本部分选取了来自不同领域的多位专家，分别选取了由8名学术科研机构专家组成的评价小组（设定为D_1）、由6位建造相关政府部门专家组成的评价小组（设定为D_2）、由10位建筑公司专家组成的评价小组（设定为D_3）、由8位项目开发企业专家组成的小组（设定为D_4）。这4个专家小组既需要分别对与G_1、G_2、G_3、G_4对应的27个装配式建造能力成熟度评价指标（C_1，C_2，C_3，…，C_{27}）的数值、最优值C_i^{max}和最差值C_i^{min}进行评价。其中，i=1，2，3，…，27。同时，还需要对各个评价指标的相对重要性进行打分来构建FAHP中的模糊判断矩阵。

在此基础上，使用构建的基于FAHP－Entropy混合权重的模糊积分评价模型，对建筑企业G_1、G_2、G_3、G_4的装配式建造能力成熟度进行评价。

一、建筑企业装配式建造能力成熟度评价指标的混合权重计算

（一）基于FAHP的装配式建造能力成熟度评价指标的主观权重计算

针对构建的建筑企业装配式建造能力成熟度评价指标体系，专家小组D_1、D_2、D_3、D_4利用三角模糊数分别对一级指标B对目标层A及二级指标C对一级指标B的相对重要性进行打分。根据一致性判断矩阵的互反性质，使用公式（5—1）可以分别求得与每个专家小组相对应的模糊判断矩阵，并使用公式（5—2）和公式（5—3）将4个专家小组的打分值进行平均计算，得出综合模糊判断矩阵。然后，基于综合模糊判断矩阵，使用公式（5—4）、公式（5—5）和公式（5—6）可以计算得出二级指标B_1—B_7及一级指标C_1—C_{27}的初始模糊权重和实数化权重。受篇幅限制，本部分以一级指标B_1—B_7的初始模糊权重和实数化权重计算为例描述主要计算过程。

根据公式（5—4），一级指标B_1的初始模糊权重S^1的计算过程为：

$$S^1=\sum_{j=1}^{7}a_{ij}\div\sum_{i=1}^{7}\sum_{j=1}^{7}a_{ij}=(0.125,0.190,0.297)$$

同理，可以计算得出B_2—B_7的初始模糊权重S^2—S^7，具体为：

$S^2=$（0.092，0.147，0.231）、$S^3=$（0.067，0.104，0.166）、$S^4=$（0.087，0.133，0.204）、$S^5=$（0.118，0.175，0.258）、$S^6=$（0.083，0.128，0.197）、$S^7=$（0.083，0.121，0.177）。

基于B_1—B_7的初始模糊权重S^1—S^7，进一步使用公式（5—5）和公式（5—6）对其去模糊化得到实数权重，并使用最小值—最大值方法对实数权重进行标准化，得到标准化权重$D(B^c)$，具体为$D(B^1, B^2, B^3, B^4, B^5, B^6, B^7)=$（0.210，0.210，0.068，0.122，0.188，0.113，0.090）。

同理，可以计算得出27个二级指标的标准化$D(C^i)$。在此基础上，使用公式（5—7）可以计算得出所有二级指标对目标层级的最终实数权重θ，即建造能力成熟度评价指标的主观权重。$D(B^c)$、$D(C^i)$、θ的计算结果，见表5—3。

表5-3 基于FAHP的评价指标主观权重值

一级指标	$D(B^c)$ 值	二级指标	$D(C^i)$值	θ值
B_1	0.210	C_1	0.216	0.045
		C_2	0.216	0.045
		C_3	0.491	0.103
		C_4	0.077	0.016
		C_5	0.000	0.000
B_2	0.210	C_6	0.250	0.053
		C_7	0.250	0.053
		C_8	0.209	0.044
		C_9	0.291	0.061
B_3	0.068	C_{10}	0.374	0.026
		C_{11}	0.374	0.026
		C_{12}	0.251	0.017
B_4	0.122	C_{13}	0.225	0.027
		C_{14}	0.225	0.027
		C_{15}	0.456	0.055
		C_{16}	0.095	0.012
B_5	0.188	C_{17}	0.341	0.064
		C_{18}	0.341	0.064
		C_{19}	0.249	0.047
		C_{20}	0.068	0.013
B_6	0.113	C_{21}	0.297	0.033
		C_{22}	0.297	0.033
		C_{23}	0.169	0.019
		C_{24}	0.238	0.027
B_7	0.090	C_{25}	0.386	0.035
		C_{26}	0.386	0.035
		C_{27}	0.229	0.021

（二）基于Entropy的建筑企业装配式建造能力成熟度评价指标的客观权重计算

在使用Entropy计算建筑企业装配式建造能力成熟度的过程中，针对建筑企业G_1、G_2、G_3、G_4的27个评价指标中的主观类型指标值由D_1、D_2、D_3、D_4专家小组利用直觉模糊数和语言值进行评价获得，而客观类型指标值基于建筑企业调研及建筑企业报告等客观内容来确定。在此基础上，使用最大值—最小值方法对客观评价指标的精确值和区间值进行标准化处理，并将主观评价指标的语言值转化为直觉模糊数。

依据主观类型指标的直觉模糊数，包括由语言值转化来的直觉模糊数，使用公式（5—8）和公式（5—9）计算D_1、D_2、D_3、D_4专家小组的权重λ_e，求得的专家小组权重分别为$\lambda_1=0.252$、$\lambda_2=0.249$、$\lambda_3=0.253$、$\lambda_4=0.247$。根据专家小组权重，使用公式（5—10）将D_1、D_2、D_3、D_4专家小组的直觉模糊数评价值进行集结，以确定相应评价指标的最终直觉模糊数评价值，进而可以得出针对建筑企业G_1、G_2、G_3、G_4的27个评价指标的综合模糊评价矩阵M，见表5—4。

表5-4　综合模糊评价矩阵

评价指标	指标类型	评价值类型	G_1	G_2	G_3	G_4
C_1	ST	IFN	(0.599，0.315)	(0.611，0.303)	(0.486，0.413)	(0.093，0.803)
C_2	ST	LV	(0.506，0.391)	(0.570，0.329)	(0.448，0.446)	(0.285，0.629)
C_3	ST	LV	(0.631，0.268)	(0.609，0.291)	(0.591，0.308)	(0.458，0.441)
C_4	ST	LV	(0.419，0.480)	(0.534，0.365)	(0.418，0.480)	(0.272，0.627)
C_5	OT	PNV	1.000	0.857	0.929	0.286
C_6	ST	LV	(0.411，0.484)	(0.418，0.480)	(0.352，0.546)	(0.239，0.676)
C_7	ST	LV	(0.311，0.602)	(0.377，0.516)	(0.352，0.546)	(0.211，0.718)
C_8	ST	LV	(0.411，0.484)	(0.488，0.410)	(0.384，0.512)	(0.239，0.676)
C_9	ST	IFN	(0.439，0.510)	(0.450，0.427)	(0.398，0.527)	(0.184，0.699)
C_{10}	OT	IV	[0.333，0.667]	[0.333，0.500]	[0.833，1.000]	[0.167，0.333]
C_{11}	ST	LV	(0.540，0.356)	(0.590，0.309)	(0.608，0.291)	(0.296，0.603)
C_{12}	OT	IV	[0.500 1.000]	[0.000 0.500]	[0.000 0.250]	[0.000，0.050]
C_{13}	OT	PNV	0.500	1.000	0.300	0.010

续表

评价指标	指标类型	评价值类型	G_1	G_2	G_3	G_4
C_{14}	OT	PNV	1.000	0.720	0.600	0.320
C_{15}	OT	PNV	1.000	0.750	0.583	0.017
C_{16}	ST	LV	(0.577，0.319)	(0.631，0.269)	(0.419，0.480)	(0.171，0.770)
C_{17}	OT	PNV	1.000	0.800	0.650	0.150
C_{18}	OT	PNV	1.000	0.784	0.588	0.098
C_{19}	OT	PNV	1.000	0.810	0.429	0.029
C_{20}	OT	PNV	0.867	1.000	0.600	0.533
C_{21}	OT	IV	[0.500，0.750]	[0.750，1.000]	[0.250，0.500]	[0.125，0.250]
C_{22}	ST	LV	(0.384，0.496)	(0.534，0.365)	(0.419，0.480)	(0.322，0.563)
C_{23}	ST	IFN	(0.417，0.414)	(0.471，0.364)	(0.512，0.327)	(0.354，0.457)
C_{24}	ST	LV	(0.724，0.176)	(0.774，0.138)	(0.698，0.202)	(0.677，0.221)
C_{25}	OT	PNV	0.600	1.000	0.714	0.029
C_{26}	OT	PNV	0.700	1.000	0.950	0.050
C_{27}	OT	PNV	0.667	1.000	0.667	0.167

在构建综合模糊评价矩阵的基础上，可以进一步计算出27个评价指标的客观权重。首先，使用公式（5—11）计算得出各个评价指标的综合评价值的均值$\overline{x}_i$，其中，i=1，2，3，…，27；其次，使用公式（5—12）、公式（5—13）、公式（5—14）、公式（5—15）计算得出各个评价指标的熵值σ_i；最后，使用公式（5—16）将各个评价指标的熵值转化为其客观权重值ω_i。$\overline{x}_i$、σ_i、ω_i的具体计算结果，见表5—5。

表5–5　$\overline{x}_i$、σ_i、ω_i的计算结果

评价指标	综合评价值均值$\overline{x}_i$	熵值σ_i	客观权重ω_i
C_1	(0.359，0.515，0.126)	0.969	0.007
C_2	(0.438，0.462，0.100)	0.840	0.038
C_3	(0.568，0.331，0.102)	0.891	0.026
C_4	(0.399，0.497，0.103)	0.767	0.055
C_5	0.768	0.872	0.030

续表

评价指标	综合评价值均值$\overline{x}_i$	熵值σ_i	客观权重ω_i
C_6	(0.347，0.554，0.099)	0.842	0.037
C_7	(0.305，0.604，0.091)	0.821	0.042
C_8	(0.368，0.532，0.100)	0.843	0.037
C_9	(0.347，0.553，0.100)	0.935	0.015
C_{10}	[0.417，0.625]	0.852	0.035
C_{11}	(0.489，0.405，0.105)	0.925	0.018
C_{12}	[0.125，0.450]	0.888	0.026
C_{13}	0.453	0.806	0.046
C_{14}	0.660	0.805	0.046
C_{15}	0.588	0.730	0.064
C_{16}	(0.401，0.506，0.093)	0.865	0.032
C_{17}	0.650	0.720	0.066
C_{18}	0.618	0.797	0.048
C_{19}	0.567	0.918	0.019
C_{20}	0.750	0.970	0.007
C_{21}	[0.406，0.625]	0.917	0.020
C_{22}	(0.408，0.481，0.112)	0.765	0.055
C_{23}	(0.435，0.393，0.173)	0.912	0.021
C_{24}	(0.717，0.185，0.098)	0.865	0.032
C_{25}	0.586	0.735	0.062
C_{26}	0.675	0.799	0.047
C_{27}	0.625	0.716	0.067

（三）建筑企业装配式建造能力成熟度评价指标的混合权重计算

在计算得出基于FAHP的主观权重θ_i及基于Entropy的客观权重ω_i的基础上，进一步使用公式（5—17）将两者进行集成，计算得出基于FAHP—Entropy的混合权重值W_i，具体如下所示。

$W=(W_1,\ W_2,\ W_3,\ \cdots,\ W_{27})=$(0.026，0.042，0.064，0.036，0.015，0.045，0.047，0.040，0.038，0.030，0.022，0.022，0.037，0.037，0.060，0.022，0.065，0.056，0.033，0.010，0.027，0.044，0.020，0.029，0.049，

0.041，0.044)。

二、综合模糊评价矩阵实数化转换

分别使用公式（5—18）和公式（5—19）将在前文中计算得出的综合模糊评价矩阵M和C_i^{max}及C_i^{min}中的区间数及直觉模糊数转化为精确值，计算得出综合实数评价矩阵$M'=(y_{ij})_{sr}$和y_i^{max}及y_i^{min}，基于此以y_i^{max}及y_i^{min}为基准利用最大值—最小值方法对$M'=(y_{ij})_{sr}$进行标准化处理，得到最终的综合实数评价矩阵$Y=(Y_{ij})_{sr}$。y_i^{max}、y_i^{min}、M'、Y的值，见表5—6。

表5-6　y_i^{max}、y_i^{min}、M'、Y值

指标	y_i^{max}	y_i^{min}	M'				Y			
			G_1	G_2	G_3	G_4	G_1	G_2	G_3	G_4
C_1	0.01	0.99	0.655	0.668	0.541	0.104	0.659	0.672	0.542	0.096
C_2	0.05	0.95	0.565	0.634	0.501	0.311	0.572	0.649	0.501	0.290
C_3	0.05	0.95	0.702	0.677	0.657	0.509	0.724	0.697	0.675	0.510
C_4	0.05	0.95	0.466	0.594	0.465	0.302	0.462	0.604	0.462	0.280
C_5	0	1	0.700	0.600	0.650	0.200	0.700	0.600	0.650	0.200
C_6	0.05	0.95	0.459	0.465	0.392	0.261	0.455	0.462	0.380	0.235
C_7	0.05	0.95	0.340	0.422	0.392	0.227	0.323	0.414	0.380	0.197
C_8	0.01	0.99	0.459	0.543	0.429	0.261	0.458	0.544	0.427	0.256
C_9	0.01	0.99	0.462	0.513	0.430	0.208	0.461	0.513	0.429	0.202
C_{10}	0.03	0.45	0.150	0.125	0.275	0.075	0.286	0.226	0.583	0.107
C_{11}	0.05	0.95	0.603	0.657	0.677	0.329	0.614	0.674	0.696	0.310
C_{12}	0	17.5	1.500	0.500	0.250	0.050	0.086	0.029	0.014	0.003
C_{13}	0	500	150.000	300.000	90.000	3.000	0.300	0.600	0.180	0.006
C_{14}	0	50	25.000	18.000	15.000	8.000	0.500	0.360	0.300	0.160
C_{15}	0	100	60.000	45.000	35.000	1.000	0.600	0.450	0.350	0.010
C_{16}	0.05	0.95	0.644	0.701	0.466	0.181	0.660	0.724	0.462	0.146
C_{17}	0	500	100.000	80.000	65.000	15.000	0.200	0.160	0.130	0.030
C_{18}	1	200	102.000	80.000	60.000	10.000	0.508	0.397	0.296	0.045
C_{19}	1	200	105.000	85.000	45.000	3.000	0.523	0.422	0.221	0.010
C_{20}	1	30	13.000	15.000	9.000	8.000	0.414	0.483	0.276	0.241

续表

指标	y_i^{max}	y_i^{min}	M'				Y			
			G_1	G_2	G_3	G_4	G_1	G_2	G_3	G_4
C_{21}	0	65	25.000	35.000	15.000	7.500	0.385	0.538	0.231	0.115
C_{22}	0.05	0.95	0.437	0.594	0.466	0.363	0.430	0.604	0.462	0.348
C_{23}	0.01	0.99	0.502	0.564	0.610	0.436	0.502	0.566	0.612	0.435
C_{24}	0.05	0.95	0.805	0.849	0.776	0.754	0.838	0.888	0.806	0.782
C_{25}	0	50	21.000	35.000	25.000	1.000	0.420	0.700	0.500	0.020
C_{26}	0	200	70.000	100.000	95.000	5.000	0.350	0.500	0.475	0.025
C_{27}	0	10	2.000	3.000	2.000	0.500	0.200	0.300	0.200	0.050

三、模糊测度系数λ计算

根据模糊积分理论，评价指标的模糊密度函数$g(x_i)$与评价指标的混合权重w_i相一致即$g(x_i)=w_i$。基于此，使用公式（5—20）可以计算得出模糊测度系数$\lambda=-0.01$。

四、评价指标的模糊测度值$g_\lambda(X_i)$计算

在上述计算得出模糊积分评价中的公共参数的基础上，以建筑企业G_1为例描述建筑企业模糊积分评价值即装配式建造能力成熟度值的计算过程。在计算$g_\lambda(X_i)$时，需要对$Y=(Y_{ij})_{sr}$中与建筑企业G_1对应的评价指标值从大到小排序$Y \geqslant Y_{i-1}$，并对其重新进行编号X_i（i=1，2，3，…，27），据此进一步使用公式（5—21）计算出$g_\lambda(X_i)$值，见表5—7。

表5-7 以建筑企业G_1为例的评价指标的模糊测度值计算过程

排序后指标	指标值	排序后指标	排序后X_i	排序后指标值$f(X_i)$	$g(x_i)$	$g(X_i)$
C_1	0.659	C_{24}	X_1	0.838	0.029	0.029
C_2	0.572	C_3	X_2	0.724	0.064	0.094
C_3	0.724	C_5	X_3	0.700	0.015	0.109
C_4	0.462	C_{16}	X_4	0.660	0.022	0.130
C_5	0.700	C_1	X_5	0.659	0.026	0.157
C_6	0.455	C_{11}	X_6	0.614	0.022	0.178
C_7	0.323	C_{15}	X_7	0.600	0.060	0.238

续表

排序后指标	指标值	排序后指标	排序后 X_i	排序后指标值 $f(X_i)$	$g(x_i)$	$g(X_i)$
C_8	0.458	C_2	X_8	0.572	0.042	0.279
C_9	0.461	C_{19}	X_9	0.523	0.033	0.312
C_{10}	0.286	C_{18}	X_{10}	0.508	0.056	0.368
C_{11}	0.614	C_{23}	X_{11}	0.502	0.020	0.388
C_{12}	0.086	C_{14}	X_{12}	0.500	0.037	0.425
C_{13}	0.300	C_4	X_{13}	0.462	0.036	0.460
C_{14}	0.500	C_9	X_{14}	0.461	0.038	0.498
C_{15}	0.600	C_8	X_{15}	0.458	0.040	0.538
C_{16}	0.660	C_6	X_{16}	0.455	0.045	0.583
C_{17}	0.200	C_{22}	X_{17}	0.430	0.044	0.627
C_{18}	0.508	C_{25}	X_{18}	0.420	0.049	0.675
C_{19}	0.523	C_{20}	X_{19}	0.414	0.010	0.685
C_{20}	0.414	C_{21}	X_{20}	0.385	0.027	0.712
C_{21}	0.385	C_{26}	X_{21}	0.35	0.041	0.752
C_{22}	0.430	C_7	X_{22}	0.323	0.047	0.799
C_{23}	0.502	C_{13}	X_{23}	0.300	0.037	0.836
C_{24}	0.838	C_{10}	X_{24}	0.286	0.030	0.866
C_{25}	0.420	C_{17}	X_{25}	0.200	0.065	0.930
C_{26}	0.350	C_{27}	X_{26}	0.200	0.044	0.974
C_{27}	0.200	C_{12}	X_{27}	0.086	0.022	0.995

五、建筑企业装配式建造能力成熟度值计算

根据公式（5—22）可以计算得出建筑企业G_1的模糊积分评价值，即装配式建造能力成熟度值，该值为0.458。

$$\int f\mathrm{d}g_{\lambda}=f(Y_s)g_{\lambda}(X_s)+\left[f(Y_{s-1})-f(Y_s)\right]g_{\lambda}(X_{s-1})+\cdots+\left[f(Y_1)-f(Y_2)\right]g_{\lambda}(X_1)$$

同理，可以求得建筑企业G_2、G_3和G_4的装配式建造能力成熟度值，分别为0.500、0.404和0.179。

第四节 基于案例分析的建筑企业建造能力水平及重要影响因素分析

一、建筑企业装配式建造能力成熟度分析

使用基于FAHP－Entropy混合权重的模糊积分评价模型计算得出了案例建筑企业G_1、G_2、G_3和G_4的装配式建造能力成熟度值，分别为0.458、0.500、0.404和0.179。建筑企业的装配式建造能力成熟度包括五个维度，分别为低（[0，0.2））、较低（[0.2，0.4））、一般（[0.4，0.6））、良好（[0.6，0.8））、优秀（[0.8，1.0]）。

建筑企业G_1、G_2、G_3和G_4的装配式建造能力成熟度值分别处于“一般”“一般”“一般”“低”的成熟度维度。

建筑企业G_1、G_2和G_3均处于装配式建造能力成熟度的一般水平，表明这3家建筑企业均具备相对较高的装配式建造能力，这不仅体现在与装配式建造相关的技术、管理、人力、创新等方面取得了一些成绩，还体现在所承担的装配式建造项目数量不断增加。实际上，建筑企业G_1、G_2和G_3都是我国开展装配式建造业务较早的大型建筑公司，其装配式业务涉及构件生产、运输、装配等。由此可见，与中小型建筑企业相比，这些较大型建筑企业利用自身优势，获得了更大的装配式建造市场规模和更多的资源。

然而，需要注意的是，这3个建筑企业的装配式建造能力成熟度值处于0.4至0.5之间，表明其还处于装配式建造能力成熟度“一般”维度的初级阶段，并且距离成熟度的“良好”及“优秀”维度有较大差距。因此，这些建筑企业需要采取措施提升其装配式建造能力成熟度水平，特别是从影响自身能力成熟度水平的关键因素方面制定措施，以更加高效地提升其在管理、技术、员工技能及创新等方面的能力，进而提升装配式建造能力成熟度水平。这也表明，拥有较大装配式建造项目市场规模的建筑企业，仍处于装配式建造能力成熟度的“一般”水平，这在一定程度上反映出我国装配式建造行业的发展水平还不高。这是由于我国装配式建造处于发展初期，存在着建造成本高、技术标准体系不健全、技术人才缺乏等问题，造

成开发企业、建筑企业参与度不高的现象，进而导致装配式建造项目市场总体规模偏小及装配式建造项目绩效偏低。

对于建筑企业G_4，处在“低”的装配式建造成熟度水平，说明其处在装配式建造发展的起步期，不仅缺乏装配式建造相关的技术、管理、技能员工等必备资源，而且承担的装配式建造项目的数量较少及规模较小。事实上，G_4是一家小型民营建筑公司，在政府政策的鼓励及激励下，从2016年起才逐步开展装配式建造相关的业务。在此过程中，面临着内外部的问题和挑战，比如初始投资大、熟练劳动力短缺、缺乏技术和管理经验、国家标准不成熟等。因此，小型建筑企业要提高其装配式建造能力成熟度，不仅要明确影响其能力成熟度的关键影响因素，从而制定更有效的提升措施，而且政府还应该给予其更多的支持和指导，如激励政策、技术标准等。

二、建筑企业装配式建造能力成熟度的重要影响因素分析

在分析4个案例建筑企业的装配式建造能力成熟度水平的基础上，需进一步分析影响其成熟度水平的关键影响因素，为其制定更加有效的成熟度提升措施提供参考方向。基于计算得出的27个影响建筑企业装配式建造能力成熟度因素（评价指标）的混合权重，为进一步清晰识别各影响因素的重要性，将这27个影响因素按照其混合权重值的大小进行排序，见表5—8。由表5—8可知，对建筑企业装配式建造能力成熟度影响最大的5个因素是C_{17}、C_3、C_{15}、C_{18}和C_{25}。其中，C_{17}代表“装配式建造项目的年面积”，其混合权重为0.065，是最关键的影响因素；C_3代表“质量控制技术的应用”，其混合权重为0.064，比C_{17}的混合权重稍低，为第2关键影响因素；第3、4和5关键影响因素为C_{15}、C_{18}和C_{25}，分别代表“标准及体系的提出数量”“装配式建造项目的年数量”“装配式建造项目的年产值”。

表5-8　27个影响因素的混合权重值大小排序

影响因素	w	θ	W	排序
C_{17}	0.066	0.064	0.065	1
C_3	0.026	0.103	0.064	2
C_{15}	0.064	0.055	0.060	3
C_{18}	0.048	0.064	0.056	4
C_{25}	0.062	0.035	0.049	5
C_7	0.042	0.053	0.047	6

续表

影响因素	w	θ	W	排序
C_6	0.037	0.053	0.045	7
C_{22}	0.055	0.033	0.044	8
C_{27}	0.067	0.021	0.044	9
C_2	0.038	0.045	0.042	10
C_{26}	0.047	0.035	0.041	11
C_8	0.037	0.044	0.040	12
C_9	0.015	0.061	0.038	13
C_{13}	0.046	0.027	0.037	14
C_{14}	0.046	0.027	0.037	15
C_4	0.055	0.016	0.036	16
C_{19}	0.019	0.047	0.033	17
C_{10}	0.035	0.026	0.030	18
C_{24}	0.032	0.027	0.029	19
C_{21}	0.020	0.033	0.027	20
C_1	0.007	0.045	0.026	21
C_{11}	0.018	0.026	0.022	22
C_{12}	0.026	0.017	0.022	23
C_{16}	0.032	0.012	0.022	24
C_{23}	0.021	0.019	0.020	25
C_5	0.030	0.000	0.015	26
C_{20}	0.007	0.013	0.010	27

需要注意的是，这5个关键影响因素分布在同一层级的不同方面，为了清晰地表达影响因素所处的方面，以及更加直观和形象地表达各个影响因素的权重，本部分进一步绘制了相应的雷达图，如图5－1所示，其中，5个关键影响因素用方框表示，其他的影响因素用圆圈表示。据此可以直观地看出，C_{17}和C_{18}归属一级指标B_5、C_3归属一级指标B_1、C_{15}归属一级指标B_4、C_{25}归属一级指标B_7。其中，B_5、B_1、B_4、B_7分别表示“市场规模”“建造技术”“创新能力”“经济效益”。

为了更加系统和全面地分析影响建筑企业装配式建造能力成熟度的关

键影响因素，并为其制定有效的能力提升措施提供更加明确的方向，在对这5个关键影响因素进行分析的同时，也考虑其所归属的一级指标。因此，接下来从“产业及市场规模”“质量控制技术”“标准及体系创新”“经济盈利能力”四个方面，分析影响我国建筑企业装配式建造能力成熟度的关键影响因素。这些分析与实践中影响我国建筑企业装配式建造能力成熟度的重要影响因素基本一致，一定程度上也验证了本书所提出的装配式建造能力成熟度评价模型的有效性。

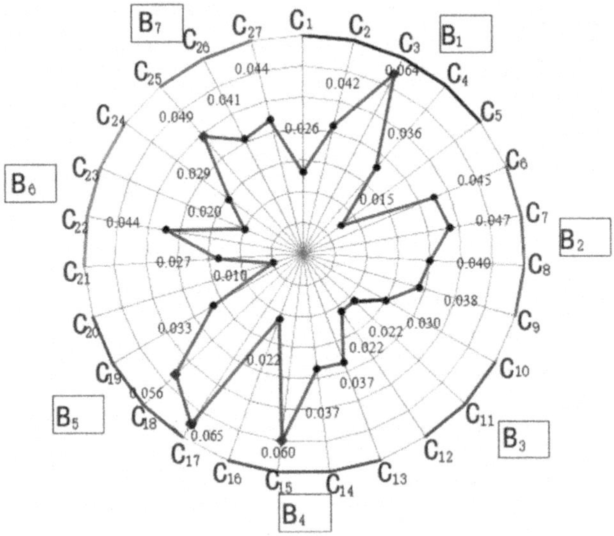

图5—1　27个影响因素权重雷达图

（一）产业及市场规模方面

C_{17}和C_{18}是影响建筑企业装配式建造能力成熟度的关键因素，其均属于市场规模方面，这表明了市场规模对于建筑企业装配式建造能力的重要性。事实上，市场规模方面一直被认为是影响建筑企业装配式建造能力的最直接因素，特别是在我国处于装配式建造发展的初级阶段，市场规模更是反映建筑企业装配式建造能力的主要指标。这主要是因为在我国有限的装配式建造市场规模下，建筑企业需要依靠更高的装配式建造能力来扩大其市场规模。

有限的装配式建造产业规模造成装配式建造产业缺乏规模经济，而规模经济表示建造成本随着市场规模的扩大而减小，由此造成，在我国当前有限的产业规模下，装配式建造项目的成本高于传统建造项目，这也被认为是影响开发企业及建筑企业扩大其装配式建造项目规模的主要障碍之一。在此背景下，建筑企业可以通过提高其装配式建造能力来降低装配式建造成本，进一步扩大其装配式建造的市场规模。当前，国家已经出台了一系列政策和激励措施来扩大我国整个装配式建造市场的规模，为建筑施工企业通过提高装配式建造能力来扩大其市场规模提供了良好的机遇。因此，通过识别和重视装配式建造市场规模与建筑企业装配式建造能力及成熟度之间的关系，可以进一步使建筑企业更好地开展装配式建造业务，扩大其装配式建造市场规模。

（二）质量控制技术方面

C_3为“质量控制技术”，属于“建造技术”方面，是影响建筑企业装配式建造能力的第二关键因素。实际上，建筑企业需要将保证装配式建造项目的质量绩效放在首要位置，这是其需要承担的最重要责任，而建造质量水平取决于建筑企业自身的质量控制技术及能力。因此，建筑企业需要重视质量控制技术，以提升质量控制能力，进而有利于提高其装配式建造能力成熟度。

装配式建造项目的质量水平是影响装配式建造产业发展的关键因素之一，不仅体现在较高质量水平是装配式建造模式的主要优势之一，也体现在其是吸引利益相关者和决策者注意和参与的主要方面。需要注意的是，装配式建造项目的质量控制比传统建造项目更加困难，这在很大程度上是由于装配式建造项目的建造过程更加复杂，涉及生产、运输和装配等多个环节。在此背景下，装配式建造项目的质量控制对建筑企业来说具有较大的挑战，特别是当前我国处于装配式建造发展的初期阶段，建筑企业缺乏相关的技术、管理、专业技术人员等，造成其质量控制能力的提高更加困难，给装配式建造项目带来了较多的质量风险。此外，在促进装配式建造发展的过程中，国家始终强调和重视装配式建造项目的质量控制，已经颁布了一系列的相关法律、政策和强制性标准，以提升装配式建造项目的质量水平。因此，建筑企业应按照国家要求，不断提高质量控制水平，以提升装配式建造能力成熟度水平，进而降低项目质量风险。

（三）标准及体系创新方面

C_{15}为“标准及体系的提出数量”，属于“创新能力”方面，是衡量建筑企业研发能力的重要指标，也是建筑企业装配式建造能力成熟度水平的重要反映。由于相比于传统建造项目，装配式建造项目的施工过程更加复杂，相关的标准和体系更为复杂，这对其进行相关的标准和体系创新带来了更大的困难和挑战。同时，我国处于装配式建造发展的初级阶段，建筑企业面临着国家标准缺乏和研发资源有限等问题，其装配式建造的创新能力相对较弱，对装配式建造的质量及成本等绩效产生了消极的影响，包括质量水平不稳定、装配式建造体系不健全、装配水平不高等。

实际上，国家一直将创新视为装配式建造产业发展的关键因素之一，并为装配式建造相关标准及体系的创新做了大量工作，包括逐步加大对装配式建造相关创新的投资和补贴，制定了一系列的面向装配式建造全流程的创新标准和体系等。因此，建筑企业应重视通过创新来提高自身的装配式建造能力，以一种兼具经济性和可持续性的方式促进装配式建造更广泛的应用。

（四）经济盈利能力方面

C_{25}为“装配式建造项目的年产值”，属于“经济效益”方面，是衡量建筑企业竞争力和建造能力的主要指标之一。装配式建造项目的年产值及盈利水平直接影响着建筑企业在装配式建造方面的研发投入和相关工作扩展。然而，我国建筑企业在装配式项目中的盈利普遍偏低，不仅限制了其装配式建造能力的增长，也降低了其开展装配式建造项目的积极性。

建筑企业在装配式建造项目中的产值、盈利不足的原因可能是由于装配式建造项目的高成本，特别是当前建筑企业处于传统建造业务向装配式建造业务转型的初始阶段，需要在装配式建造相关的设备及设施等方面进行较大规模的投资，进而造成装配式建造项目较高的初始成本。此外，建筑企业面临的装配式建造经验缺乏、技能员工短缺和资源管理不足等问题，也对其盈利产生了负面影响。建筑企业的装配式建造能力对其产值及盈利具有较大影响，其需要更加注重自身的内部改善，包括采取精益建造、信息技术、自动化技术等管理和技术方法，提高装配式建造能力，以降低项目的建造成本，从而提高项目产值及盈利。

第六章　面向装配式建筑全产业链的精益建造模式

前文分别从装配式建造产业链及重要节点的建筑企业（设计企业、生产企业及施工总承包企业）两个层面对我国装配式建造产业链整体管理及建筑企业能力两个方面的建造过程及重要管理要素进行了分析，明确了我国装配式建造产业链整体管理和建筑企业能力提升的方向。精益建造是优化产业链管理（包括协同关系等）、提升建筑企业建造能力（包括质量、效率、成本等）及提升项目绩效的有效工具。当前，精益建造模式为建筑企业采用精益建造模式提升其建造能力和优化产业链整体管理提供了有价值的信息和参考。然而，当前精益建造相关的研究较少涉及装配式建造产业链整体及建筑企业运作流程优化，以及基于运作流程的精益建造工具选择等方面，造成建筑企业不能制定有效的精益建造实施方案来优化自身的运作流程、与外部利益相关者的协同运作流程，进而制约了自身建造能力、产业链整体管理和项目绩效的提升。

当前，结构化的业务流程建模及分析工具较多，如UML、Petri网、Agent建模、IDEF建模。IDEF是由一系列的复杂系统建模、分析和设计模型组成，其中的IDEF0模型和IDEF3模型可以较清晰地刻画业务活动、相互关系及相关的机制和控制，并且便于操作和实施。其中，IDEF0表示功能建模，IDEF3表示过程描述获取。为了更清晰地刻画装配式建造产业链整体的运作流程、建筑企业内部建造运作流程内容及相应的管控和约束，本部分采用IDEF0和IDEF3对相关活动进行建模和分析。本章基于上述分析得出的装配式建造产业链整体及建筑企业运作流程及管理要素，综合运用运作流程分析及精益建造等理论，构建了针对建筑企业内部及产业链整体运作流程优化的精益建造模式，以提升企业的建造能力和产业链整体管理效能，进而优化前文述识别出的影响装配式建造产业链整体管理及建筑企业能力提升的重要方面。

本章的主要内容：首先，利用IDEF理论构建建筑企业在装配式建造过程中的运作流程及活动模型，以刻画企业内部和产业链层面的运作流程、活动及相关管控要素；其次，通过文献分析识别精益建造工具，构建了精益工具与管控点之间的匹配关系；再次，基于精益建造理论和IoT等信息技术，构建精益建造模式；最后，基于ARENA模型仿真，通过对实施该精益建造模式的案例建筑企业的分析，对精益建造模式进行初步验证，同时为其他企业实施该精益建造模式及验证效果提供参考。

第一节 基于IDEF的装配式建造主要运作流程建模及分析

根据前面分析结果可知，建筑企业（包括设计、生产及施工总承包企业）内部及相互间协同运作流程是装配式项目的主要且重要的建造运作过程，对建筑企业运作流程的优化是提升装配式建造产业链整体管理及企业装配式建造能力的重要方面。为了系统和全面地分析建筑企业（包括设计、生产及施工总承包企业）在装配式建造过程中的运作流程及活动，本部分使用IDEF理论构建了建筑企业运作流程的IDEF0模型和IDEF3模型。其中，使用IDEF0模型从整体描述建造运作流程、活动及其相互关系；使用IDEF3模型进行运作流程和活动的层次分解，描绘流程和活动间的时序关系。

一、基于IDEF0的装配式建造主要运作流程建模

IDEF0模型是一种结构化的作业流程建模及分析方法，其通过结构化的图形形式，可以将设计企业、生产企业、施工企业在装配式建造中的内外部运作流程及活动的功能、关系及管控等信息进行清晰刻画。实际上，构建建筑企业的IDEF0运作模型，是利用活动图将相关的运作流程、活动、相互关系及控制要素等进行描绘。活动图则是由代表设计企业、生产企业、施工企业运作活动的盒子，以及反映这些作业活动特征的输入、输出、控

制和机制的箭头组成，见表6—1。

表6-1 IDEF0活动图组成单元

要素	图示	要素含义
盒子	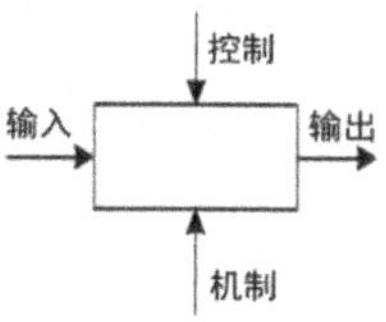	表示建筑企业的作业活动，如生产企业的预制构件生产等
输入		表示需要建筑企业实施某个建造活动进行处理的内容，如预制构件生产用的混凝土等
输出		表示经过建筑企业实施某个建造活动产出的内容，如经过预制构件生产活动产出的构件等
控制		表示建筑企业实施某个建造活动时需要遵守的约束或管控条件，比如预制构件生产活动所需遵守的技术标准
机制		表示建筑企业实施某个建造活动所需要的资源条件，如预制构件生产活动所需的人力、设备等

建筑企业的建造过程是将输入要素变为输出要素的一种转换，其可以是行动、作业或过程。需要注意的是，两个作业活动之间的输入与输出关系表示两个作业活动之间存在的约束或依赖关系，而不代表两个作业活动实施的时间先后顺序。在构建IDEF0模型过程中，可以根据建筑企业建造运作活动的颗粒度大小，构建多层级的IDEF0模型，以系统地描绘不同层级的建造作业流程或活动，如图6—1所示。

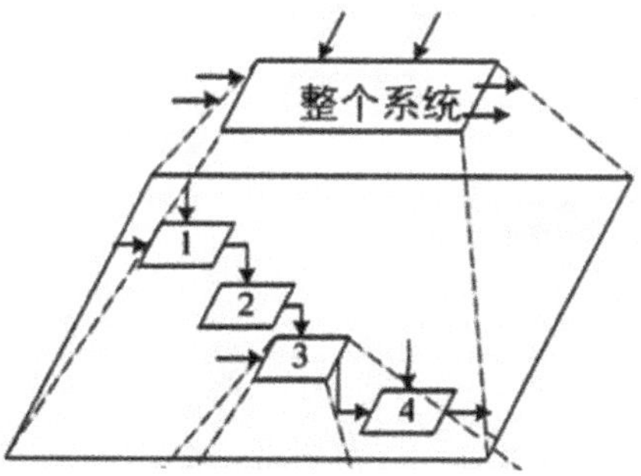

图6—1 建筑企业建造运作活动的IDEF0层级结构示意图

如图6—1所示，处于上层的是面向整体系统的IDEF0模型（A—0模型），可以从整体层面反映建筑企业在装配式建造过程中需要通过作业活动处理（输入）和产出的内容（输出），以及其在此过程中需要遵守的主要约束（控制）和所需提供的资源条件（机制）；处于下层的是面向系统局部的

IDEF0模型（A—1模型），可以进一步描绘实施A—0模型中作业活动所需的具体流程、活动、约束及资源条件等。基于此，可以构建针对设计企业、生产企业、施工企业建造运作流程的IDEF模型，包括A—0模型和A—1模型。

（一）设计企业设计运作流程的IDEF0模型构建及分析

1.设计企业整体设计运作流程的IDEF0-D-0模型构建

在构建设计企业整体设计运作流程的IDEF0（设为IDEF0—D—0）模型时，需要确定“盒子”“输入”“输出”“控制”“机制”等要素。本部分通过综合运用文献分析、现场调研、专家访谈等方法获取与设计企业设计运作流程相关的内容，并通过分析进一步确定IDEF0—D—0模型中相关要素的内容。

在装配式建造过程中，设计企业主要承担装配式项目的设计作业，并为此实施一系列的运作流程及活动。首先，设计企业根据开发企业提供的装配式项目设计任务书（此为设计活动的输入），进行装配式项目相关的建筑图、施工图、构件深化图等设计（此为设计活动的输出），作为生产企业及施工企业进行建造活动的基础。其次，设计企业还需要满足开发企业提出的设计周期和预算等合同要求、设计规范和标准等技术要求，以及与生产企业和施工企业进行协同的协同机制等（此为设计活动需要遵守的控制要素）。最后，在设计过程中，设计企业为实施设计活动及实现设计目标，需要投入一定的管理人员、作业人员、软硬件设备等资源（此为设计活动需要的机制）。基于此，可以构建出设计企业整体设计运作流程的IDEF0—D—0模型，如图6—2所示。

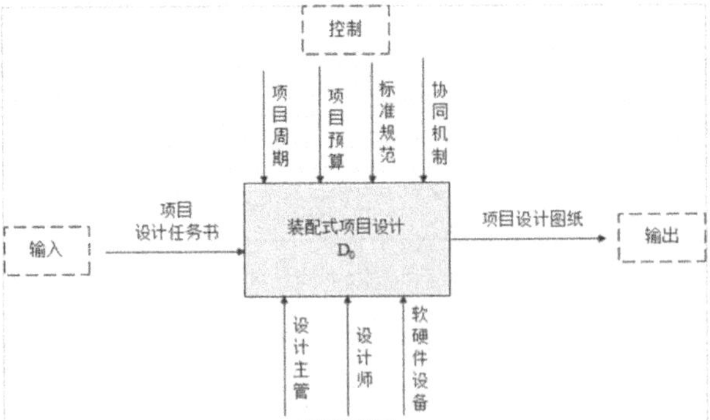

图6—2　设计企业整体设计运作流程的IDEF0—D—0模型

2. 设计企业具体设计运作流程的IDEF0-D-1模型构建

通过构建设计企业整体设计运作流程的IDEF0—D—0模型，整体描绘了装配式建造过程中设计企业的建造活动、输入要素、产出内容、约束、所需提供的资源等。在此基础上，为了更加全面地刻画设计企业的作业流程、活动及相应的管控要素，本部分进一步构建了设计企业设计运作流程的IDEF0—D—1模型。本部分通过综合运用文献分析、现场调研、专家访谈等方法获取了与设计企业设计运作流程相关的内容，并通过分析进一步确定了构建IDEF0—D—1模型的内容。在装配式建造过程中，设计企业的设计作业活动主要包括5个子设计作业活动，分别为装配式项目技术策划（D_1）、方案设计（D_2）、初步设计（D_3）、施工图设计（D_4）、构件和部品深化设计（D_5）。基于此，进一步确定了与每个子作业活动相关的“输入”“输出”“控制”“机制”等要素，进而构建出设计企业运作流程的IDEF0—D—1模型，如图6—3所示。

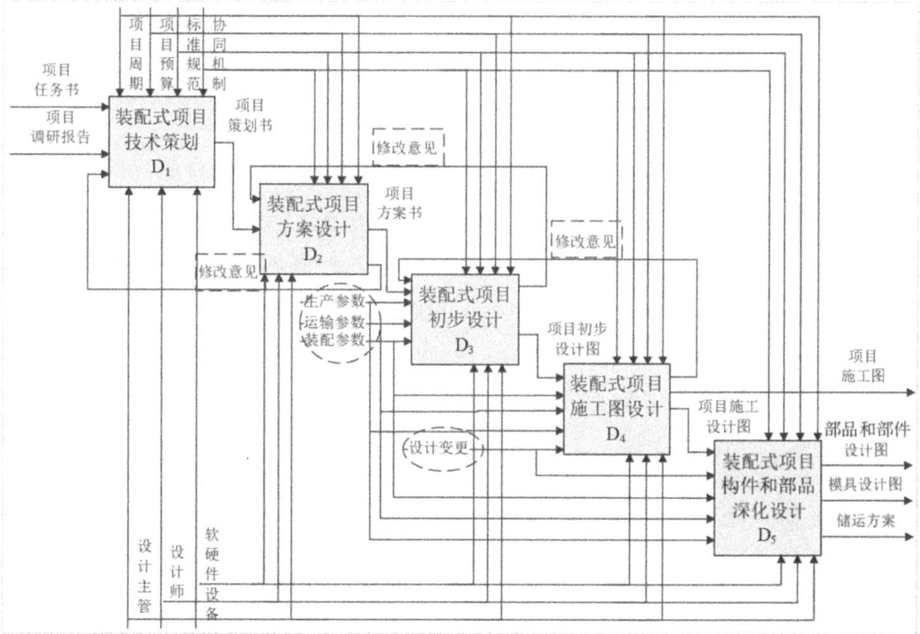

图6—3　设计企业具体设计运作流程的IDEF0—D—1模型

根据图6—3可知，IDEF0—D—1模型清晰地描绘了在装配式建造过程中，设计企业需要实施的作业流程、活动、约束、投入等。由于图6—3清晰地描述了各个子作业活动D_1、D_2、D_3、D_4和D_5的“输入”“输出”“控制”

“机制”等要素。因此，本部分不再对此进行描述，而是注重分析模型中的作业活动间结构关系及相关要素，主要包括以下五个方面。第一，在IDEF0—D—1模型中，虽然每个子作业活动的“输入”与“输出”要素存在较大不同，但与其相关的“控制”和“机制”要素基本相同，并且与IDEF0—D—0模型相似，反映出设计企业设计作业活动具有统一的约束要素及资源条件，以提升设计绩效。第二，与IDEF0—D—0模型不同的是，IDEF0—D—1模型描绘出设计子作业活动间的非单向的交互关系及与外部利益相关者的协同关系。第三，图中的虚线方框表示修改意见，是子作业活动间的非单向交互关系的一种表现。然而，修改意见属于负向反馈信息，对设计绩效具有负面效应，因此需要所有子作业活动注重输出内容的质量。第四，图中的虚线圆形框表示子作业活动与外部利益相关者的协同关系，特别是用以描绘设计活动与生产企业和施工企业的协同关系，可以看出协同关系影响到子作业活动D_3、D_4和D_5。因此，在这些子作业活动过程中，需要重点关注与生产企业、施工企业的协同。第五，图中的椭圆形框表示设计变更，其对子作业活动D_4和D_5存在影响。然而，设计变更是非增值的活动，是设计企业致力于通过提高作业活动输出质量及加强与外部利益相关者协同来消除的额外活动。

（二）生产企业生产运作流程的IDEF0模型构建及分析

参照前文中构建设计企业设计运作流程的IDEF0模型的过程，本部分构建生产企业生产运作流程的IDEF0模型，包括IDEF0—P—0和IDEF0—P—1模型。其中，IDEF0—P—0代表生产企业整体生产运作流程的IDEF0模型，IDEF0—P—1代表生产企业具体生产运作流程的IDEF0模型。

本部分通过综合运用文献分析、现场调研、专家访谈等方法获取了与生产企业生产运作流程相关的内容，并通过分析进一步确定了构建IDEF0—P—0模型的内容。在装配式建造过程中，生产企业主要进行装配式建造所需预制构件的生产及储运。在此过程中，生产企业根据设计企业提供的构件设计及加工图纸（此为生产活动的输入），根据生产周期、成本、工艺流程及标准规范等约束条件（此为生产活动的控制），并投入一定的人力、设备等资源（此为生产活动的机制），通过一系列的生产作业活动（此为生产活动的盒子），进行装配式建造所需预制构件的生产（此为生产活动的输出）。基于此，可以构建出生产企业整体生产运作流程的IDEF0—P—0模型，如图6—4所示。

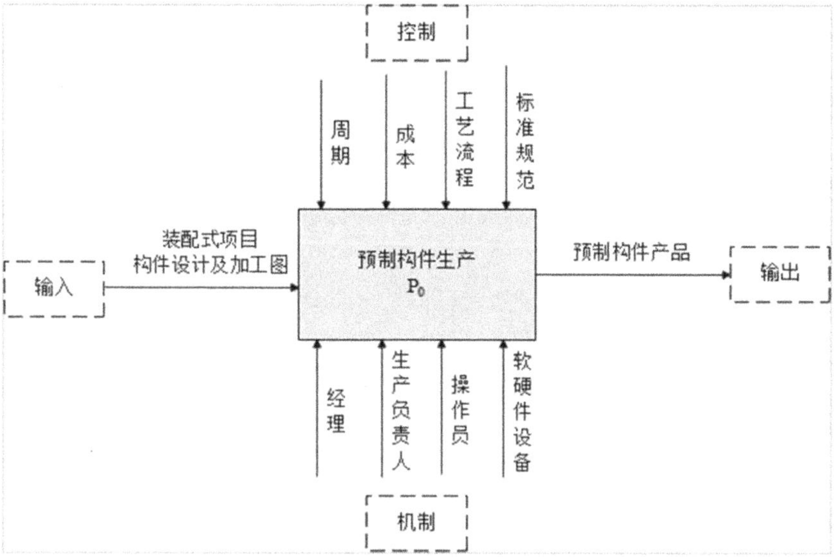

图6—4　生产企业整体生产运作流程的IDEF0—P—0模型

在构建生产企业整体生产运作流程的IDEF0—P—0模型的基础上，本部分进一步构建生产企业具体生产运作流程的IDEF0—P—1模型。本部分通过综合运用文献分析、现场调研、专家访谈等方法获取了与生产企业生产运作流程相关内容，并通过分析进一步确定了构建IDEF0—P—1模型的内容。在装配式建造中，生产企业进行的生产作业活动主要包括7个子生产作业活动，分别为生产前准备（P_1）、原材料采购（P_2）、模具制作（P_3）、钢筋加工（P_4）、混凝土制备（P_5）、预制构件生产（P_6）、预制构件储运（P_7）。基于此，进一步确定与每个子生产作业活动相关的“输入”“输出”“控制”“机制”等要素，进而构建出生产企业运作流程的IDEF0—P—1模型，如图6—5所示。

由于图6—5清晰地描述了各个子生产作业活动的“输入”“输出”“控制”“机制”等要素，因此本部分不再对此进行描述，而是注重分析模型中的作业活动间结构关系及相关要素，主要包括以下6个方面。第一，在IDEF0—P—1模型中，虽然每个子作业活动的“输入”“输出”要素存在较大不同，但其“控制”和“机制”要素基本相同，并且与IDEF0—P—0模型相似。第二，与IDEF0—P—0模型不同的是，IDEF0—P—1模型中的“输入”包括由设计企业提供的模具设计图、构件设计图和施工企业提供的需求计划（图中虚线圆框所示）。第三，施工企业对预制构件的需求计划影响所有的子活动，反映出生产企业与设计企业和施工企业的协同关系，因此需要重点关注。第四，子生产运作活动P3、P4和P5不存在依赖关系，其均为预制构件生产所需要的物料资源，在实际作业过程中可以考虑其并行的作业流程。第五，图中虚线方框所示的修改意见属于负向反馈信息，并且只有预制构件成品出现质量问题时才会被发现，所以产品质量问题对生产绩效具有较大的负面效应。因此，需要加强对每个子生产作业活动的管控，以确保构件产品的质量。第六，图中椭圆虚线框标记的设计变更对所有的预制构件生产活动均会产生负面影响，会造成生产成本增加和效率降低，由此也反映出在设计作业过程中，设计企业与生产企业及施工企业协同进行协同设计的重要性。

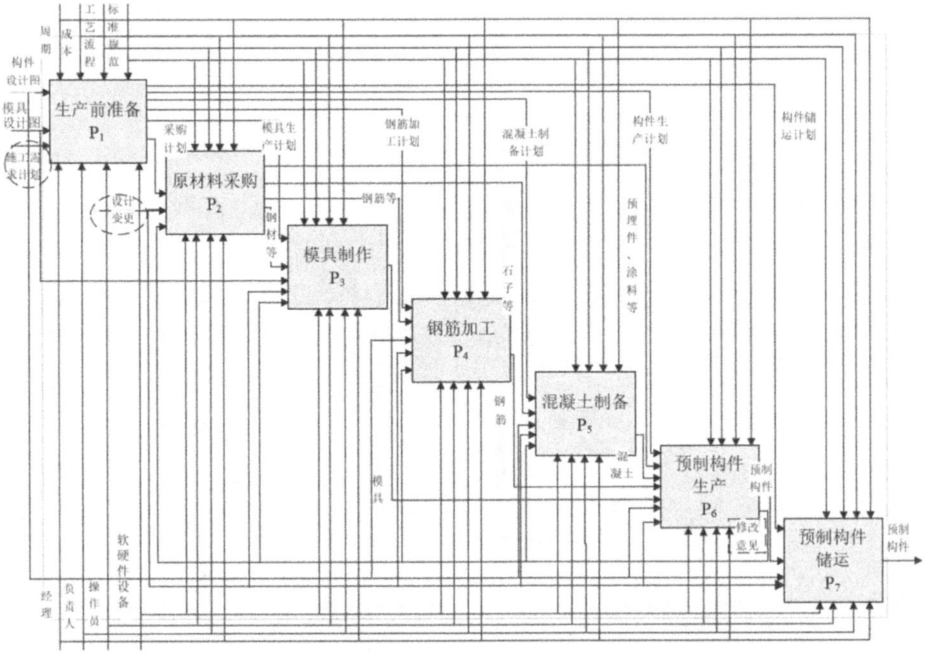

图6—5　生产企业具体生产运作流程的IDEF0—P—1模型

（三）施工企业施工运作流程的IDEF0模型构建及分析

参照前文中构建设计企业和生产企业运作流程IDEF0模型的过程，本部分构建施工企业施工运作流程的IDEF0模型包括IDEF0—C—0和IDEF0—C—1模型。其中，IDEF0—C—0代表施工企业整体施工运作流程的IDEF0模型，IDEF0—C—1代表施工企业具体施工运作流程的IDEF0模型。

本部分通过综合运用文献分析、现场调研、专家访谈等方法获取了与生产企业生产运作流程相关的内容，并通过分析进一步确定了构建IDEF0—C—0模型的内容。在装配式建造过程中，施工企业主要进行建造现场现浇工程施工及预制构件装配等作业活动。在此过程中，施工企业根据设计企业提供的施工图纸（此为施工活动的输入），根据生产周期、成本、工艺流程、标准规范等约束条件（此为施工活动的控制），并投入一定的人力、设备等资源（此为施工活动的机制），通过一系列的施工作业活动（此为施工活动的盒子），进行构件装配及现浇施工，最终完成装配式建造（此为施工活动的输出）。基于此，可以构建出施工企业整体施工运作流程的IDEF0—C—0模型，如图6—6所示。

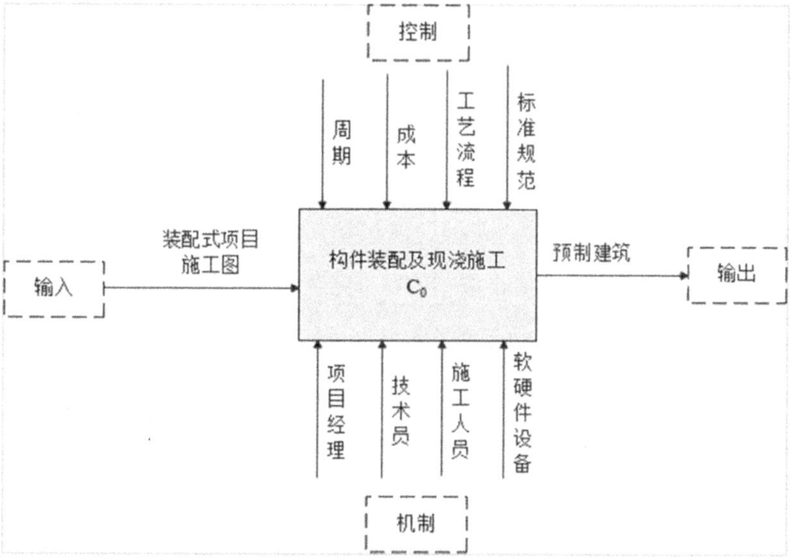

图6—6　施工企业整体运作的IDEF0—C—0模型

在构建施工企业整体施工运作流程的IDEF0—C—0模型的基础上，本部分进一步构建施工企业具体施工运作流程的IDEF0—C—1模型。本部分通过综合运用文献分析、现场调研、专家访谈等方法获取了与生产企业生产运作流程相关内容，并通过分析进一步确定了构建IDEF0—C—1模型的内容。在装配式建造过程中，施工企业进行的现场装配及施工作业活动主要包括7个子施工作业活动，分别为施工前准备（C_1）、原材料采购（C_2）、预制构件存放（C_3）、现浇结构施工（C_4）、预制构件吊装（C_5）、预制构件安装装配（C_6）和预制构件修补及后处理（C_7）。基于此，进一步确定与每个子施工作业活动相关的“输入”“输出”“控制”“机制”等要素，进而构建出施工企业具体施工运作流程的IDEF0—C—1模型，如图6—7所示。

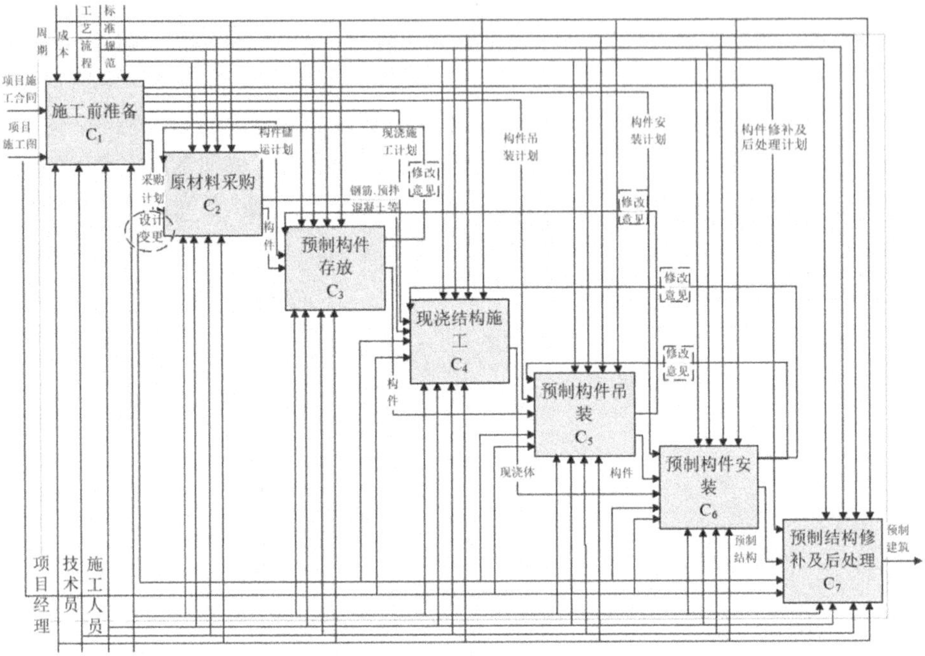

图6—7　施工企业具体施工运作流程的IDEF0—C—1模型

由于图6—7清晰的描述了各个子施工作业活动的“输入”“输出”“控制”“机制”等要素，因此本部分不再对此进行描述，而是注重分析模型中的施工作业活动间结构关系及相关要素，主要包括以下四个方面。第一，在IDEF0—C—1模型中，由于当前我国装配式建筑的装配率达不到100%，存在现浇和装配两种施工模式并存的情况，增加了施工的复杂性。第二，通过上图可见，存在较多的修改意见反馈（图中虚线方框所示），不仅强调了加强施工作业活动间协同合作的重要性，而且强调了加强对各施工作业活动进行有效管控以保证输出构件质量的重要性。第三，现浇施工与装配施工作业并存，对预制构件的生产与现场施工的协同及产品质量提出了更高的要求，这是由于在预制构件装配过程中发现不能装配问题时，寻找原因比较困难，并且可能会造成错误归因，引起对预制构件生产或现浇作业的错误变更。第四，图中虚线椭圆框所示设计变更对现场施工和构件装配作业活动均会产生负面影响，对施工绩效产生消极的影响，为此再次说明了在设计作业活动中设计、生产及施工作业协同的重要性。

二、基于IDEF3的装配式建造主要运作流程建模

通过构建设计企业、生产企业、施工企业的建造运作流程IDEF0模型，整体描述了建筑企业在装配式建造过程中的实施运作流程、活动、相互关系、管控要素等。基于此，本部分使用IDEF3对建筑企业建造运作流程及活动进行层次分解，并描绘作业流程及活动的时序关系，以更加清晰地刻画建筑企业的建造运作流程、活动、相互关系、管控要素。根据第三章的分析结果，在装配式建造过程中，设计阶段对生产、储运、施工等建造阶段具有直接的影响，不仅是影响装配式建造产业链整体管理及项目绩效的关键和基础，也最能体现各利益相关者间的协同作用。考虑到篇幅限制，本部分以设计企业为例，详细描述设计作业活动的IDEF3模型构建过程。

（一）基于IDEF3的建筑企业建造运作流程建模介绍

IDEF3是一种有效的建筑企业运作流程描述方法，主要是通过对企业建造运作活动所组成场景的描述，以刻画企业作业流程及活动的执行顺序和它们之间的逻辑关系。其中，建筑企业运作活动场景由建造运作流程中特定情景下发生的一系列建造运作活动组成。场景描述的主要作用是描述建筑企业在装配式建造过程中不同场景下运作流程及活动的顺序关系，进而刻画出建造过程中信息流的传递范围和内容。因此，可以通过IDEF3建模来进一步识别和描述建筑企业的建造运作流程、活动及实施顺序和相互关系，以更加清晰地描绘建筑企业在装配式建造过程中的建造运作流程、活动、相互关系及管控要素。

在构建建筑企业建造运作流程的IDEF3模型时，需要使用形式化的建模元素表示运作活动、顺序关系和逻辑关系，这些建模元素主要包括3种类型，分别为行为单元（Unit of Behavior，UoB）、联接（Link，LIN）和交汇点（Junction，JUN），见表6－2。

表6-2　建筑企业建造运作流程的IDEF3模型构建元素

类型	名称	图形	含义描述
UoB	UoB	UoB标签 节点号 | IDEF参考号	标签表示在装配式建造过程中，建筑企业需要进行的运作活动名称；节点号是该运作活动在流程中的实施顺序编号

续表

类型	名称	图形	含义描述
LIN	顺序联接		表示在装配式建造过程中，建筑企业需要进行的运作活动的先后顺序，是经常使用的链接
	关系联接		表示在装配式建造过程中，建筑企业需要进行的运作活动间的自定义关系
	对象流联接		表示在装配式建造中，对象对两个建筑企业需要进行作业活动的参与机制
JUN	异步“与”		表示在装配式建造过程中，建筑企业需要进行多个运作活动路径的交汇，并且各个路径中的活动必须已经完成
	同步“与”		表示在装配式建造过程中，建筑企业需要进行多个运作活动路径的交汇，并且各个路径中的活动必须同时完成
	异步“或”		表示在装配式建造过程中，建筑企业需要进行多个运作活动路径的交汇，并且其中1条或多条已经完成
	同步“或”	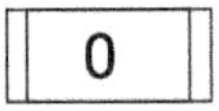	表示在装配式建造过程中，建筑企业需要进行多个运作活动路径的交汇，并且其中1条或多条同时完成
	异“或”	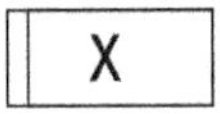	表示在装配式建造过程中，建筑企业需要进行多个运作活动路径的交汇，并且仅有其中1条已经完成

（二）设计企业设计运作活动的IDEF3模型构建及分析

在前文中，构建了描绘设计企业整体设计运作流程、活动及约束条件的IDEF－D－1模型，并且将设计运作活动分为了5个子设计运作活动。在IDEF3模型中，设计运作场景指的是由运作流程中反映特定情景下发生的一系列运作活动组成的运作活动单元。本部分将基于5个子设计运作活动来构建相应的场景，分别为项目技术策划场景（S_1）、方案设计场景（S_2）、初步设计场景（S_3）、施工图设计场景（S_4）、构件和部品深化设计场景（S_5）。基于此，本部分通过综合运用文献分析、现场调研、专家访谈等方法获取与设计企业设计运作流程相关的内容，并通过分析确定出IDEF3模型中相关要素的内容，构建了设计企业建造运作活动的IDEF3模型，以对5个设计运作场景及相互间的逻辑和结构关系进行描述，如图6－8所示。

如图6－8所示，设计企业的5个设计运作场景主要包括56个运作活动，其中场景S_1包括运作活动1—15、场景S_2包括运作活动16—24、场景S_3包括运作活动25—36、场景S_4包括运作活动37—47及场景S_5包括运作活动48—56。此部分以施工图设计场景（S_4）为例，对运作场景、运作活动及相互间的顺序和逻辑关系进行描述。

运作活动单元37表示启动项目施工图设计，是在设计企业整体设计运作活动IDEF0－D－1模型中的输入（初步设计图）、输出（施工设计图和施工图）、管控（周期、预算、标准规范、协同机制）、机制（人员、软硬件设备）约束下，进行施工图设计前的准备工作，涉及初步设计图和标准规范等技术资料的学习、时间和资源配置等计划的制订。运作活动单元38表示协同机制的建立，其不仅包括企业内各专业间的协同，也包括与其他利益相关者的协同，特别是与生产企业和施工企业的协同。其中，通过内部协同可以减少不同专业间设计内容的冲突和碰撞；通过外部协同可以实现基于生产、储运、施工参数的协同设计，有利于提升构件的可生产性和装配性，进而提高项目的质量、效率、成本等绩效。运作活动单元39、40、41和42表示在协同机制下各专业分别进行的施工图设计，不仅可以确保设计图自身的质量，而且符合生产、储运及装配施工的需求。运作活动单元43表示对完成的施工设计图进行评审准备，包括时间计划、文档准备等。运作活动单元44和47表示施工设计图顺利通过评审形成最终的施工图，其不仅是施工企业进行施工运作活动的依据，也是进行构件生产深化设计的基础。运作活动单元45、46和37/1表示施工设计图未通过评审，需要对存在的问题进行深入的分析，然后再转入运作活动37进行如上步骤的修订设计。

由此可见，IDEF0模型和IDEF3模型可以清晰地描绘建筑企业建造运作流程和活动内容、管控和约束要素、运作流和活动间的顺序、逻辑和结构关系，进而可以作为识别运作活动管控要素及进行运作活动优化的基础。

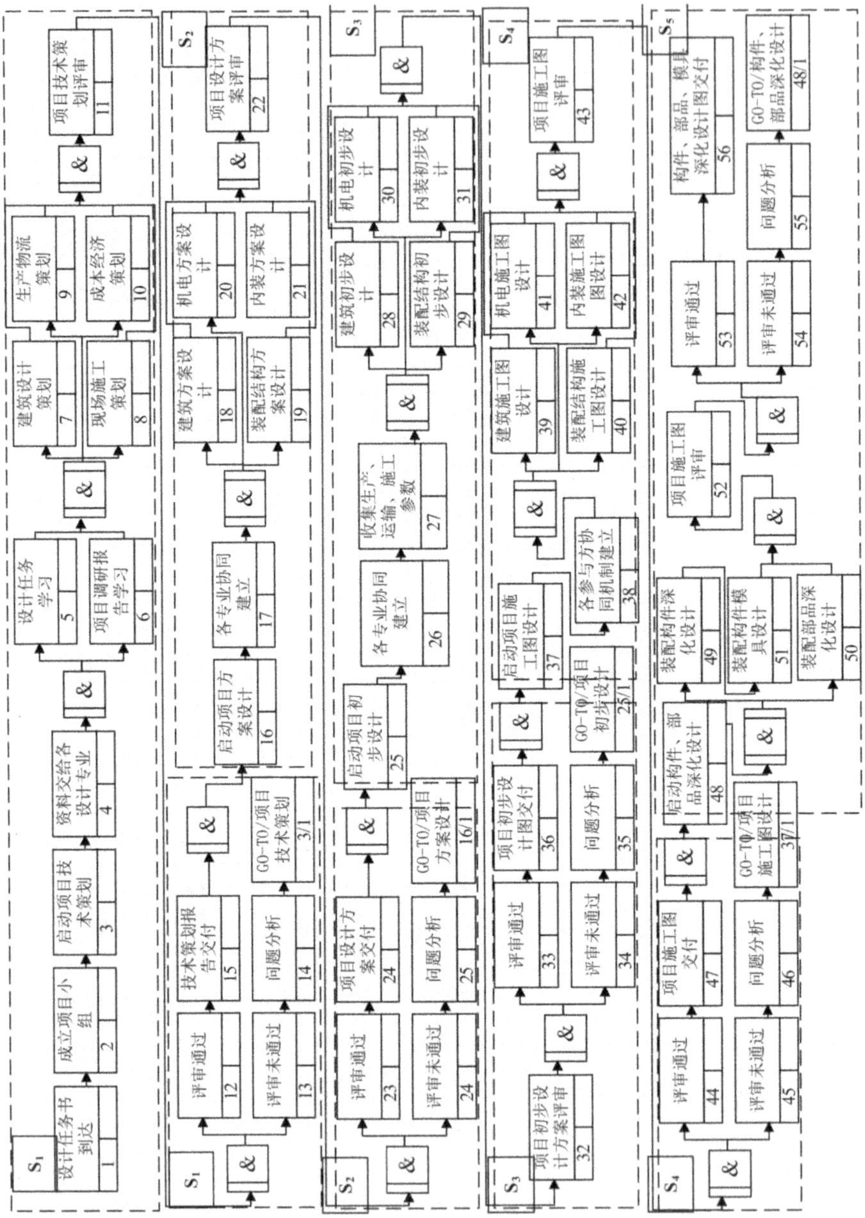

图6－8　设计企业设计运作活动的IDEF3模型

三、装配式建造主要运作流程关键管控点识别及分析

通过构建建筑企业运作流程及活动的IDEF0和IDEF3模型，系统描绘了装配式建造过程中，建筑企业的建造运作活动要素，包括建造运作流程及活动内容、活动间顺序及逻辑关系、活动实施的约束控制条件、活动所需的资源配置等。这些要素是影响装配式建造产业链整体管理、企业装配式建造能力和项目绩效的重要方面，为通过装配式建造运作流程优化来提升装配式建造管理水平提供了优化方向。

通过上述分析，特别是对以设计企业为例构建的建造运作流程IDEF3模型的分析，可以得出设计企业、生产企业、施工企业在装配式建造过程中的运作活动内容及管控要素。建筑企业的建造运作活动是基于其输入（前序作业活动产生的数据、产品等），在管控要素约束（周期、成本、标准规范、工艺流程等）下，通过投入一定的机制条件（人员、设备及软件等资源），经过一系列的作业过程或活动，完成产品的有效输出的过程（需后序作业活动处理的内容或可以交付的成品等）。而运作流程优化的目标是在管控约束下，对作业流程、活动、资源、内外部参与者关系等运作要素进行有效管理，以确保有效性输出，进而提升装配式建造产业链整体管理及自身装配式建造能力。基于第三章和第四章分析得出的装配式建造产业链整体管理及建筑企业建造运作流程及管理要素等运作管理要素，并分析和借鉴运作管理相关的研究文献，本部分进一步将装配式建造运作活动划分为5类，即计划与控制活动、流程与控制活动、操作与控制活动、人与组织管理活动、作业环境管理活动，并据此对这些运作活动的管控要点进行识别和分析。

计划与控制活动主要是指建筑企业基于客户需求，制订建造作业活动周期、资源配置等计划，如在建筑企业建造运作活动IDEF0模型中描述的采购计划、生产计划、储运计划等。在此过程中，建筑企业不仅需要考虑运作流程及活动的均衡，还需要尽量保持计划的稳定性、灵活性，使计划具有稳健性和鲁棒性。以此为基础，并参照相关的理论研究，此部分将计划与控制活动的管控要点归纳为五个方面，包括关注客户需求（Focus on Clients Requirements，FOCR）、优化资源和能力配置（Optimize Resource and Capability Allocation，ORCA）、减少计划变动（Reduce Plan Variability，RPV）、提升整体运作平准化（Improve Plan Leveling，IPL）、提高计划的灵活性(Improve Plan Flexibility，IPF)。

流程与控制活动主要是指建筑企业从运作流程层面进行的建造运作活动及相应的管理活动，包括基于计划的作业流程制定、流程活动组成及流程优化等，如在设计企业设计运作活动IDEF0模型中描述的整体设计运作流程或IDEF3模型中的场景S_1、S_2、S_3、S_4和S_5。在此过程中，建筑企业需要基于建造计划对运作流程进行优化，以保持流程的顺畅、减少流程作业过程中的浪费、缩短流程周期。以此为基础，并参照相关的理论研究，此部分将流程与控制活动的管控要点归纳为五个方面，涉及动态优化作业流程（Optimize Process Workflows，OPW）、减少作业过程非增值活动（Reduce Non—added Value Processes，RNVP）、促进流程均衡化（Promote Process Smoothing，PPS）、缩短流程周期（Short Processing Time，SPT）、加强过程统计控制（Enhance Process Statistical Control，EPSC）。

操作与控制活动主要是指建筑企业在整体运作流程框架下开展的具体运作活动及相关的管理活动，包括设备操作、设计图绘制、物料处理等。通过这些作业活动，实现对输入内容的处理和转换，如设计企业设计运作活动模型IDEF3中的场景S_4包括一系列的运作活动。在此过程中，建筑企业需要提高对于运作活动处理的操作效率、质量及减少浪费。以此为基础，并参照相关的理论研究，此部分将操作与控制活动的管控要点归纳为五个方面，包括提高操作效率（Increase Operation Efficiency，IOE）、提高设备利用率（Increase Equipment Utilisation，IEU）、减少操作过程风险（Reduce Operation Risk，ROR）、提高产品质量（Improve Operation Quality，IOQ）、提高作业标准化（Promote Operation Standardization，POS）。

人与组织管理活动指的是建筑企业在实施建造运作流程及活动时对相关人员、组织及外部参与方等方面的管理活动，包括员工技能提升、组织结构调整、企业内外部参与者协同合作等，如在设计运作流程及活动中需要企业内部跨专业小组的协同及与企业外部生产和施工企业的协同合作等。在此过程中，基于人与组织管理的理论研究，人与组织管理活动的管控要点主要包括五个方面，分别为促进员工参与（Enhance Worker Involvement，EWI）、优化组织结构（Optimize Organization Structure，OOS）、加强利益相关方参与和协作（Enhance Stakeholder Involvement，ESI）、提升人员技能（Improve Worker Skill，IWS）、完善组织管理制度（Optimize Organization Regulations and Principles，OORP）。

作业环境管理活动指的是建筑企业在实施建造运作流程及活动时对相关作业场所及环境的管理包括健康、安全及现场标识等方面，特别是针对生产企业、施工企业的生产及施工现场的管理。在此过程中，基于作业环境管理的理论研究，作业环境管理活动的管控要点主要包括三个方面，分别为提升作业环境健康水平（Improve Healthy of Working Environment Degree，IHWED）、提升作业环境安全水平（Improve Safety of Working Environment Degree，ISWED）、提高作业环境可视化（Improve Visualization of Working Environment Degree，IVWED）。

通过识别建筑企业建造运作活动的5个类型及相应的23个管控要点，为优化相应的建造运作流程及活动指明了方向。以此为基础，依据建筑企业建造运作活动的IDEF0和IDEF3模型，可以进一步对具体的建造运作活动进行归类，并确定优化运作活动的管控要点，为后续制定具体的运作流程及活动优化措施做铺垫。此部分以设计企业设计运作活动为例，基于其IDEF0和IDEF3模型，将具体的设计运作活动划分为5类，并确定相应的运作活动管控要点，见表6−3。

表6-3 设计企业设计运作活动分类及管控要点

运作活动种类	管控要点	IDEF3模型中场景	IDEF3模型中作业活动
计划与控制	● FOCR ● ORCA ● RPV ● IPL ● IPF	S_1	3
		S_2	16
		S_3	25
		S_4	37
		S_5	48
流程与控制	● OPW ● RNVP ● PPS ● SPT ● EPSC	S_1	4−15组成的整体运作流程
		S_2	17−24组成的整体运作流程
		S_3	26−36组成的整体运作流程
		S_4	38−47组成的整体运作流程
		S_5	49−56组成的整体运作流程
操作与控制	● IOE ● IEU ● ROR ● IOQ ● POS	S_1	4/5/6/7/8/9/10/11/14/15
		S_2	18/19/20/21/22/24/25
		S_3	28/29/30/31/32/35/36
		S_4	39/40/41/42/43/46/47
		S_5	49/50/51/52/55/56

续表

运作活动种类	管控要点	IDEF3模型中场景	IDEF3模型中作业活动
人与组织管理	● EWI ● OOS ● ESI ● IWS ● OORP	S_1	2
		S_2	17
		S_3	26/27
		S_4	26/27/38
		S_5	26/27/38
作业环境管理	● IHWED ● ESWED ● IVWED	—	—

第二节 装配式建造运作流程优化的精益原则

关于精益原则，包括四种类型，正如Liker所定义的：哲学、过程、人员和合作伙伴、解决问题的能力。其中，只有与哲学相关的原则被认为与装配式建造运作流程优化没有直接关系。因此，笔者结合建造业的特点和“T－F－V”理论，提出了面向建造活动的16项精益准则。

一、减少波动

这是一个基础性原则，来源于工业工程和质量工程两个领域。在统计质量理论中，目标是减少重要产品特性的波动。而在基于排队理论的生产理解中，目标是减少生产流程的时间波动。

二、减少周期时间

由于波动会导致周期时间延长，因此该原则可以作为减少波动的驱动因素。然而，减少周期时间本身也具有内在价值。根据Little定律，在制品数量与周期时间之间存在定义上的联系，因此减少周期时间在一定程度上相当于减少库存。在建筑行业，减少周期时间应关注多个分析层面，包括：总施工周期、施工阶段、材料流转（从工厂到安装）以及具体任务。

三、减少批量规模

单件流是一种有效的技术，可用于减少由于批量生产导致的周期时间扩展。在建筑领域，产品的抽象概念通常表现为可以批量计数的组件，例如预制装配的任务包，这些任务通常在离散空间内执行。

四、增加灵活性

灵活性可以与工作站能力、容量、工艺路线等因素相关。提高灵活性可简化生产系统，减少周期时间。在建筑行业，多技能团队增强了用工的灵活性。缩短设置或换模时间能够提高生成柔性，缩短生产周期时间。

五、选择合适的生产控制方法

在拉动生产系统中，生产活动由下游工作站（或客户）的需求触发，而在推动生产系统中，计划直接推动生产任务的执行。近年来，拉动系统已成为精益生产的重要概念。然而，在实际生产中，大多数生产控制系统都是混合的推一拉系统，因此需要根据生产阶段选择最佳的方法。生产平准化有助于拉动系统的运行。在建筑行业，推式系统通常通过计划和进度来实现，而最后计划系统中的提前审视程序就是拉动控制的一个典型示例。

六、标准化

作业标准化可实现多个目标。它不仅可以减少时间和产品特征的波动，还可以促进持续改进。此外，标准化使员工能够提升自身的工作能力。

七、持续改进

通过持续改进，可以减少波动，并逐步引入新的技术。持续改进的理论基础源于Shewhart的科学实验改进方法，后被广泛推广，成为著名的戴明循环。持续改进是一种可识别的、制度化的、系统化的改进形式，因此比单纯的学习更进一步（这一点在学习型组织理论中也有强调）。

八、可视化管理

可视化管理与标准化紧密相关，其提供了一种清晰的方式，使易于实现标准并支持合规性。此外，可视化生产流程还能帮助一线工人感知当前的生产状态，并采取相应的改进措施。

九、面向流程和价值的生产系统设计

这一原则强调了生产系统设计的重要性，也包括产品开发和设计阶段。通常，应采用源自生产的两种概念所推导出的标准，即流动和价值。此外，另一个重要问题是，生产系统设计应支持生产控制和持续改进。关于生产系统设计，有一些启发式方法，建议采用简化、并行作业和仅使用可靠技术等方法。从价值观点出发，确保生产系统的能力至关重要。

十、确保全面需求获得

这是首个完全聚焦于价值创造的原则。出于显而易见的原因，价值创造需要全面捕获需求，而在实践中，这一阶段通常极具挑战性。

十一、关注概念选择

设计分为概念设计和详细设计两个阶段。不同概念的开发及其评估需要给予充分重视，因为在实际工作中常出现急于进入详细设计阶段的倾向。基于集合的设计就是这一原则在建筑设计中的实用体现。

十二、确保需求逐级分解

从价值创造的角度出发，需要确保所有需求被逐级细化到产品最小构件的设计和生产环节。

十三、验证与确认

这一原则同样属于价值创造范畴，源自系统工程中的V模型，提醒我们仅满足需求定义并不足够。所有的设计和产品都需根据规格进行验证，并且必须与客户进行需求确认。

十四、现场观察

这一原则强调了亲自观察现场的重要性，而非仅依靠报告和传言。尽管在建筑业通常习惯于现场解决问题，但该原则尤其强调规划者、估算者和管理者等不经常去现场的人员，也应重视亲临现场观察。

十五、集体决策，考虑所有选项

该原则源自丰田公司的实践。通过扩大决策者群体，可为决策提供更广泛的知识基础；同时，增加方案选项能提高找到最佳方案的可能性。

十六、培养广泛的合作伙伴网络

该原则强调应建立、培养并支持广泛的合作伙伴网络。在建筑业中，这种关系可以在单个项目中实现（如联盟模式），也可以通过长期合作协议（框架协议）得以实现。

第三节 装配式建造运作流程优化的精益建造工具选择分析

由于当前的研究较少关注针对装配式建造运作流程优化的精益建造工具选择，以及建筑企业普遍缺乏精益建造理论知识及实施经验，造成建筑企业不清晰如何选用正确的精益建造工具来优化其建造运作流程，制约了精益建造对建筑企业建造运作流程优化及自身建造能力提升的作用。鉴于此，本部分重点关注精益建造工具的识别及建造运作流程管控点优化与精益建造工具的匹配关系建立，为建筑企业选用科学合理的精益建造工具优化建造作业活动提供可借鉴的理论支撑。因此，基于前文中通过构建IDEF模型识别出的5个建筑企业建造运作活动类型及相应的23个重要管控要点，本部分进一步利用精益建造理论加强对这些管控点的管理与优化。在通过文献分析和专家访谈识别出重要精益建造工具的基础上，探究精益建造工具与建筑企业建造运作流程管控要点间的匹配关系，并提出优化管控点及相应建造运作活动的精益工具选择方案，进而为建筑企业制定精益建造方案提供参考，也为后续构建面向装配式建造产业链整体管理及建筑企业能力提升的精益建造模式提供支撑。

一、重要精益建造工具的识别和分析

精益建造是当前研究的热点之一，其中也有较多研究关注精益建造工具的识别和分析。由于精益建造工具的选用需要与建筑企业当前的发展现状相匹配，所以在确定针对我国建筑企业建造运作流程优化的重点精益建造工具时，既要借鉴国内外已有的精益建造工具研究，还要立足于我国建筑企业发展及建造运作流程现状。因此，本部分综合运用文献分析、专家访谈、调研来确定针对我国建筑企业建造运作流程优化的重要精益建造工具。在文献分析过程中，选用的数据库包括Google Scholar、Web of Science、Scope等英文数据库和CNKI等中文数据库，并以单个关键词及其组合作为检索关键词，主要选用通过同行评议的期刊论文。这些关键词主要包括精益建造、工具、准则、技术、方法、实践等。通过对检索结果的梳理，选出了对精益建造工具具有较为详细描述的10篇重点文献，并以此为基础提炼本部分所需的重点精益建造工具。

这10篇重点研究文献主要包括以下内容：Ansah和Sorooshian识别出了40个精益建造工具，并提出了基于层次分析法的精益建造工具选用模型；Babalola等识别出了涉及设计与工程、计划与控制、建造与现场管理和健康及安全管理4个方面的34个精益工具；Gómez—Cabrera等识别了15个精益建造工具，并在分析项目利益相关者在建造过程中存在问题的基础上，提出了基于精益工具的问题解决方案，涉及设计、项目、外部方面、客户管理、资源、政府、社会等方面；Aslam等识别出了23个精益建造工具及精益建造实施需要实现的12个目标和34个功能，进行了精益建造工具与目标及功能间的匹配关联分析，并进一步提出了在项目建造过程中选用精益建造工具的理论框架；Binti、Mohd、Hame等识别出了11个与建筑企业创新相关的精益建造工具，并在分析这些精益工具功能的基础上，确定了与创新流程各阶段相匹配的精益建造工具，这些阶段包括概念模型、商业可行性分析、专业定义、设计、开发、原型、市场检验等；Höök和Stehn识别出了涵盖准时化/平准化、建造质量/可持续改善、参与及可靠和标准化4个方面的17个精益建造工具；Singh和Kumar识别出了15个精益建造工具，并在分析这些精益建造工具在消除浪费、防呆防错、库存管理、施工现场管理、项目准时交付、减少变化、最小化重复作业、标准调度、作业场所整洁、员工积极性提升等方面作用的基础上，将这些精益建造工具分为了6类，包括浪费消除、准时化、价值创造、可持续改善、质量管理、敏捷性；

Bajjou等识别出了39个精益建造工具，涉及顾客关注、供应链管理、可持续改善、浪费消除、人员管理、计划与调度控制、质量管理、标准化管理、可视化管理等建造活动的多个方面；Jasti和Kodali识别出了69个精益建造工具，并将其按照功能和作用划分为了4类，包括过程和设备、计划和控制、人力资源管理、供应链管理；Hodge等识别出了20个精益工具，并按照作用和功能将其划分为了6类，包括目视化管理、标准作业管理、政策实施、顾客满意提升、准时化管理、质量管理及可持续提升。

基于这10篇重点文献及其他检索结果中关于精益建造工具的介绍及分析，综合考虑精益建造工具出现的频率及在我国建筑企业中的应用情况，初步识别出了65个精益建造工具。在此基础上，通过专家访谈及建筑企业调研，对初始精益建造工具进行调整，最终确定了54个针对我国建筑企业建造运作流程优化的重要精益建造工具，见表6−4。其中，精益建造工具代码及英文简写是为了便于后续描述。

表6-4　重要精益建造工具

工具代码	精益工具名称	工具英文名称及简写
T_1	安全和质量失效安全	Fail Safe for Safety and Quality（FSQ）
T_2	5S	5S
T_3	工作结构化及调度	Work Structuring and Scheduling（WSS）
T_4	统计过程控制	Statistical Process Control (SPC)
T_5	并行工程	Concurrent Engineering（CE）
T_6	现场走动（三现）	Muda Walk/ Gemba Walk（MW/GW）
T_7	均衡化	Heijunka
T_8	失效模式分析	Failure Mode and Effects Analysis (FMEA)
T_9	团队协作	Team Preparation（TP）
T_{10}	全面生产维护	Total Productive Maintenance (TPM)
T_{11}	时间和动作研究	Time and Motion Study（TMS）
T_{12}	价值流图	Value Stream Mapping (VSM)
T_{13}	准时化	Just In Time（JIT）
T_{14}	预运行	First Run Studies（FRS）
T_{15}	帕累托分析	Pareto Analysis（PA）
T_{16}	持续流	Continuous Flow（CF）

续表

工具代码	精益工具名称	工具英文名称及简写
T_{17}	末位者计划系统	Last Planner System (LPS)
T_{18}	改善	Kaizen
T_{19}	减少设定	Set Up Reduction（SUR）
T_{20}	瓶颈（制约）分析	Bottleneck Analysis（BA）
T_{21}	合理化建议	Suggestion Schemes（SS）
T_{22}	多能工	Multi－process Handling Workers（MPH/MW）
T_{23}	工作标准化	Work Standardization（WS）
T_{24}	可视化管理	Visual Management（VM）
T_{25}	防呆防错	Poka－Yoke
T_{26}	6 Sigma	Six Sigma
T_{27}	日常会	Daily Huddle Meetings（DHM）
T_{28}	根本原因分析	Root Cause Analysis（RCA）
T_{29}	计划、实施、检查和调整	Plan，Do，Check，Act（PDCA）
T_{30}	自动化	Jidoka/Automation
T_{31}	质量功能展开	Quality Function Development（QFD）
T_{32}	全面质量管理	Total Quality Management（TQM）
T_{33}	设计工作坊（协同设计）	Design Workshop or Big Room（DW）
T_{34}	模块化	Prefabrication and Modularization（PM）
T_{35}	基准化管理	Benchmarking
T_{36}	设计结构矩阵	Design Structure Matrix (DSM)
T_{37}	集成化项目交付	Integrated Project Delivery（IPD）
T_{38}	目标价值设计	Target Value Design (TVD)
T_{39}	看板系统	Kanban System（Kanban）
T_{40}	约束理论	Theory of Constraints（ToC）
T_{41}	单件流	One Piece Flow（OPF）
T_{42}	节拍时间	Takt Time（TT）
T_{43}	零缺陷	Zero Defects（ZD）
T_{44}	安灯系统	Andon System（AS）
T_{45}	设施/单元布局	Facility Layout（FL）

续表

工具代码	精益工具名称	工具英文名称及简写
T_{46}	持续改善	Continuous Improvement（COI）
T_{47}	责任分散（主查制）	Decentralized Responsibility（DR）
T_{48}	以人为本	Put People First（PPF）
T_{49}	顾客参与	Client Involvement（CLI）
T_{50}	操作员参与	Workers Involvement（WI）
T_{51}	建立长期供应商关系	Long－term Supplier Relationship（LSR）
T_{52}	快速换模/换型	Single Minute Exchange of Dies (SMED)
T_{53}	课题管理	Task Management（TM）
T_{54}	消除浪费	Waste Elimination（WE）

上述54个精益建造工具与16类24个精益准则间的匹配关系，见表6—5。

表6-5 精益准则与精益工具匹配关系表

序号	精益准则	精益工具
1	A.一次把质量做好（减少产品变异性）	T_1 安全和质量失效安全(FSQ)、T_4 统计过程控制(SPC)、T_8 失效模式分析(FMEA)、T_{25} 防呆防错(Poka－Yoke)、T_{26} 6 Sigma(Six Sigma)
2	B.改善上游流程变异性（减少生产变异性）	T_7 均衡化(Heijunka)、T_{12} 价值流图(VSM)、T_{15} 帕累托分析(PA)、T16 持续流(CF)
3	C.缩短生产周期时间	T_{11} 时间和动作研究(TMS)、T_{13} 准时化(JIT)、T_{42} 节拍时间(TT)、T41 单件流(OPF)
4	D.减少库存	T_{13} 准时化(JIT)、T_{39} 看板系统(Kanban)、T_{40} 约束理论(TOC)
5	E.减少批量（追求单件流）	T_{41} 单件流(OPF)、T_{42} 节拍时间(TT)
6	F.缩短换模时间	T_{19} 减少设定(SUR)、T_{52} 快速换模/换型(SMED)
7	G.使用多技能团队	T_{22} 多能工(MPH/MW)、T_{50} 操作员参与(WI)

续表

序号	精益准则	精益工具
8	H.使用拉动系统	T_{17} 末位者计划系统(LPS)、T_{39} 看板系统(Kanban)、T_{13} 准时化(JIT)
9	I.平准化生产	T_7 均衡化(Heijunka)、T_3 工作结构化及调度(WSS)
10	J.标准化	T_{23} 工作标准化(WS)、T_{35} 基准化管理(Benchmarking)
11	K.持续改进	T_{18} 改善(Kaizen)、T_{29} 计划、实施、检查和调整(PDCA)、T_{46} 持续改善(COI)、T_{21} 合理化建议(SS)
12	L.可视化生产方法	T_{24} 可视化管理(VM)、T_{12} 价值流图(VSM)
13	M.可视化生产过程	T_{24} 可视化管理(VM)、T_{38} 目标价值设计(TVD)
14	N.简化	T_5 并行工程(CE)、T_{23} 工作标准化(WS)
15	O.使用并行作业	T_3 工作结构化及调度(WSS)、T_5 并行工程(CE)
16	P.使用可靠的技术	T_{30} 自动化(Jidoka)、T_{32} 全面质量管理(TQM)、T_{43} 零缺陷(ZD)
17	Q.确保生产系统能力	T_{34} 模块化(PM)、T_{45} 设施/单元布局(FL)
18	R.确保全面需求捕获	T_{31} 质量功能展开(QFD)、T_{36} 设计结构矩阵(DSM)
19	S.注重概念选择	T_{38} 目标价值设计(TVD)、T_{37} 集成化项目交付(IPD)
20	T.确保需求向下传递	T28 根本原因分析(RCA)、T8 失效模式分析(FMEA)、T53 课题管理(TM)
21	U.验证与确认	T_{26} 6 Sigma(Six Sigma)、T_{43} 零缺陷(ZD)、T_{29} 计划、实施、检查和调整(PDCA)
22	V.亲自前往现场观察	T_6 现场走动（三现）(MW/GW)、T_{14} 预运行(FRS)、T_{54} 消除浪费(WE)

续表

序号	精益准则	精益工具
23	W.协商决策，考虑所有选项	T_{27}日常会(DHM)、T_{21}合理化建议(SS)、T_{47}责任分散（主查制）(DR)
24	X.建立广泛的合作伙伴网络	T_{48}以人为本(PPF)、T_{49}顾客参与(CLI)、T_{51}建立长期供应商关系(LSR)、T_{9}团队协作(TP)、T_{10}全面生产维护(TPM)

二、装配式建造运作流程管控点优化与精益建造工具间匹配关系探究及分析

在识别和确定重要精益建造工具的基础上，为建筑企业更好地使用这些精益建造工具优化其装配式建造作业流程及活动，需要进一步建立建造运作流程优化与精益建造工具间的匹配关系，并据此确定可以用于运作流程优化的精益工具选择方案。提升管控要点管理是优化建造运作流程的基础和关键，为此需要重点建立23个建筑企业建造运作流程管控要点与54个精益建造工具之间的匹配关系，作为提出优化管控点及相应建造运作活动的精益工具选择方案的基础，也为构建面向装配式建造产业链整体管理及建筑企业能力提升的精益建造模式提供支撑。在建立建筑企业建造运作流程管控要点与精益建造工具之间的匹配关系过程中，为方便描述，将前文中得出的5类建造运作流程计划与控制、流程与控制、操作与控制、人与组织管理、作业环境管理分别定义为A_1—A_5，并将23个关键管控要点定义为C_1—C_{23}。在此基础上，本部分综合运用文献分析、专家访谈及调研等方式进行信息收集，建立了建筑企业5类建造运作流程（A_1—A_5）及相应管控要点（C_1—C_{23}）与54个精益建造工具（T_1—T_{54}）之间的匹配关系，具体如**附录B**中的表B—1所示。

在表B—1中，需要注意的是，根据第五章中构建的设计企业、生产企业、施工企业建造运作流程IDEF模型及分析可知，在装配式建造运作流程中，这些建筑企业所进行的建造运作流程、活动、相互间关系、管控约束等管理要素都不同，由此带来即使针对设计企业、生产企业、施工企业建造运作流程中相同类型的作业流程、活动及相应的管控要点，所应选用的精益建造工具会存在较大差异。因此，本部分分别构建了针对设计企业、生产企业、施工企业建造运作流程及管控要点与精益建造工具之间的匹配关系，并使用不同的符号代表。其中，“△”代表针对设计企业设计运作流程及管控要点与精益建造工具之间的匹配关系，“○”代表针对生产企业生

产运作流程及管控要点与精益建造工具之间的匹配关系，“□”代表针对施工企业施工运作流程及管控要点与精益建造工具之间的匹配关系。例如，表中装配式建造运作流程C_3和精益建造工具T_1之间的内容为“△○□”，表示精益建造工具T_1对设计企业、生产企业、施工企业建造运作流程的计划与控制管控要点C_3具有优化和提升作用，是优化所属该管控点的建造运作流程时可供选择的精益建造工具方案之一。在附录B的基础上，为清晰描绘设计企业、生产企业、施工企业在优化5类建造运作流程及相应管控点过程中可以选用的精益建造工具方案，本部分进一步分别绘制了展现设计企业、生产企业、施工企业优化其建造运作流程及管控点过程中可选用的精益建造工具方案，具体如**附录C**中的表C－1、表C－2、表C－3所示。

第四节 精益建造与BIM的适配关系

建筑信息模型（Building Information Modeling，BIM）技术的可视化、可出图形、协同性特点为施工的精益化管理创造了条件。在装配式建筑施工管理体系中，BIM技术具有很大的优势，是实现装配式建筑精益化施工管理的重要手段。在构建装配式建筑精益建造模式的过程中，不仅需要注重体现建筑企业优化其建造运作流程及管控要点时可选用的精益建造工具方案，还需要注重精益建造与BIM等信息技术的集成应用。通过集成精益建造和信息技术，可以使装配式建造产业链整体运作流程及建筑企业内部建造运作流程可视化，促进产业链上利益相关者之间的信息交流和协同合作，为装配式建造产业链管理提升提供更好的支撑。精益建造为BIM和IoT等信息技术的有效实施提供了基础，而这些信息技术为精益建造实施提供了可视化、自动化、及时和准确的信息获取、存储、分析及决策平台。尤其是，BIM和IoT等信息技术可以与建筑企业已采用的信息系统进行集成，包括企业资源计划系统（Enterprise Resource Planning，ERP）、制造执行系统（Manufacturing Executive System，MES）等。

一、BIM的功能分析

BIM技术是一种数字化的建筑设计、施工和运维管理的方法。它涉及创建和使用数字信息模型来管理建筑物的整个生命周期，从概念设计到施工，再到运营和维护。企业通过使用BIM，不仅可以实现信息创新和项目设计，还可以通过真实性模拟和建筑可视化来更好地沟通，以便让项目各方了解工期、现场实时情况、成本和环境影响等项目基本信息。BIM应用的精髓在于这些数据能贯穿项目的整个寿命期，对项目的建造及后期的运营管理持续发挥作用。

（一）BIM的功能

BIM的功能非常丰富，它不仅是一个建模工具，更是一个集成信息和支持建筑全生命周期管理的平台，其功能包括以下多个方面。BIM技术的应用可以提高建筑项目的效率、减少错误和成本，同时提高建筑物的性能。随着技术的发展，BIM已经成为建筑行业的一个重要趋势。

1. 可视化

BIM技术提供了强大的可视化工具，帮助团队成员理解设计意图和潜在问题。

2. 快速生成多种设计方案

设计师可以利用参数关系和行为“智能”来有效地操纵设计几何，保持设计的一致性，以及自动生成和布局详细的组件。

3. 基于模型数据进行预测分析

性能的预测性分析，BIM可以用于模拟建筑物的性能，如能源消耗、结构分析、照明和声学等；自动成本估算，通过在线成本数据，自动进行生命周期内建设成本估算；对项目/客户价值的一致性进行评估。

4. 信息和设计模型完整性维护

统一信息资源，BIM工具将每条信息存储一次，而不像绘图系统那样将相同的设计信息存储在多个图纸或绘图视图；自动碰撞检测，用于识别和消除模型部件之间的物理冲突。

5. 图纸和文档的自动生成

BIM不仅仅是一个三维模型，它还包含了建筑物的几何、物理和功能信息，其可以自动将模型信息细化到报告，从而自动保持模型和报告之间的完整性。

6.设计和施工协同

BIM支持多学科团队之间的协作编辑，使得建筑师、工程师、承包商和其他利益相关者能够共享和更新模型信息。在设计与施工中，协同工作主要分为内部协同和外部协同。内部协同指同一组织或专业内的多个用户可以同时编辑同一个模型，外部协同则指多个建模人员同时查看合并的或独立的多专业模型，以进行设计协调。在内部协同模式下，对象可以被锁定，以避免因编辑导致的多个版本不一致问题；在外部协同模式下，仅共享不可编辑的对象，从而避免直接修改带来的冲突，但要求各专业分别修改自己的对象，然后再检查冲突是否解决。

7.施工方案的快速生成和评估

有许多商业软件可用于四维（4D）施工进度可视化。其可以自动生成施工任务，并对其依赖关系和前提条件（如前序任务的完成、空间、信息和安全审查）进行建模，同时考虑资源（如工人、材料、设备等）。BIM有助于施工过程的管理，包括施工进度的跟踪、资源的分配和冲突的解决。这些软件利用施工方法库，使得施工方案可以快速调整，并在数小时内完成评估。部分软件具备离散事件仿真功能，可以对施工过程和方案进行模拟。这类技术的发展，使得施工过程的排练和迭代优化成为可能。

8.信息集成

BIM可以将产品信息与企业信息系统中的过程信息集成，过程和产品状态的可视化，以便在施工环境中向工人传递信息，比如KanBIM。同时，支持计算机控制制造的直接信息传输，并已广泛应用于建筑构件（如钢筋、结构钢构件等）的数控（NC）加工。类似地，企业间业务集成（B2B集成）也已成为可能，这种集成基于建筑模型的规范，使得企业能够在建筑项目中高效协作。

（二）BIM的作用

1.提供信息数据共享平台

由于构件生产、物流运输和装配安装环节的增加，装配式建筑精益建造管理更为复杂，信息量会持续加大，管理人员凭借传统管理手段难以掌控自如，需要借助计算机辅助来完成精益建造组织管理中的信息采集、处理、调用和归档等各项工作。构建依托BIM技术的基于三维数字模型的信息共享平台，可以形成涵盖装配式建筑项目各阶段空间模型信息和物理信息的数据库。通过覆盖建设项目全过程信息的信息共享平台的搭建，破除信息壁垒，缓解项目各参与主体之间因信息不对称而产生的矛盾，形成维护共同利益、提升整体价值的合力，大幅提高信息传递沟通的效率。

2.优化信息数据交互方式

利用BIM技术的可视化、信息共享和可追溯性等特性，能够提高装配式建筑精益建造信息管理的效率，特别是依托BIM技术构建信息平台后，可实现信息数据的实时动态交互，能够协调项目各阶段精益建造流程优化和项目管理的有效衔接，保障工程项目顺畅推进。将BIM技术引进并嵌入装配式建筑精益建造后，信息交互方式的优化提升有助于打破以往刻板僵化的管理模式。发挥BIM技术的可视化优势，可以将设计阶段的碰撞检测分析以三维形式直观呈现，有效减少并预防装配部品构件、设备管件线路之间的碰撞冲突，提早识别并预防因设计失误导致的返工浪费。项目管理人员可依托BIM模型实时更新设计、施工和市场波动等方面的信息数据，为开展项目动态协同管理奠定基础。后续进行项目评价时，可借助BIM技术对特定建材实施生产、质检、审批、运输、装配等全过程的历史追溯，为项目管理的综合评价提供数据支撑。

3.提高信息数据传递效率

在设计阶段，项目供应链的各参与方可以通过BIM这一即时性沟通信息平台，随时分享经验和提出建议，积极参与设计，各方的提前介入和信息互通，使得各阶段获取的数据更为精准和全面，信息传递和利用的效率大为提高。在施工阶段，为动态管控实际工程量与核算工程量的差异，可运用BIM技术做好建造安装模拟、数据更新、工程量算和施工组织优化等。BIM技术可将三维建筑模型与时间、成本关联，升级为4D模型或5D模型，以便在虚拟环境中预判施工中可能出现的问题，将各类管线和特殊构件先行集合归类，重点对构造拆解、工序衔接、专业搭配、套筒灌浆质量、楼板平整度和坐浆水平、板缝控制效果、外架防护稳定性等装配式建筑施工难点进行模拟优化，识别其间存在的问题并直观呈现在项目管理人员面前。此外，BIM的模拟仿真分析和模型可视化也对应优化了精益工具的有效应用条件，应用BIM所带来的信息数据传递效率的提高，为装配式建筑精益建造取得实效提供了有力的信息保障。

4.BIM技术的各专业协同设计

各专业从独立设计向协同合作的转变已成为不可避免的趋势。BIM技术以其集成化的特性，为建筑、结构和装修等不同领域提供了一个共享信息和协作的平台。通过BIM的模拟功能，我们可以在早期阶段发现并纠正设计中的偏差和错误，从而满足后续施工阶段对专业化的需求。这种多专业的协同工作方式不仅加快了BIM模型信息的更新速度，还能及时调整模型中的构件参数。这确保了在预制构件安装到现场之前，就能识别并修正潜在的安装和连接问题，为不同施工阶段的高效对接打下了坚实的基础。

二、BIM功能与精益建造工具的匹配关系

BIM作为数字化建造的重要工具，在精益建造的实施过程中发挥着关键作用。BIM的核心功能，如可视化、协同管理、信息集成、仿真分析、精细化施工管理等，与精益建造工具，如价值流图、拉动式生产、前馈控制、模块化与标准化、减少浪费等，存在高度契合。BIM的全生命周期数据集成能力，为精益建造提供了精准的过程控制和优化决策支持。

从匹配关系来看，BIM的4D施工模拟能够有效支持末位者计划系统（LPS），实现施工进度的可视化优化；参数化与模块化建模能够促进预制装配式施工，提升标准化作业的水平；数字化碰撞检测与仿真分析能够降低施工浪费，提高流程的顺畅度；基于云端的BIM协同平台能够增强供应链协同，使拉动式生产更加高效和精准。此外，BIM的数据驱动特性可为价值流图提供实时、可视的流程分析，助力识别并消除非增值环节。BIM功能与精益建造工具的匹配关系，见表6—6。其中，单元格中的数字是表6—7中提供的单元格内容解释的索引，括号中的数字表示负交互。

表6-6 BIM功能与精益准则间的匹配关系

	P_1	P_2	P_3	P_4	P_5	P_6	P_7	P_8	P_9	P_{10}	P_{11}	P_{12}	P_{13}	P_{14}	P_{15}	P_{16}	P_{17}	P_{18}	P_{19}	P_{20}	P_{21}	P_{22}	P_{23}	P_{24}
F_1	1,2													3				4		11	5	6	4	
F_2	1		22									7	7		8									
F_3	9	9	22			51												1	16		5			
F_4	—	10	12												8				16		5			
F_5	1,2	1	12															1	1	1	5			
F_6	11	11																		11				
F_7	12	12	22																		12			
F_8	11		22	(52)	53											54	54							
F_9			23						36						36									
F_{10}	2,13		24				33											43		56	46		49	
F_{11}	14		25	(29)		31								(41)										
F_{12}		15	25	(29)					37					(41)					44		47			
F_{13}	2	40	25	(29)						17		40	40		40						47		49	
F_{14}		29	26	30	30			34					34			(42)					47	48		
F_{15}	18		26	30	30			34		38		38	34			(42)				45			49	
F_{16}	19		27			32																		
F_{17}		20	28					35								(42)								50
F_{18}		21		30	30			34			39					(42)					47	48		

表6-7　BIM功能与精益准则匹配关系的描述

关系代码	关系描述
1	由于在早期阶段对设计的更好理解，以及对设计与性能要求（如能源、声学、风力、热性能等）的早期功能评估，使得最终产品的质量更好，并且与设计意图更一致。这减少了施工阶段后期客户发起的变更所带来的常见变异性
2	建筑建模对设计师施加了严格要求，因为缺陷或不完整的部分在冲突检查或其他自动化检查中容易被发现或捕捉。这提高了设计质量，防止了下游的“凑合”，并减少了因设计不完整而导致现场返工的现象
3	建筑系统变得越来越复杂，即使是受过培训的专业人员，也难以仅通过图纸生成准确的心理模型。BIM简化了理解设计的任务，这有助于施工规划者处理复杂的产品
4	由于设计的所有方面都被捕获并在3D模型中传达，客户可以轻松理解设计。这有助于在概念设计阶段早期捕获设计决策，并进行沟通
5	由于模型对象中内置智能，虚拟原型设计和模拟能够自动检查设计和建筑法规，从而使设计的验证更加高效
6	通过BIM，现场管理可以得到增强，因为现在可以虚拟访问项目和工地。借助包含智能和参数化信息的对象，问题识别和解决可以更高效地进行
7	BIM能够以传统2D图纸无法实现的方式，直观评估设计变更对施工的影响。快速操作是此类分析表示的关键特性，可用于多种设计替代方案
8	现在，多技能团队可以并发工作，通过使用集成平台（如NavisWorks、Solibri等）在早期阶段生成各种设计替代方案。此外，在制造、施工等后期阶段，对于变更过程，快速操作能够生成多种替代方案，并提供相关信息，如成本估算、项目规划、生产图纸等
9	测试设计与性能标准的一致性，确保设计适合所选功能，从而减少最终产品可能出现的变异性
10	自动数量安排与BIM模型连接，减少了人为错误的可能性，因此更加准确，减少了变异性，改善了流动。此外，在设计后期更改设计会更新链接的文件，这确保了数量始终准确
11	3D视图和规格更新确保在多个设计中复制相同的对象，无论进行了哪些更改，操作员必须在多个表示/信息视图之间保持一致性。BIM通过使用单一模型表示信息（从中自动生成所有报告），完全消除了这个问题

续表

关系代码	关系描述
12	使用能够进行模型集成的软件（如Solibri、NavisWorks、Tekla）来合并模型，识别冲突，并通过对不同学科特定模型的迭代优化来解决这些冲突，从而在现场实现几乎无错误的安装
13	多学科的设计和制造细节审查（包括冲突检查）能够在早期识别高风险区域
14	自动任务生成用于规划有助于避免人为错误，如遗漏任务或工作阶段
15	离散事件模拟可用于测试和改进生产过程，并进行行虚拟首次运行研究，这在施工中通常是不可能的或不切实际的
16	在概念设计阶段，快速周转以准备成本估算和其他性能评估，能够评估多种设计选项，包括使用多目标优化程序（如遗传算法）
17	生产或安装序列的动画指导工人如何在特定情境下执行工作，是确保标准化程序得到遵循的绝佳手段，特别是在从一个阶段到另一个阶段的工人流动率高时，这在建筑中很常见
18	当最新的生产信息在线上可用时，能够在短周期时间内识别冲突和错误（此时它们的影响有限）的机会得到增强
19	直接将制造指令传输到数控机械（如自动钢筋加工或钢结构制造），消除了人工记录信息的误差，提高了生产精度
20	直接传递信息，减少了等待时间，提高了工作流程的顺畅度
21	提供模型背景信息，并支持扫描条码或RFID标签，可在模型中显示过程数据，实现准确报告和快速响应工作问题
22	快速完成结构、热工和声学性能分析，如成本估算和符合客户计划的评估，从而支持协作式设计，并缩短建筑设计和细节规划的周期
23	并行处理多个工作站中的任务（多个设备同步编辑），减少原本串行设计的时间。过去使用CAD软件时，各部分设计虽并行执行，但仍需协调，而BIM技术大幅减少不同模型视图间的协调时间
24	基于BIM模型的跨学科协调（如碰撞检查）可实现自动化，仅需传统CAD方式的一小部分时间，大幅提高设计效率
25	所有这些功能都能在施工过程中缩短时间，因为它们优化了施工计划，并降低了冲突和变更的可能性
26	通过BIM模型（如KanBIM系统）可视化的施工状态，使连续的施工活动可以无缝衔接，减少任务之间的等待时间，从而缩短施工周期

续表

关系代码	关系描述
27	直接由BIM模型驱动的数控机械可以减少人工数据录入，提高生产自动化水平，从而缩短施工周期。如果其他环节存在等待时间，则无法保证缩短整体周期时间
28	优化数据处理步骤，减少材料订购或更新需求时的冗余操作，减少等待时间，提高生产效率
29	BIM功能还可用于增加库存缓冲，从而推迟最终的设计决策，使得最终选择更加精准，适用于需要灵活调整的设计方案
30	在线可视化与流程管理可帮助实施精益生产策略，减少在制品库存，并控制生产数量（如KanBIM系统所示）
31	基于BIM模型的任务自动生成，可快速更新施工场景和项目状态，大幅减少新计算或施工方案评估所需的准备时间
32	对于数控机械，数据输入即表示“设置时间”，通过BIM进行电子指令传输，可以显著减少工艺的设置时间，使得单件流制造变得可行
33	多种设计模型可在BIM集成平台上进行协同设计，支持跨学科团队并行工作，减少设计冲突
34	施工过程的可视化和在线状态监测，使得生产团队可以根据任务完成度进行任务优先级排序，确保连续流动。这是KanBIM系统的核心功能，扩展了拉动生产模式
35	BIM系统与供应链合作伙伴数据库集成后，可提供生产信号传输机制，支持拉动式生产计划，同时提升供应链的透明度
36	多个用户可同时编辑同一BIM模型，实现跨学科协作和知识共享，提高团队协同效率
37	离散事件仿真可识别任务分配的不均衡问题，并帮助管理者进行合理的工作负载分配，优化资源使用
38	BIM系统支持访问施工标准、产品数据和企业政策，使标准化的施工方式更易获取，特别适用于施工团队频繁更换的情况，有助于维持施工的一致性
39	BIM界面为实时状态报告提供了数据，使绩效测量变得更准确且可行。在施工环境标准化且文件化的情况下，绩效评估更具可比性，并可用于流程优化
40	BIM为项目提供了理想的可视化环境，贯穿设计和施工阶段，并可用于模拟施工方法、临时设备和流程。4D动画施工模拟可用于识别时间和空间上的资源冲突，并解决可施工性问题。这一过程优化了生产效率，提高了安全性，并有助于识别瓶颈问题，优化施工流程
41	详细的规划和多种精细化备选方案的生成，可能会增加复杂性，不一定能简化管理

续表

关系代码	关系描述
42	这些应用无法被视为成熟的市场技术
43	当业主和终端用户同时审视不同的系统设计方案时，他们可以更轻松地识别各自的需求与拟议系统的功能之间的匹配度
44	快速生成施工方案可允许在更晚的时间点进行选择，即比通常情况更晚的责任时刻。这可以被视为基于测试的方法来进行生产系统设计和生产规划
45	在线访问有助于让施工现场获取最新的设计信息，尽管不能保证设计信息始终符合用户需求
46	碰撞检查和其他集成问题分析可验证并优化设计信息，提高施工质量
47	施工进度的可视化和当前施工过程的可视化可用于验证和优化施工信息
48	当管理者能够以接近实时的精度“查看”施工状态时，这可能会替代部分现场检查需求。然而，它不能完全替代亲自检查施工过程
49	这些功能可支持共识构建，并促进决策过程，使所有相关人员获得更多信息，并扩展可选方案的范围。当然，这本身并不能确保高层管理人员采纳共识意见
50	不同公司之间的物流和其他信息系统集成，可形成超越单个项目的长期合作关系，值得推广
51	设计模型和设计模块的使用可提高分析效率，例如用于能量、声学、风、热等复杂分析，使得可以运行更大规模的建模和多种方案分析
52	由于BIM技术的使用，与图纸相关的数据可以进行更好的管理，减少不必要的重新绘制，提高工程信息的一致性和效率
53	自动化绘图生成（如钢筋或预制构件的细部绘制）可提高施工准备效率，使生产以更小批量进行，并根据需求实时提供信息
54	自动化绘图生成技术提高了工程变更的可接受度，相较于2D绘图方式更加可靠，因为BIM提供了更丰富的信息来源
55	施工程序或安装顺序的动画演示可用于指导工人在特定环境下进行施工，并有助于确保标准化施工方法的应用，特别适用于施工人员频繁更换的情况，如在建筑施工中常见的阶段性更换团队
56	通过移动和增强现实技术，在施工前进行可视化沟通，可帮助现场施工团队更好地理解和协作，从而提高施工的一致性和项目的执行效率

三、BIM与精益建造耦合促进装配式建造

精益思想起源并发展于先进制造业，而以现浇为主的传统建筑业与以流程化、标准化为特点的制造业截然不同，使得精益建造很难在其中充分发挥优势作用。而装配式建筑采用工厂预制、流水生产、物流运输的方式，与制造业极为相似。因此，精益思想之于装配式建筑是适用的。

装配式建筑运用工业化的建造方式，为信息化管理创造了良好的应用环境。BIM作为信息化管理在建筑业的体现方式之一，适用于装配式建筑。此外，BIM作为信息集成载体，可为各参与方、各个过程提供实时共享平台，支撑装配式建造管理在动态场景下的信息共享，有助于促进装配式产业链中各方的协调配合。同时，装配式建造过程中有大量复杂工序，作业人员难以领会操作要领，可借助BIM的可视化功能，通过三维模型展示便于各方可视化沟通与远程协调。可见，BIM的信息集成、可视化等特性有助于装配式建造管理。

精益建造改善BIM技术的应用环境。BIM技术的顺利实施，除对硬件的配置、软件的学习外，往往需要对现有工作流或组织架构进行调整，冲击了传统的管理模式，增大了BIM的推行难度。而精益建造作为先进的管理体系，借助团队合作、并行工程、持续改进的原则优化组织模式，改善了BIM应用所需的内部环境，驱动BIM技术落地及BIM应用的进一步发展。同时，BIM的应用也促进了精益建造的实施。缺乏完备的信息和数据是精益建造的一大障碍，BIM作为信息集成、传递、共享的集约平台，可实现精益建造过程中各参与方对信息的集中存取与文件的实时交互。

由此可见，精益侧重理论方法，BIM侧重技术功能。而在实际的装配式工程项目中，BIM技术功能的加持能够使精益工具更充分地发挥价值，精益理论方法的指导能够使BIM功能更系统性地发挥作用。另外，BIM追求与精益相同的目标，即优化设计和施工过程。BIM将误差最小化，并提高工作质量、效率和性能的好处已经被世界各地的研究人员认可。从精益的角度来看，BIM作为精益建设的促进者和加速器，改进了其应用。BIM为精益施工提供一个理想的基础，基于BIM模型的规划确保了精确、可靠和很大程度上无错误的数据情况，这可以防止重复工作。多维BIM模型，如四维（4D）和五维（5D），使实现精益目标成为可能。相反，精益理论为成功与BIM合作提供了完美的先决条件，两者相互支撑、相互促进，对装配式建造的发展有着至关重要的作用。

第五节 装配式建造运作流程优化的精益建造模式构建及分析

本章第二节研究了运用精益建造等理论建立了精益建造工具与5类建筑企业建造运作流程及相应23个管控点之间的匹配关系，并描绘了设计企业、生产企业、施工企业优化其建造运作流程及管控要点时可选用的精益建造工具方案。在此基础上，本部分进一步按照精益建造与BIM的适配关系，构建基于建造运作流程优化的提升装配式建造产业链整体管理（如协同管理）及建筑企业能力的精益建造模式，为我国建筑企业制定有效的精益化和信息化方案来优化其自身运作流程及与外部利益相关者协同运作流程提供支撑，进而有助于提升产业链整体管理、建筑企业装配式建造能力和项目绩效。

基于此，本部分运用精益建造理论和原则，并结合BIM等信息技术，构建了基于建造运作流程优化的提升装配式建造产业链整体管理（如协同管理）及建筑企业能力的精益建造模式，如图6－9所示。该精益建造模式不仅体现了设计企业、生产企业、施工企业如何通过精益建造提升自身装配式建造能力，而且描绘了这些建筑企业及其他利益相关者如何通过BIM信息平台参与产业链协同等管理的运作模式。基于此，根据设计企业、生产企业、施工企业内部运作流程、外部协同运作流程、装配式建造产业链整体运作三个层面，参照制造企业实施精益制造中的结构层级，此部分将此精益建造模式划分为三个层面，分别为“点”“线面”“体”，以清晰地描述和解释本文的研究目标，即如何在运作流程管理视角下利用精益建造提升装配式建造产业链的管理能力，包括整体层面的协同管理能力和重要节点的装配式建造能力。

如图6－9所示，基于运作流程优化的装配式建造产业链整体管理及建筑企业能力提升的精益建造模式主要由四部分组成，包括精益建造理论基础及装配式建造运作流程优化的“点”“线面”“体”三个结构层面。其中，精益建造理论基础描述了精益建造模式所依据的精益原则等，特别是指出了通过装配式建造过程优化来提升建筑企业建造能力及产业链整体管理时，需要以不断提升建造过程价值为基本目标；“点”“线面”“体”三个层面分别描述了建筑企业如何利用精益建造提升自身装配式建造能力、建筑企业之间如何进行信息交互和协同合作、面向装配式建造产业链整体的协同管理。需要注意的是，“点”“线面”“体”三个结构层面均对提升装配式建造产业链整体管理及建筑企业能力具有重要影响，彼此之间互为支撑和促进。下面将对精益建造模式中的“点”“线面”“体”三个结构层面的运作模式进行分析，在分析过程中描述了使用精益建造工具对建造运作流程优化的过程及作用。

本研究所构建的面向建筑企业内外部作业流程的集成BIM等信息技术的精益建造框架，主要由四部分组成，涉及框架基础的“精益理论基础”部分，以及建筑项目建造作业流程优化的“点”“线面”“体”部分，下面重点对结构中的“点”“线面”“体”部分进行具体描述。然而，“点”“线面”“体”三个部分均属于装配式项目建造的作用流程，并且均致力于项目绩效的整体提升，所以三个部分并不是相互独立的，而是相互交互和关联的。此外，对前面研究得出的提升建造活动的精益工具选择方案，也一并进行了描述。

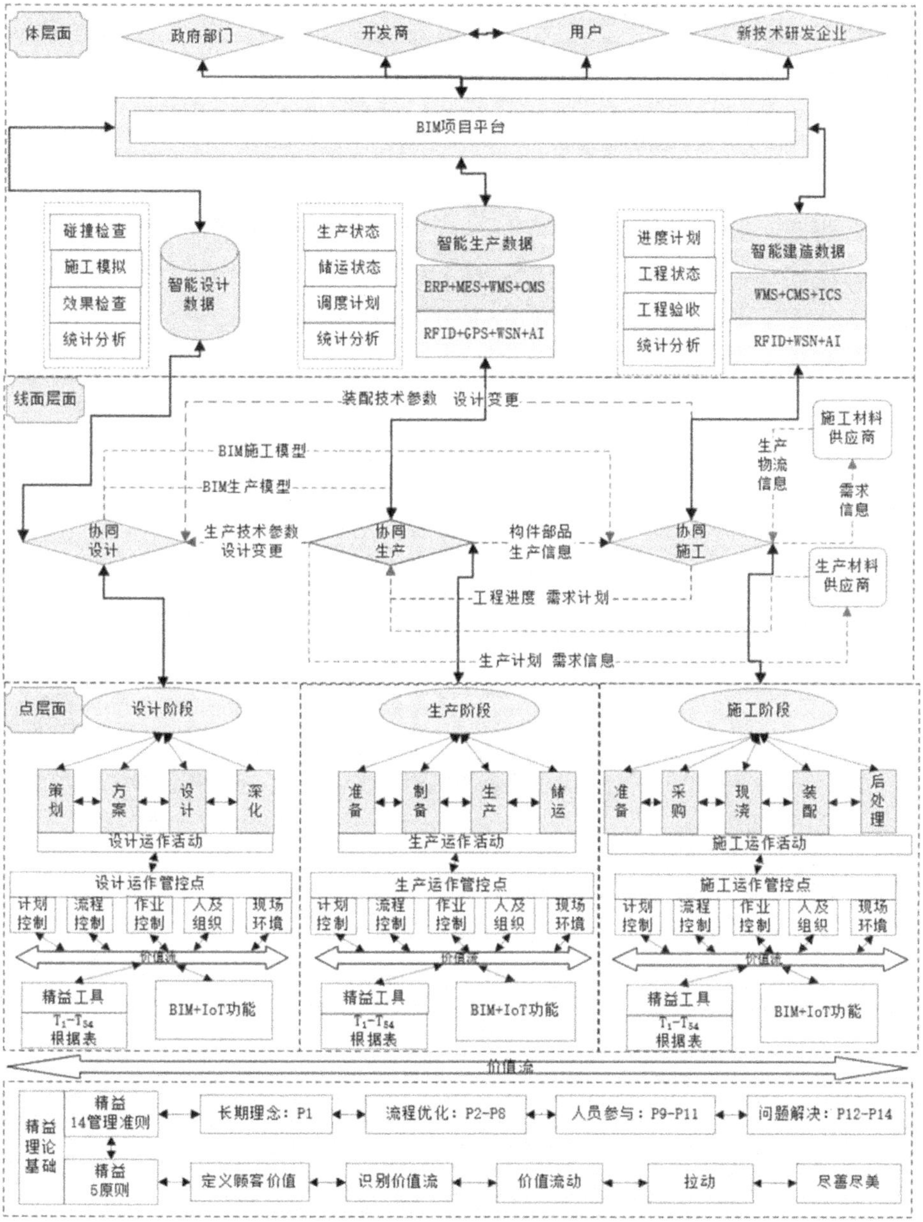

图6—9　基于运作流程优化的建造产业链整体管理及建筑企业能力提升的精益建造模式

一、基于建造过程优化的建筑企业装配式建造能力提升分析——"点"层面

（一）基于精益建造的设计企业内部运作流程优化分析

在精益建造模式中，设计企业在"点"层面的运作流程优化指的是针对其内部设计运作流程及活动的优化，其主要是基于附录C中的表C—1所描述的优化5类设计运作流程（A_1—A_5）及23个管控点（C_1—C_{23}）时可选用的精益建造工具方案，为设计企业制定提升自身装配式建造能力的措施提供了参考，如图6—10所示。

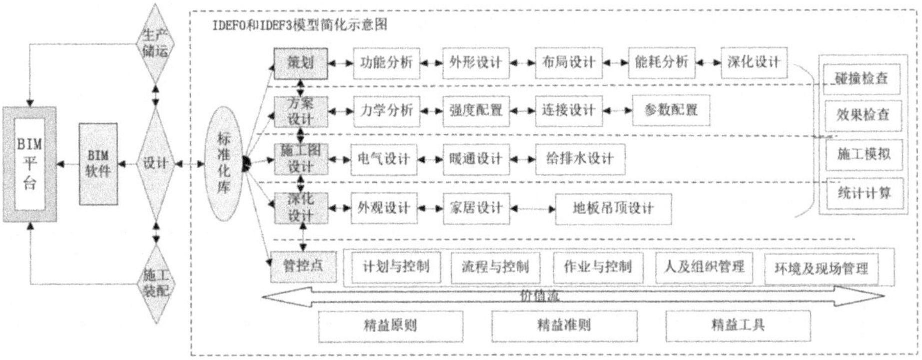

图6—10　基于IDEF0和IDEF3模型的设计企业内部建造作业流程优化精益框架示意图

根据图6—10，对设计企业内部建造作业流程的精益优化整体介绍如下。根据客户需求，设计企业进行装配式建筑设计，不仅要考虑建筑、结构、机电、装修等方面，还需要考虑生产企业、施工企业的标准化库。在设计过程中需要制定设计作业流程，并使用标准化、并行工程等精益方法和理论进行优化，以加强对计划、流程、作业等的管控。基于此，设计阶段需在主建筑师负责模式下，使用BIM平台，基于以建筑产品总工期为拉动的看板，通过各专业内部及相互协同的作业优化，实现标准化、模块化和协同化设计，提高设计效率、质量，降低建造成本。

（二）基于精益建造的生产企业内部运作流程优化分析

在精益建造模式中，生产企业在"点"层面的运作流程优化指的是针对其内部生产运作流程及活动的优化，其主要是基于附录C中的表C—2所描述的优化5类生产运作流程（A_1—A_5）及23个管控点（C_1—C_{23}）时可选用的精益建造工具方案，为生产企业制定提升自身装配式建造能力的措施

提供了参考，从而通过作业流程优化来提升自身建造能力，如图6—11所示。

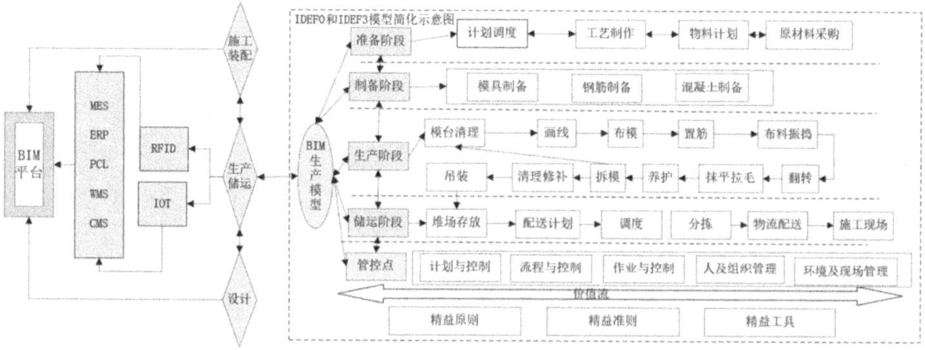

图6—11　基于IDEF0和IDEF3模型的生产企业内部建造作业流程优化精益框架示意图

根据图6—11，对生产企业内部建造作业流程的精益优化整体介绍如下。

装配式构件和部品生产企业是影响建筑产品建造效率、质量和成本的重要方面。生产企业具有传统制造业的特点，即养护时间长、产品笨重、易损、待建工厂多等，因此需要运用精益理论优化作业流程。在此过程中，为了减少设计中存在的布局和流程等方面的问题，在生产厂的设计阶段就导入精益思想进行精益设计，包括作业流程、车间布置、厂区布局等方面。在企业运营过程中，从人、机、料、法、环等方面，基于拉动生产原则，通过建立现场目视化管理、作业标准化、设备预防性维护及全面质量管理等，并导入ERP、MES等信息化系统，优化生产计划、生产准备、生产及储运作业流程，以加强对计划、质量、物料、储运等方面的管控。此外，在运输过程中，根据客户需求、客户分布范围、物流路径等，以成本和效率为目标，通过精益供应链和路径优化，确定车辆配送数量、配送范围和配送路径，并通过由物联网等信息技术打造的供应链管理系统，实现智能调度，从而高效跟踪、管控和追溯产品信息。

（三）基于精益建造的施工企业内部运作流程优化分析

在精益建造模式中，施工企业在“点”层面的运作流程优化指的是针对其内部施工运作流程及活动的优化，其主要是基于附录C中的表C—3所描述的优化5类施工运作流程（A_1—A_5）及23个管控点（C_1—C_{23}）时可选用的精益建造工具方案，为施工企业制定提升自身装配式建造能力的措施提供了参考，以通过作业流程优化来提升自身建造能力，如图6—12所示。

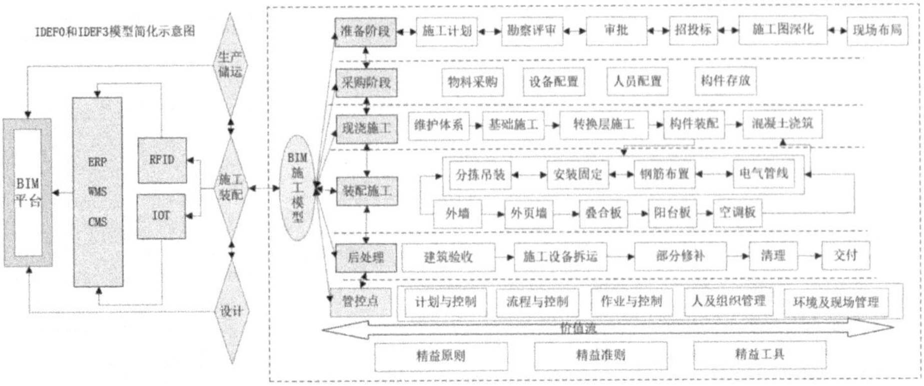

图6—12　基于IDEF0和IDEF3模型的施工企业内部建造作业流程优化精益框架示意图

根据图6—12，对施工企业内部建造作业流程的精益优化整体介绍如下。现场施工和装配是影响最终建筑产品质量、效率、成本的关键。由于受制于装配式建造发展水平较低，传统现浇与装配式施工模式将长期共存，因此需要从传统现浇、装配两个方面综合进行精益化管理，并建立施工计划、施工准备、现浇施工、装配、装修等标准作业流程。在此基础上，运用目视化、标准作业、准时化等精益理论和方法优化建造流程，进行现场5S目视化管理、建立标准作业、实施末位者计划系统、加强各工种及分包之间的协同作业，以加强对计划、质量、物料、作业、安全等的管控。此外，还可以运用现代化信息技术，加强现场管控及各方之间的协同，并使用自动化和智能化建造设备等，进一步提高建造效率和质量。

二、建筑企业之间协同运作流程优化分析——“线面”层面

基于运作流程优化的建造产业链整体管理及建筑企业能力提升的精益建造模式的“点”层面描绘了设计企业、生产企业、施工企业如何运用精益建造理论及工具通过优化自身内部运作流程来提升装配式建造能力。根据第三章的分析结果，装配式建造产业链上各利益相关者之间的协同对提升装配式建造产业链管理水平具有重要影响，特别是设计企业、生产企业、施工企业之间的协同关系对产业链管理能力及项目绩效提升具有更加重要的影响。因此，优化设计企业、生产企业、施工企业之间的协同运作流程也是装配式建造产业链管理能力提升的重要方面。精益建造模式中的“线面”层面就是用以描述如何运用精益建造理论和BIM等信息技术优化设计企业、生产企业、施工企业之间的协同运作流程。

在设计阶段，设计企业不仅需要关注建筑设计、结构设计、机电设计

等跨专业间协同，还需要重视生产企业的生产能力和施工企业的装配施工能力，在各方共同参与和协商下进行装配式项目的协同设计。基于此，利用BIM平台，建筑企业需要基于项目设计周期的看板拉动，通过优化内部跨专业协同运作流程及与外部生产企业、施工企业间协同运作流程，实现标准化、模块化和协同化设计，进而更加高效地设计出符合生产企业、施工企业能力和需求的BIM生产模型及施工模型。

在生产阶段，生产企业根据BIM生产模型，使用ERP、MES等信息化系统，进行生产计划、物料、产品质量等生产过程控制。在生产运作流程管控过程中，生产企业根据BIM生产模型制订整体生产计划，并根据施工现场的施工进度及构件需求计划调整自身的生产计划和储运计划，实现准时化生产和拉动模式下的协同生产管控。在此过程中，生产企业利用BIM平台，将通过IoT等信息技术采集的生产信息、储运信息及时反馈给施工企业，以便施工企业可以及时跟踪构件生产信息，并据此适时调整施工计划。此外，生产企业还需要通过BIM信息化平台，与模具、钢筋、混凝土等原材料供应商建立起协同关系，以确保自身有效实施准时化生产生产模式。需要注意的是，对于在生产过程中发现的设计问题，生产企业通过BIM平台将设计变更信息提交给设计企业，设计企业通过BIM平台进行设计变更，并实现对BIM生产模型、施工模型的同步变更。

在施工阶段，施工企业根据BIM施工模型，制订施工工期、施工计划、施工分包计划、物料配置计划等。在施工运作流程管控中，施工企业基于BIM施工模型，利用拉动生产等精益建造工具和IoT等信息技术，实现与设计企业、生产企业、原材料供应商的协同施工。在此过程中，施工企业不仅能实现基于施工计划及时向生产企业和原材料供应商提供构件和原材料需求计划，还能实现基于构件和原材料的生产信息适时地调整施工计划。需要注意的是，对于在施工过程中发现的设计问题，与生产过程中设计变更类似，施工企业通过BIM平台将设计变更信息提交给设计企业，设计企业通过BIM平台进行设计变更，并实现对BIM施工模型、生产模型的同步变更。

三、装配式建造产业链整体层面运作流程优化分析——“体”层面

虽然设计企业、生产企业、施工企业内部运作流程及相互之间的协同运作流程优化对企业装配式建造能力及产业链管理提升具有重要作用，然

而设计企业、生产企业、施工企业内外部的运作流程优化也受产业链上其他利益相关者的影响。因此对产业链整体层面运作流程进行优化，有助于建筑企业建造能力及产业链整体管理的进一步提升。精益建造模式中的"体"层面就是用以描述如何利用精益建造理论、工具及BIM等信息技术优化装配式建造产业链整体运作流程。

装配式建造产业链整体的运作流程优化，不仅需要设计企业、生产企业、施工企业之间的协同，还需要政府、开发企业、用户、材料供应商等其他利益相关者参与的装配式建造产业链整体运作流程的协同。因此，基于设计企业、生产企业、施工企业建造过程数据等信息，集成装配式建造产业链整体运作流程，构建基于BIM的项目协同平台，实现产业链整体运作流程中信息分享、存储及决策，不仅可以促进各利益相关者间运作流程的协同，还可以促进设计企业、生产企业、施工企业运作流程优化，进而可以进一步提升建筑企业装配式建造能力及装配式建造产业链管理。

BIM协同平台对建筑企业装配式建造能力及装配式建造产业链管理的提升作用，主要体现在以下几个方面：第一，通过BIM平台，在设计过程中，设计企业可以更好地根据开发企业需求及技术规范，参考其他利益相关者的建造能力及资源配置进行协同设计，并可以通过智能碰撞检查、施工模拟、效果检查、统计分析等评价设计的有效性，进而为生产企业、施工企业提供更高质量的生产、施工BIM模型；第二，通过BIM平台，在生产和施工过程中，生产和施工企业可以更好地利用精益建造理论和工具对计划、物料、进度等建造运作流程进行优化，为产业链整体运作流程优化、协同管理、质量追溯等提供数据支撑；第三，通过装配式建造运作流程相关数据的积累，可以为后续装配式项目建造过程中设计企业、生产企业、施工企业的建造运作流程的精益化改善提供支撑，进而以更加高效、高质量、低成本的方式提升建筑企业装配式建造能力及装配式建造产业链管理。

第六节 基于ARENA的精益建造模式应用仿真

在本章第四节中，构建了基于建造运作流程优化的提升装配式建造产业链整体管理及建筑企业装配式建造能力的精益建造模式，为我国建筑企业制定有效的精益化和信息化方案来优化自身运作流程及与外部利益相关者协同运作流程提供了支撑，进而有助于提升我国装配式建造产业链整体管理、建筑企业装配式建造能力及项目绩效。实际上，在该精益建造模型的构建过程中，该模型已经在与作者研究课题合作的一家案例建筑企业（施工企业）中得到应用，并且根据应用情况进行了修改和完善。该建筑企业的业务不仅涉及装配式建造施工，还涉及预制构件生产，其通过应用该精益建造模式，提高了施工及生产运作流程的绩效，同时还反映出精益建造模式对建筑企业内部运作流程及企业之间协同运作流程的改善。基于此，为系统和定量分析该建筑企业应用该精益建造模式对其内外部运作流程改善及建造能力提升的效果，本部分进一步利用ARENA仿真对该建筑企业应用精益建造模式的过程及取得的改善绩效（效率绩效）进行仿真分析。需要注意的是，本文所提出的精益建造模式是理论上最理想的提升装配式建造产业链整体管理及建筑企业装配式建造能力的路径，是对产业链及企业运作流程进行改善的系统工程，其全面实施需要较长时间，因而受实施时间、资源配置等因素的影响，目前案例建筑企业还未全面实施该精益建造模式。

本部分只针对案例建筑企业当前对该精益建造模式的实施情况及效果进行仿真分析，以验证该精益建造模式对建筑企业内外部运作流程改善及能力提升的效果，同时为其他建筑企业更加系统地实施该精益建造模式及验证实施效果提供一种可供参考的方法。

一、案例建筑企业生产及施工运作流程优化的精益建造方案

（一）案例建筑企业构件生产及施工运作流程IDEF3模型构建

根据案例建筑企业项目初期的调研及相关人员的访谈，案例建筑企业构件生产及装配优化前的作业流程，如图6—13和图6—14所示。由于示意图较为详细地介绍了作业流程，所以此部分不再进行文字描述。

通过对案例建筑企业现场调研及与相关人员访谈，并利用IDEF3建模理论，分别构建出案例建筑企业构件生产和施工运作流程的IDEF3模型，用以描述案例建筑企业构件生产及施工运作流程，如图6—15和图6—16所示。由于IDEF3模型较为详细地描述了案例建筑企业的构件生产及施工的运作流程，所以此部分不再进行文字描述。

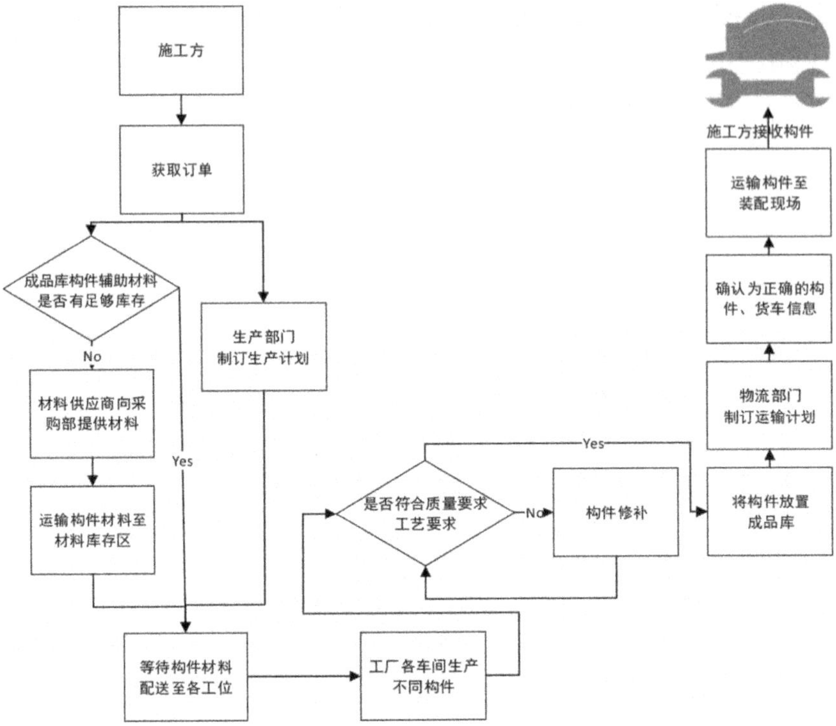

图6—13　案例建筑企业预制构件生产优化前作业流程示意图

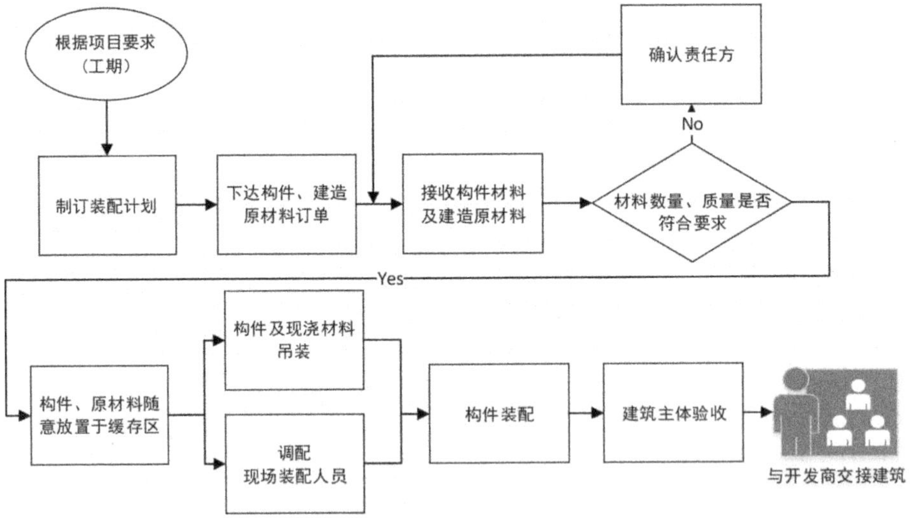

图6—14　案例建筑企业构件装配施工优化前作业流程示意图

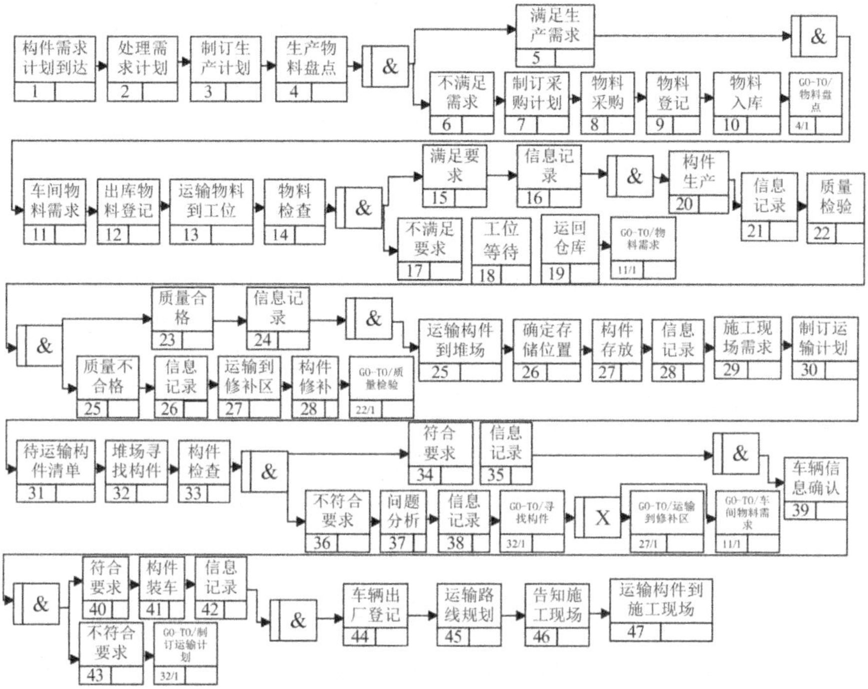

图6—15　案例建筑企业构件生产运作流程IDEF3模型

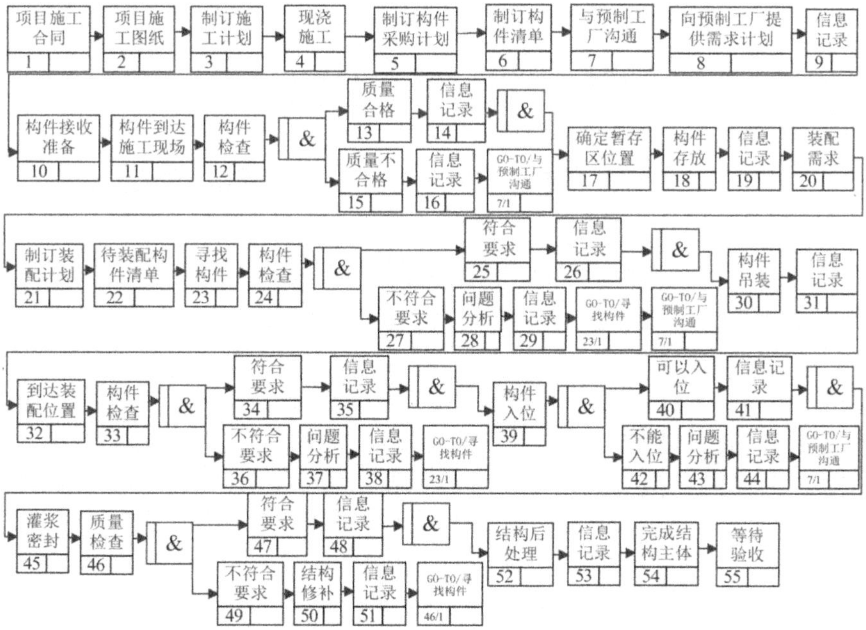

图6—16　案例建筑企业施工运作流程IDEF3模型

（二）案例建筑企业生产及施工运作流程问题分析及精益工具解决方案

案例建筑企业是一家中等规模的民营建筑企业，之前主要采用传统现浇施工建造模式，缺少预制构件生产及装配施工方面的技术和管理经验，造成其生产及施工运作流程存在较多问题，对其装配式建造能力提升及项目绩效均产生了消极影响。本部分基于前文中通过IDEF模型分析得出的装配式建造过程中建筑企业的5类运作活动及相对应的23个关键管控点，对案例建筑企业生产及施工运作活动中存在的问题进行了描述和分析，见表6—8和表6—9。

从表6—8和表6—9中可以看出，案例建筑企业的生产及施工运作活动存在一些问题。基于对生产及施工运作活动存在问题的分析，结合每种活动类型的关键管控点，分析了在这些运作活动实施过程中所违背的关键管控点。在此基础上，根据前文中设计的生产企业、施工企业建造运作活动关键管控点及优化该管控点的精益工具参考方案（见附录C），确定了优化每种生产或施工运作活动可选用的精益工具。此外，可以清晰的看到，可用于优化每个建造运作活动的精益工具有多种，而每种精益工具的实施都需要结合企业的能力和资源等现状。因此案例建筑企业在实施精益建造模式的初期，只能选用相对有限的精益工具。通过课题组与案例建筑企业对企业自身现状及能力的分析，基于运作活动管控点及可选择的精益工具方案，最终选出了符合企业实际的精益建造工具，用以优化相应的生产及施工运作流程。

（三）案例建筑企业生产及施工运作流程优化的精益建造方案

在（二）中，针对案例建筑企业在预制构件生产及装配施工运作流程中存在的问题，结合企业能力及资源配置等实际现状，选出了企业可以实施的精益建造工具，为生产和施工作业流程及活动优化提供了基础。此外，精益建造的实施需要与BIM、IoT等信息化技术的结合，而案例建筑企业信息化水平不高，为此在项目实施初期，案例建筑企业初步搭建了BIM平台，并利用RFID技术进行构件生产、储运、施工等运作流程信息采集。同时，基于精益建造模式及“点”层面具体的精益建造方案示意图，构建了针对案例建筑企业生产及施工运作流程优化的精益建造模式实施方案，如图6—17所示。

表6-8　案例建筑企业生产运作活动存在的问题分析及精益工具解决方案

活动类型	活动名称	存在主要问题	违背管控点	附录C中精益工具选择参考方案	实际选用的主要精益工具
计划与控制	制订生产计划	没有基于施工现场实际需求，经常存在缺货或过量生产，计划经常变动	关注客户需求(FOCR)	T_{12}；T_{13}；T_{17}；T_{18}；T_{21}；T_{23}；T_{28}；T_{29}；T_{31}；T_{33}；T_{36}；T_{39}；T_{40}；T_{46}；T_{49}；T_{53}；T_{54}	T_3（工作结构化及调度）； T_5（并行工程）； T_7（均衡化）； T_{16}（持续流）； T_{29}（PDCA）； T_{31}（准时化）； T_{49}（顾客参与）
			减少计划变动(RPV)	T_1；T_3；T_7；T_9；T_{10}；T_{14}；T_{16}；T_{17}；T_{18}；T_{19}；T_{21}；T_{23}；T_{28}；T_{29}；T_{33}；T_{36}；T_{39}；T_{42}；T_{46}；T_{49}；T_{50}；T_{51}；T_{53}；T_{54}	
	制订采购计划	过量采购，物料短缺	优化资源配置(ORCA)	T_3；T_5；T_7；T_9；T_{13}；T_{14}；T_{15}；T_{17}；T_{18}；T_{21}；T_{23}；T_{28}；T_{29}；T_{34}；T_{35}；T_{36}；T_{39}；T_{40}；T_{41}；T_{42}；T_{46}；T_{49}；T_{51}；T_{53}；T_{54}	
	制订储运计划	配送错误，配送不及时，受外部影响大	提升运作平准化(IPL)	T_1；T_3；T_4；T_7；T_9；T_{13}；T_{16}；T_{17}；T_{18}；T_{19}；T_{21}；T_{23}；T_{28}；T_{29}；T_{34}；T_{35}；T_{36}；T_{39}；T_{40}；T_{41}；T_{42}；T_{46}；T_{51}；T_{53}；T_{54}	
			提高计划灵活性(IPF)	T_3；T_7；T_{14}；T_{16}；T_{17}；T_{18}；T_{21}；T_{23}；T_{28}；T_{29}；T_{36}；T_{39}；T_{41}；T_{46}；T_{47}；T_{50}；T_{53}；T_{54}	

续表

活动类型	活动名称	存在主要问题	违背管控点	附录C中精益工具选择参考方案	实际选用的主要精益工具
流程与控制	制定作业流程	工位生产节拍不同，存在交叉作业	促进流程均衡化(PPS)	T_6；T_7；T_9；T_{10}；T_{13}；T_{15}；T_{16}；T_{17}；T_{18}；T_{19}；T_{20}；T_{21}；T_{23}；T_{25}；T_{28}；T_{29}；T_{34}；T_{35}；T_{36}；T_{39}；T_{40}；T_{41}；T_{42}；T_{45}；T_{46}；T_{51}；T_{53}；T_{54}	T_8（失效模式分析）； T_{10}（全面生产维护）； T_{12}（价值流图）； T_{39}（看板系统）； T_{40}（约束理论）； T_{41}（单件流）
			缩短流程周期(SPT)	T_1；T_5；T_8；T_9；T_{10}；T_{16}；T_{17}；T_{18}；T_{19}；T_{20}；T_{21}；T_{22}；T_{23}；T_{25}；T_{27}；T_{28}；T_{29}；T_{34}；T_{35}；T_{36}；T_{39}；T_{40}；T_{41}；T_{42}；T_{45}；T_{46}；T_{51}；T_{53}；T_{54}	
	作业流程管理	缺少过程统计，搬运较多，缺少物料	减少非增值活动(RNVP)	T_4；T_6；T_9；T_{12}；T_{13}；T_{14}；T_{17}；T_{18}；T_{19}；T_{20}；T_{21}；T_{22}；T_{23}；T_{25}；T_{26}；T_{27}；T_{28}；T_{29}；T_{32}；T_{33}；T_{36}；T_{39}；T_{45}；T_{46}；T_{47}；T_{50}；T_{53}；T_{54}	
			加强过程统计控制(EPSC)	T_4；T_6；T_8；T_{10}；T_{12}；T_{13}；T_{15}；T_{17}；T_{18}；T_{20}；T_{21}；T_{23}；T_{25}；T_{26}；T_{27}；T_{28}；T_{29}；T_{31}；T_{32}；T_{39}；T_{42}；T_{46}；T_{53}；T_{54}	

续表

活动类型	活动名称	存在主要问题	违背管控点	附录C中精益工具选择参考方案	实际选用的主要精益工具
操作与控制	设备运行管理	设备故障频发，设备空闲	提高设备利用率(IEU)	T_2；T_5；T_6；T_8；T_{10}；T_{11}；T_{14}；T_{18}；T_{19}；T_{21}；T_{22}；T_{23}；T_{24}；T_{25}；T_{27}；T_{28}；T_{29}；T_{30}；T_{42}；T_{44}；T_{45}；T_{46}；T_{50}；T_{51}；T_{52}；T_{53}；T_{54}	T_{11}（时间和动作研究）； T_{19}（减少设定）； T_{23}（标准化作业）； T_{25}（防呆防错）； T_{32}（全面质量管理）； T_{44}（安灯系统）； T_{52}（快速换模/换型）
	手动作业管理	依据工人经验，效率低，安全偶发	提高操作效率(IOE)	T_2；T_5；T_6；T_8；T_9；T_{10}；T_{11}；T_{14}；T_{15}；T_{18}；T_{19}；T_{21}；T_{22}；T_{23}；T_{24}；T_{25}；T_{27}；T_{28}；T_{29}；T_{30}；T_{33}；T_{34}；T_{35}；T_{42}；T_{44}；T_{45}；T_{46}；T_{47}；T_{48}；T_{50}；T_{52}；T_{53}；T_{54}	
			提高标准作业(POS)	T_2；T_{11}；T_{18}；T_{21}；T_{23}；T_{25}；T_{26}；T_{28}；T_{29}；T_{46}；T_{52}；T_{53}；T_{54}	
			减少操作风险(ROR)	T_1；T_4；T_6；T_8；T_9；T_{10}；T_{11}；T_{14}；T_{18}；T_{21}；T_{23}；T_{24}；T_{25}；T_{26}；T_{27}；T_{28}；T_{29}；T_{30}；T_{33}；T_{44}；T_{46}；T_{47}；T_{48}；T_{50}；T_{52}；T_{53}；T_{54}	
	质量检查	质量波动性大，检测不到位	提高产品质量(IOQ)	T_1；T_4；T_6；T_8；T_9；T_{10}；T_{14}；T_{15}；T_{18}；T_{21}；T_{23}；T_{25}；T_{26}；T_{27}；T_{28}；T_{29}；T_{30}；T_{31}；T_{32}；T_{33}；T_{43}；T_{46}；T_{48}；T_{50}；T_{53}；T_{54}	

续表

活动类型	活动名称	存在主要问题	违背管控点	附录C中精益工具选择参考方案	实际选用的主要精益工具
人与组织管理	员工管理	忽视员工主动参与，员工技能不足，人员流动相对较大	促进员工参与(EWI)	T_5；T_9；T_{13}；T_{16}；T_{17}；T_{18}；T_{21}；T_{22}；T_{27}；T_{28}；T_{29}；T_{31}；T_{32}；T_{33}；T_{35}；T_{36}；T_{39}；T_{41}；T_{43}；T_{46}；T_{47}；T_{48}；T_{50}；T_{53}；T_{54}	T_9（团队协作）； T_{21}（合理化建议）； T_{22}（多能工）； T_{46}（持续改善）； T_{47}（责任分层）； T_{51}（建立与参与者关系）
			提升人员技能(IWS)	T_9；T_{18}；T_{21}；T_{22}；T_{28}；T_{29}；T_{43}；T_{46}；T_{52}；T_{53}；T_{54}	
	建立组织结构	组织结构、职责不清，制度不完善	优化组织结构(OOS)	T_9；T_{18}；T_{21}；T_{28}；T_{29}；T_{35}；T_{46}；T_{47}；T_{48}；T_{50}；T_{53}；T_{54}	
			完善管理制度(OORP)	T_9；T_{18}；T_{21}；T_{28}；T_{29}；T_{46}；T_{47}；T_{48}；T_{50}；T_{53}；T_{54}	
	参与者协作	缺少与上下游的协作	加强利益相关者协作(ESI)	T_{13}；T_{17}；T_{18}；T_{21}；T_{27}；T_{28}；T_{29}；T_{31}；T_{32}；T_{33}；T_{36}；T_{39}；T_{41}；T_{43}；T_{46}；T_{49}；T_{51}；T_{53}；T_{54}	

续表

活动类型	活动名称	存在主要问题	违背管控点	附录C中精益工具选择参考方案	实际选用的主要精益工具
作业环境管理	现场安全管理	安全措施不到位，安全标识不足	提升安全水平(ESWED)	T_1；T_2；T_6；T_{10}；T_{14}；T_{18}；T_{21}；T_{23}；T_{24}；T_{27}；T_{28}；T_{29}；T_{45}；T_{46}；T_{47}；T_{48}；T_{50}；T_{53}；T_{54}	T_1（安全失效管理）； T_2（5S管理）； T_6（现场管理）； T_{24}（目视化管理）
			提高可视化(IVWED)	T_2；T_6；T_{18}；T_{21}；T_{23}；T_{24}；T_{28}；T_{29}；T_{44}；T_{46}；T_{48}；T_{53}；T_{54}	
	环境健康管理	空气存在粉尘，防护用品不足	提升健康水平(IHWED)	T_1；T_2；T_6；T_{10}；T_{14}；T_{18}；T_{21}；T_{23}；T_{24}；T_{27}；T_{28}；T_{29}；T_{46}；T_{47}；T_{48}；T_{50}；T_{53}；T_{54}	
	标示管理	车间物品标识不清，区域划分不清	提高可视化(IVWED)	T_2；T_6；T_{18}；T_{21}；T_{23}；T_{24}；T_{28}；T_{29}；T_{44}；T_{46}；T_{48}；T_{53}；T_{54}	

表6-9 案例建筑企业施工运作活动存在问题分析及精益工具解决方案

活动类型	活动名称	存在主要问题	违背管控点	附录C中精益工具选择参考方案	实际选用的主要精益工具
计划与控制	制订施工计划	各施工作业工段进展不协调，计划经常变动	提升运作平准化(IPL)	T_1；T_3；T_4；T_7；T_9；T_{13}；T_{16}；T_{17}；T_{18}；T_{19}；T_{21}；T_{23}；T_{28}；T_{29}；T_{34}；T_{35}；T_{36}；T_{39}；T_{40}；T_{41}；T_{42}；T_{46}；T_{51}；T_{53}；T_{54}	T_3（工作结构化及调度）； T_5（并行工程）； T_7（均衡化）； T_{16}（持续流）； T_{17}（末位者计划）； T_{37}（集成项目交付）
			减少计划变动(RPV)	T_1；T_3；T_7；T_9；T_{10}；T_{14}；T_{16}；T_{17}；T_{18}；T_{19}；T_{21}；T_{23}；T_{28}；T_{29}；T_{33}；T_{36}；T_{39}；T_{42}；T_{46}；T_{49}；T_{50}；T_{51}；T_{53}；T_{54}	
	资源配置管理	过量采购，物料短缺	优化资源配置(ORCA)	T_3；T_5；T_7；T_9；T_{13}；T_{14}；T_{15}；T_{17}；T_{18}；T_{21}；T_{23}；T_{28}；T_{29}；T_{34}；T_{35}；T_{36}；T_{39}；T_{40}；T_{41}；T_{42}；T_{46}；T_{49}；T_{51}；T_{53}；T_{54}	
	计划变更	受天气等外部影响大，设计存在变更	提高计划灵活性(IPF)	T_3；T_7；T_{14}；T_{16}；T_{17}；T_{18}；T_{21}；T_{23}；T_{28}；T_{29}；T_{36}；T_{39}；T_{41}；T_{46}；T_{47}；T_{50}；T_{53}；T_{54}	

续表

活动类型	活动名称	存在主要问题	违背管控点	附录C中精益工具选择参考方案	实际选用的主要精益工具
流程与控制	制定施工流程	施工流程不清；存在进度不协调、重复作业	促进流程均衡化(PPS)	T_6；T_7；T_9；T_{10}；T_{13}；T_{15}；T_{16}；T_{17}；T_{18}；T_{19}；T_{20}；T_{21}；T_{23}；T_{25}；T_{28}；T_{29}；T_{34}；T_{35}；T_{36}；T_{39}；T_{40}；T_{41}；T_{42}；T_{45}；T_{46}；T_{51}；T_{53}；T_{54}	T_8（失效模式分析）；T_{10}（全面生产维护）；T_{12}（价值流图）；T_{34}（模块化）；T_{39}（看板系统）；T_{40}（约束理论）
			减少非增值活动(RNVP)	T_4；T_6；T_9；T_{12}；T_{13}；T_{14}；T_{17}；T_{18}；T_{19}；T_{20}；T_{21}；T_{22}；T_{23}；T_{25}；T_{26}；T_{27}；T_{28}；T_{29}；T_{32}；T_{33}；T_{36}；T_{39}；T_{45}；T_{46}；T_{47}；T_{50}；T_{53}；T_{54}	
	施工流程管理	缺少过程统计，流程僵化，搬运较多	动态优化作业流程(OPW)	T_3；T_4；T_5；T_6；T_7；T_8；T_9；T_{12}；T_{13}；T_{14}；T_{15}；T_{16}；T_{17}；T_{18}；T_{19}；T_{20}；T_{21}；T_{23}；T_{25}；T_{26}；T_{28}；T_{29}；T_{31}；T_{32}；T_{33}；T_{34}；T_{35}；T_{36}；T_{39}；T_{41}；T_{42}；T_{45}；T_{46}；T_{50}；T_{53}；T_{54}	
			加强过程统计控制(EPSC)	T_4；T_6；T_8；T_{10}；T_{12}；T_{13}；T_{15}；T_{17}；T_{18}；T_{20}；T_{21}；T_{23}；T_{25}；T_{26}；T_{27}；T_{28}；T_{29}；T_{31}；T_{32}；T_{39}；T_{42}；T_{46}；T_{53}；T_{54}	

续表

活动类型	活动名称	存在主要问题	违背管控点	附录C中精益工具选择参考方案	实际选用的主要精益工具
操作与控制	施工设备管理	设备故障频发，设备空闲及冲突	提高设备利用率(IEU)	T_2；T_5；T_6；T_8；T_{10}；T_{11}；T_{14}；T_{18}；T_{19}；T_{21}；T_{22}；T_{23}；T_{24}；T_{25}；T_{27}；T_{28}；T_{29}；T_{30}；T_{42}；T_{44}；T_{45}；T_{46}；T_{50}；T_{51}；T_{52}；T_{53}；T_{54}	T_4（统计过程控制）； T_{11}（时间和动作研究）； T_{19}（减少设定）； T_{23}（标准化作业）； T_{25}（防呆防错）； T_{28}（真因分析）； T_{32}（全面质量管理）
	手动作业管理	依据工人经验，效率低，安全事故常发	提高操作效率(IOE)	T_2；T_5；T_6；T_8；T_9；T_{10}；T_{11}；T_{14}；T_{15}；T_{18}；T_{19}；T_{21}；T_{22}；T_{23}；T_{24}；T_{25}；T_{27}；T_{28}；T_{29}；T_{30}；T_{33}；T_{34}；T_{35}；T_{42}；T_{44}；T_{45}；T_{46}；T_{47}；T_{48}；T_{50}；T_{52}；T_{53}；T_{54}	
			提高标准作业(POS)	T_2；T_{11}；T_{18}；T_{21}；T_{23}；T_{25}；T_{26}；T_{28}；T_{29}；T_{46}；T_{52}；T_{53}；T_{54}	
			减少操作风险(ROR)	T_1；T_4；T_6；T_8；T_9；T_{10}；T_{11}；T_{14}；T_{18}；T_{21}；T_{23}；T_{24}；T_{25}；T_{26}；T_{27}；T_{28}；T_{29}；T_{30}；T_{33}；T_{44}；T_{46}；T_{47}；T_{48}；T_{50}；T_{52}；T_{53}；T_{54}	
	质量检查	质量波动性大，检测不到位	提高产品质量(IOQ)	T_1；T_4；T_6；T_8；T_9；T_{10}；T_{14}；T_{15}；T_{18}；T_{21}；T_{23}；T_{25}；T_{26}；T_{27}；T_{28}；T_{29}；T_{30}；T_{31}；T_{32}；T_{33}；T_{43}；T_{46}；T_{48}；T_{50}；T_{53}；T_{54}	

续表

活动类型	活动名称	存在主要问题	违背管控点	附录C中精益工具选择参考方案	实际选用的主要精益工具
人与组织管理	员工管理	忽视员工主动参与，员工技能不足，人员流动相对较大	促进员工参与(EWI)	T_5；T_9；T_{13}；T_{16}；T_{17}；T_{18}；T_{21}；T_{22}；T_{27}；T_{28}；T_{29}；T_{31}；T_{32}；T_{33}；T_{35}；T_{36}；T_{39}；T_{41}；T_{43}；T_{46}；T_{47}；T_{48}；T_{50}；T_{53}；T_{54}	T_9（团队协作）； T_{21}（合理化建议）； T_{22}（多能工）； T_{46}（持续改善）； T_{48}（以人为本）； T_{51}（建立与参与者关系）
			提升人员技能(IWS)	T_9；T_{18}；T_{21}；T_{22}；T_{28}；T_{29}；T_{43}；T_{46}；T_{52}；T_{53}；T_{54}	
	建立组织结构	组织结构、职责不清，制度不完善	优化组织结构(OOS)	T_9；T_{18}；T_{21}；T_{28}；T_{29}；T_{35}；T_{46}；T_{47}；T_{48}；T_{50}；T_{53}；T_{54}	
			完善管理制度(OORP)	T_9；T_{18}；T_{21}；T_{28}；T_{29}；T_{46}；T_{47}；T_{48}；T_{50}；T_{53}；T_{54}	
	参与者协作	缺少与上下游的协作	加强利益相关者协作(ESI)	T_{13}；T_{17}；T_{18}；T_{21}；T_{27}；T_{28}；T_{29}；T_{31}；T_{32}；T_{33}；T_{36}；T_{39}；T_{41}；T_{43}；T_{46}；T_{49}；T_{51}；T_{53}；T_{54}	

续表

活动类型	活动名称	存在主要问题	违背管控点	附录C中精益工具选择参考方案	实际选用的主要精益工具
作业环境管理	现场安全管理	安全措施不到位，安全标识不足	提升安全水平(ESWED)	T_1；T_2；T_6；T_{10}；T_{14}；T_{18}；T_{21}；T_{23}；T_{24}；T_{27}；T_{28}；T_{29}；T_{45}；T_{46}；T_{47}；T_{48}；T_{50}；T_{53}；T_{54}	T_1（安全失效管理）； T_2（5S管理）； T_6（现场管理）； T_{24}（目视化管理）
			提高可视化(IVWED)	T_2；T_6；T_{18}；T_{21}；T_{23}；T_{24}；T_{28}；T_{29}；T_{44}；T_{46}；T_{48}；T_{53}；T_{54}	
	环境健康管理	粉尘较多，防护用品不足	提升健康水平(IHWED)	T_1；T_2；T_6；T_{10}；T_{14}；T_{18}；T_{21}；T_{23}；T_{24}；T_{27}；T_{28}；T_{29}；T_{46}；T_{47}；T_{48}；T_{50}；T_{53}；T_{54}	
	标示管理	施工现场标识不清，区域划分不清	提高可视化(IVWED)	T_2；T_6；T_{18}；T_{21}；T_{23}；T_{24}；T_{28}；T_{29}；T_{44}；T_{46}；T_{48}；T_{53}；T_{54}	

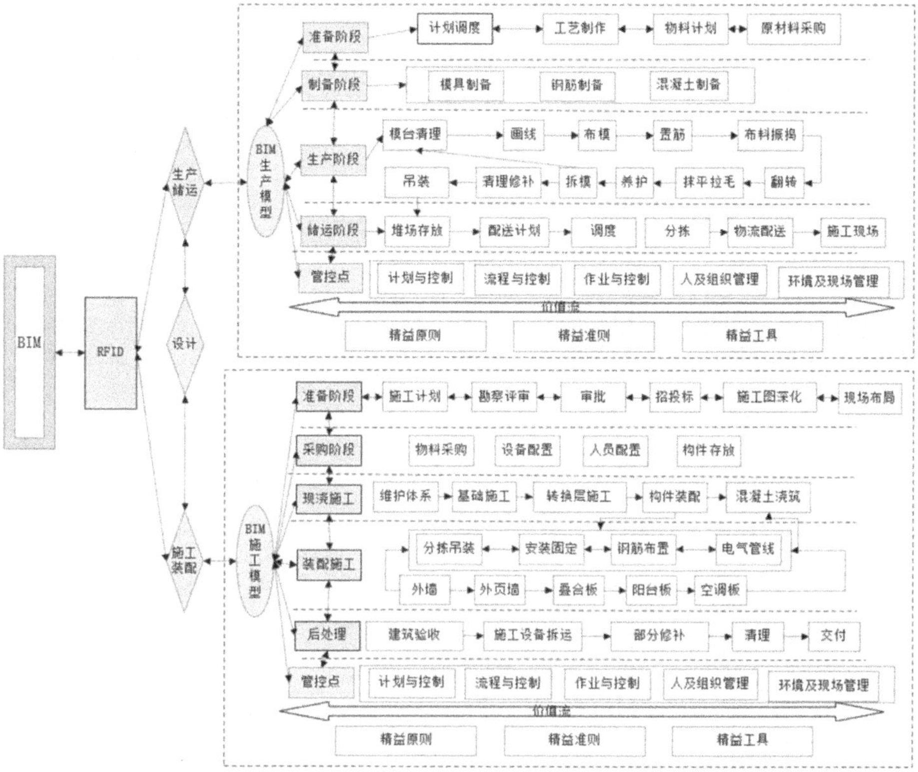

图6－17　案例建筑企业生产及施工运作流程优化的精益建造模式示意图

在案例建筑企业中，通过2年左右的时间实施精益建造框架，其优化后的预制构件生产及装配施工作业流程活动分别如图6－18和图6－19所示。

装配式建造预制阶段的精益化作业流程如图6－18所示，施工方以末位计划形式向构件厂下达相关构件的订单，构件厂获取订单后根据计划安排构件生产。在工人和原材料到位后，各车间进行标准作业以生产构件，同时要将RFID标签键入构件并输入标签信息实现与信息平台的连接。接下来，对构件的质量、工艺进行检验，如出现问题则需要进行构件修补，合格的构件则运输到堆场并通过信息平台选择合适位置放置，同时更新构件标签信息上传至信息平台。物流部门制订好运输计划后，在构件运输到货车上前，扫描构件和货车上的标签，确认是否为正确的构件和货车。若质量出现问题则进行构件修补，若出现数量问题则返回堆场寻找构件，若货车信息不准确则由物流部门协调相关货车；如没有任何问题，则更新构件、货车的标签信息，然后将构件运输至装配现场，由施工方接收构件。

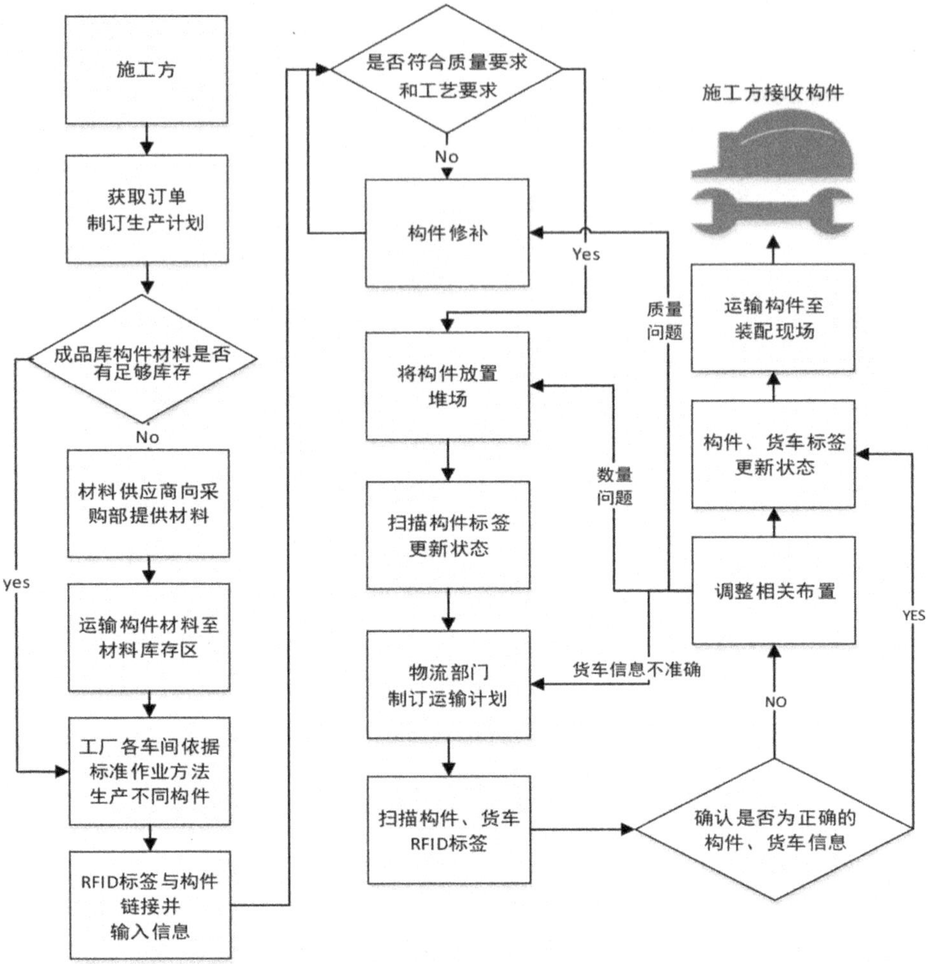

图6—18　案例建筑企业预制构件生产精益化作业流程示意图

装配式建造装配阶段的精益化作业流程如图6—19所示，施工方以拉动生产的思想根据项目综合要求（主要为工期、成本、构件等信息）和现场装配能力进行装配计划的制订。相关人员根据计划进行构件和原材料的订购，同时保证施工方与构件厂和供应商的双向交流，以应对紧急情况或相关计划的调整。在接收构件和原材料后，要进行质量、数量的检查，此时只需要扫描构件标签即可进行检查，有效缩短检查等待的时间，减少浪费。若出现问题则需要确认责任方，与构件厂或原材料供应商在信息平台进行沟通；若检查通过，则需要对构件的标签进行更新并上传至平台。

随后，使用信息平台快速地在缓存区寻找合适位置将构件及原材料储存并再次更新构件标签信息。按照装配计划，在现浇材料、构件、装配人员同时到达特定施工地点后进行构件装配，构件装配完成后再次扫描构件标签更新状态。值得注意的是，吊装前拣选构件时间缩短，同时装配前检验构件是否正确的时间得到有效的缩短。在装配过程中开发商随时可以在信息平台上查看构件的安装情况，因此在最终验收时，开发商结合线上信息平台和线下实地验收，可有效缩短验收时间，提高验收效率。若验收合格，则施工方与开发商进行建筑的交接。

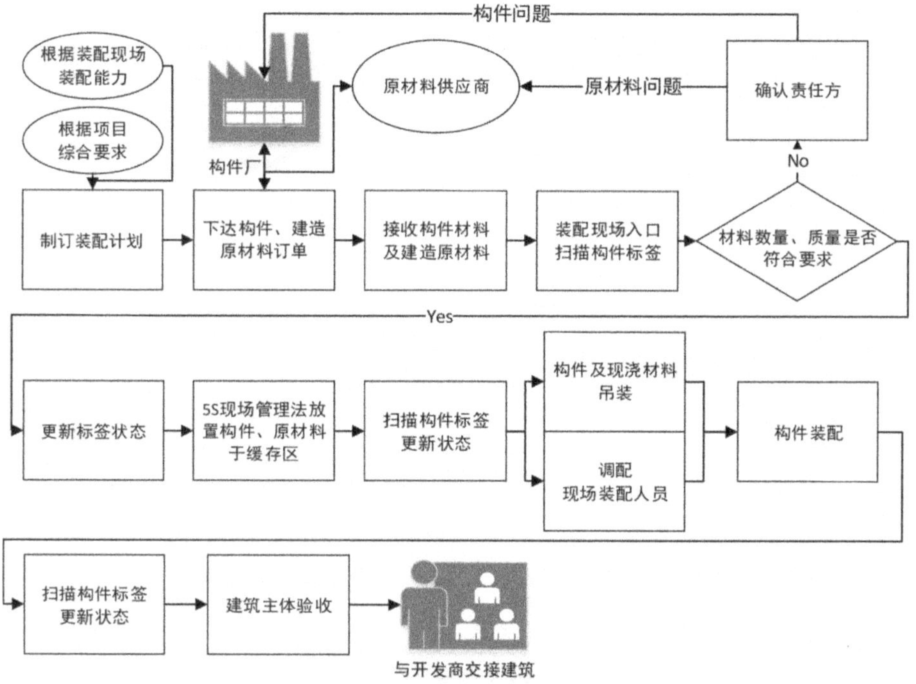

图6—19　案例建筑企业预制构件装配施工精益化作业流程示意图

二、基于ARENA的案例建筑企业生产及施工运作流程优化仿真

本部分利用ARENA仿真通过对优化前后构件生产及施工运作活动所需时间的比较，来分析精益建造模式案例建筑企业内外部运作流程改善及建造能力提升的效果，同时为其他建筑企业验证实施精益建造模式的效果提供一种可供参考的方式和方法。根据案例建筑企业的预制构件生产及装配施工的优化前运作流程，分别构建相应的生产及施工运作流程优化前后的

ARENA仿真模型。

（一） 基于ARENA的生产及装配作业流程优化前后模型构建

根据案例建筑企业的预制构件生产及装配施工优化前及精益化运作流程图，构建的预制构件生产及装配施工的ARENA仿真模型如图6—20和图6—21所示。

图6—20 案例建筑企业预制构件生产及装配优化前作业流程的ARENA模型

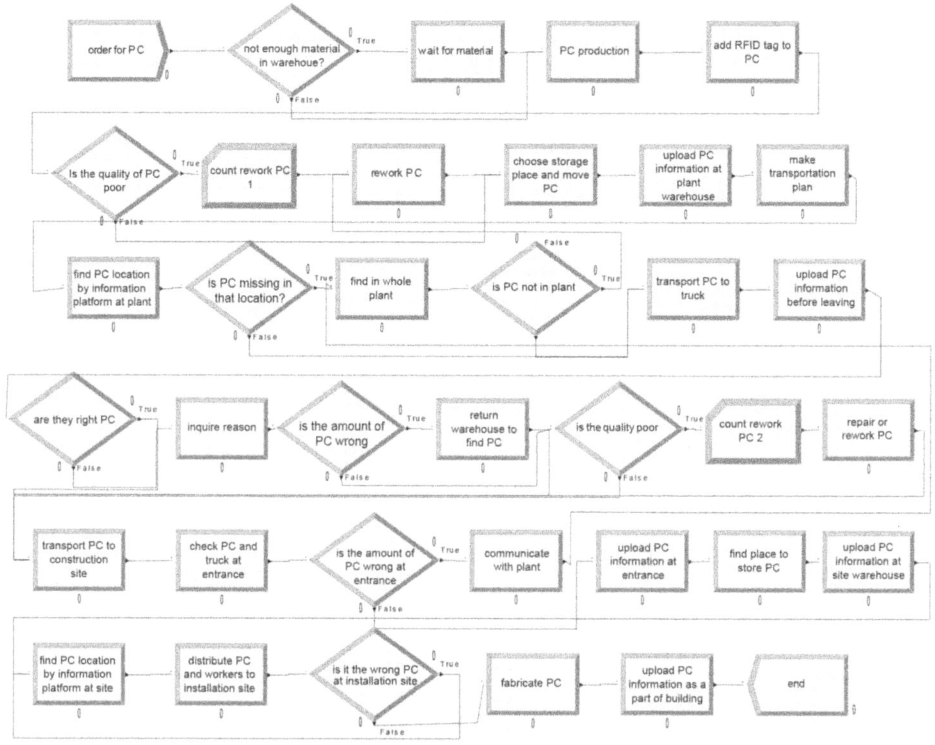

图6—21　案例建筑企业预制构件生产及装配精益化作业流程的ARENA模型

（二）案例建筑企业生产及施工运作流程优化前后ARENA模型仿真——以预制叠合板为例

由于案例建筑企业当前进行生产及施工的主要预制构件为预制叠合板（这是我国装配式建造中普遍采用的预制构件），所以本部分以预制叠合板为例进行生产及施工运作流程的ARENA模型仿真分析。在ARENA模型数据收集过程中，每个生产及施工运作流程的时间是一个统计量，包括均值分布、幂分布等。考虑到案例建筑企业在实施生产及施工运作活动时采用了一些机械化设备，生产及施工作业活动时间的波动性相对较小，因此参照Wang等研究中的预制构件作业流程ARENA模型构建及仿真分析结果，本部分也采用均值作为ARENA模型仿真的统计分布函数。

基于此，通过在案例建筑企业调研及访谈，收集了主要生产及装配运作活动时间的最大值、最小值、均值等数据，以此作为ARENA模型仿真的输入时间，见表6—10，其中，时间单位为分钟（min）。

表6-10　案例建筑企业预制叠合板生产及施工主要运作活动时间

作业环节	作业活动	优化前作业流程			精益化作业流程		
		最大值（分钟）	均值（分钟）	最小值（分钟）	最大值（分钟）	均值（分钟）	最小值（分钟）
生产	工位等待物料	240	180	60	180	60	10
	构件生产节拍	120	60	30	60	30	18
	登记标注新构件	60	40	20	30	20	10
	更新构件信息	30	15	5	10	5	2
	修补构件	180	60	30	60	30	30
	寻找并存储构件	60	30	20	30	20	15
	制订运输计划	60	40	10	10	5	5
	寻找到构件的存储位置	40	30	10	20	10	5
	寻找构件	120	60	30	30	10	1
	找到足够的构件	60	40	30	30	15	5
装配施工	施工方检查构件状态	40	30	20	30	15	5
	与构件企业沟通问题	120	80	30	50	30	20
	更新构件信息	30	15	5	10	5	2
	寻找合适位置存储构件	50	30	20	30	20	15
	寻找到装配现场构件	40	20	10	20	10	5
	构件在施工现场就位	40	30	20	25	15	10
	构件装配	40	30	20	25	15	10

除此之外，对于ARENA模型仿真中的判断活动（模型中“三角”符合所代表的活动），如质量是否合格、是否找寻到预制构件等活动，需要确定选择每个判断分支的概率值。通过对案例建筑企业的调研统计和工作人员访谈，确定了主要判断活动的“成功”判断发生的概率值，见表6－11，其中，时间单位为分钟（min）。

表6-11 案例建筑企业预制叠合板生产及施工判断类运作活动的成功概率值

作业环节	判断类作业活动	发生概率	
		优化前	精益化后
生产	接受订单后原材料充足	70%	90%
	生产的构件质量检验合格	80%	95%
	构件并未储存在记录的位置	40%	10%
	在构件厂找不到构件	10%	1%
	运输前检查确认是正确构件	80%	95%
	运输前检查构件数量不足	60%	40%
	运输前检查构件质量合格	40%	60%
装配施工	收货后现场确认构件的质量合格、数量足够	90%	95%
	装配前确认构件的质量合格、数量足够	80%	90%

（三）案例建筑企业生产及施工运作流程优化前后ARENA模型仿真结果分析

在收集ARENA模型所需时间的基础上，本部分进一步进行案例建筑企业预制叠合板构件生产及施工优化前后运作流程ARENA模型仿真。在此过程中，考虑到生产每块预制叠合板所需的时间的波动性，单个叠合板的生产时间不具有代表性，所以在进行ARENA模型仿真时，进行100次运算，代表生产100个预制叠合板所需的生产及施工运作活动时间。根据ARENA模型进行100次仿真运算后形成的报告，可以得出案例建筑企业生产及施工100个叠合板优化前后重要运作活动的时间，见表6—12，其中，单位为小时（h）。

从表6—12可以看出，案例建筑企业利用精益建造模式优化构件生产及施工作业过程，取得了一定的优化效果。在精益化作业流程及BIM和RFID信息技术支撑下，在生产及施工环节对于预制构件的寻找及信息更新等方面取得了比较显著的效果，这是由于在RFID和BIM技术的协助下，将相关作业的工作方式由手动方式转为自动方式后，更新构件信息的有效性得到提高，降低了非增值活动的时间。其中，对于实际运作方面的预制构件生产节拍时间缩短了31.20%、物料等待时间缩短了28.49%、修补构件时间缩短了42.85%、制订运输计划时间缩短了33.57%；装配施工环节的与构件企业沟通问题的时间缩短了35.86%、构件验收时间缩短了34.63%、构件就位时间缩短了30.60%、构件装配时间缩短了33.84%。

表6-12　案例建筑企业预制叠合板生产及施工主要运作活动的ARENA仿真结果

运作环节	运作活动	符号	优化前时间（小时）	优化后时间（小时）	缩短时间比例
生产	工位等待物料	a_1	70.340	50.297	28.49%
	构件生产节拍	a_2	117.200	80.633	31.20%
	登记标注新构件	a_3	67.343	46.946	30.29%
	更新构件信息	a_4	27.513	15.504	43.65%
	修补构件	a_5	38.008	21.722	42.85%
	寻找并存储构件	a_6	69.886	43.806	37.32%
	制订运输计划	a_7	63.158	41.957	33.57%
	寻找构件的存储位置	a_8	43.409	29.05	33.08%
	寻找构件	a_9	68.497	23.38	65.87%
	找到足够的构件	a_{10}	12.199	8.558	29.85%
装配施工	施工方检查构件的状态	a_{11}	55.787	36.466	34.63%
	与构件企业沟通问题	a_{12}	15.457	9.9144	35.86%
	更新构件信息	a_{13}	27.382	9.5867	64.99%
	寻找合适的位置存储构件	a_{14}	60.659	48.171	20.59%
	寻找到装配现场的构件	a_{15}	50.592	30.82	39.08%
	构件在施工现场就位	a_{16}	62.117	43.11	30.60%
	构件装配	a_{17}	46.206	30.572	33.84%

由此可以看出，精益建造模式对案例建筑企业预制构件及施工运作流程及活动的优化产生了较为明显的效果，表明了精益建造模式对建筑企业内外部运作流程改善及建造能力提升的效果。然而，需要注意的是，对于与生产及施工相关的实际运作活动，其时间缩短的比例还相对有限，这是由于案例建筑企业处于实施精益建造模式的初期，随着建筑企业更加系统地实施精益建造模式，将会取得更好的效果。

综上所述，通过对案例建筑企业生产及施工运作流程的ARENA仿真分析，初步验证了本文所提出的精益建造模式的有效性，特别是对建筑企业内外部运作流程改善及建造能力提升的效果。然而，还需要注意以下两点：一是案例建筑企业是中等规模民营企业，其装配式建造相关的生产及施工技术和管理相对不足，所以利用精益建造模式优化建造过程所取得的效果相对比较明显。因此，对于相似的建筑企业应该也可以取得较为明显的改善效果，而对于管理水平较高的企业，效果没有这么明显；二是精益建造模式的实施是个系统工程，不是简单的精益建造工具和方法的应用，而需要建筑企业制定系统的实施步骤，并按照一定的路径实施，因此造成建筑企业实施精益建造模式所取得的效果会存在较大差异。鉴于此，下一章节将从理论和实践层面探究精益建造模式的实施策略和实施路径，为建筑企业更好地实施精益建造模式提供参考，以更好地利用精益建造来提升自身建造能力、产业链整体管理及项目绩效。

第七章 装配式建筑精益建造模式实施路径及策略分析

前文提出了提升装配式建造产业链整体管理及重要节点建筑企业建造能力的精益建造模式，本章进一步探究建筑企业实施该精益建造模式的实施策略和实施路径。建筑企业通过明确实施策略和实施路径，可以更好地在实践中应用该建造模式，进而更好地发挥该建造模式对其建造能力的提升作用。精益建造的成功实施是个系统工程，实施框架内各实施策略不是相互孤立的，而是相互间存在复杂的联系。若忽视这些要素间的相互关系，会造成建筑企业不能充分了解实施框架，进而不能系统性地制订有效的精益建造实施计划。

当前的研究已经提出了一系列的方法用以探究元素或策略间的相互关系，主要包括FA、ANP、SEM、DEMATEL、ISM等。其中，FA、ANP、SEM等研究方法，偏重确定各因素间的相互关系或分类，没有基于因素间相互关系，将因素进一步划分为逻辑递进的层次结构，造成不能清晰描绘这些因素的逻辑关系；而ISM被认为是一种可以清晰描绘各因素间相互关系及层级结构的有效方法。ISM在探究因素间结构关系过程中，其通常与MICMAC集成使用，以更加清晰地定量描绘影响因素间的关系及对项目实施的作用和影响。尽管ISM与MICMAC相结合的方法定量地探究了影响因素间的交互关系，并依据ISM模型从驱动强度和依赖强度确定了需要重点关注的影响因素，但是对因素重要性的反映不具体，并且忽视了影响因素间的相对重要性。而复杂网络理论是探究由复杂交互关系节点组成的复杂系统特征（比如节点重要性）的一种有效方法。因此，本章提出集成ISM、MICMAC及复杂网络理论中的拓扑结构权重(Topological Structure Weight，TSW)和结构层级权重（Structural Degree Weight，SDW）的精益实施策略的系统的和定量的评价方法，对精益建造实施策略间结构性、重要性及相互影响关系进行探究，并据此提出实施路径。

本章主要内容：第一，利用文献分析、访谈调研识别出17个主要的精益建造实施策略及相互关系；第二，运用ISM理论，通过建立临接矩阵和可达矩阵，构建反映实施策略间结构层级分布及关系的ISM模型；第三，基于ISM模型，利用MICMAC从驱动性和依赖性两个方面将实施策略划分到驱动型、依赖型、独立型及连接型四个象限，以更加清晰地刻画实施策略的结构层级及其对精益建造实施的作用；第四，基于复杂网络理论，综合考虑由精益建造实施策略所组成网络的拓扑结构参数及策略节点在ISM模型中的结构层级，利用SDW和TSW从网络拓扑结构特征权重及策略层级权重两个方面对策略重要性进行分析；第五，根据17个精益建造实施策略的结构层级、驱动性和依赖性分布及重要性，提出建筑企业在装配式建造中实施精益建造模式的路径，为其更好地利用精益建造提升装配式建造产业链整体管理及自身建造能力提供参考，进而有利于提升项目绩效及促进我国装配式建造产业的发展。

第一节　精益建造实施策略的ISM模型构建及分析

精益建造的实施路径是由多个影响因素或实施策略组成的系统，系统内各实施策略不是相互孤立，而是相互间存在着复杂的交互关系。这些交互关系对精益建造策略实施的作用和效果存在较大的影响。若忽视这些策略间的相互关系，建筑企业便不能充分了解精益建造实施框架或路径，造成其不能制订出系统且有效的精益建造实施计划，进而对精益建造的开展及实施效果产生消极影响。因此，本部分借鉴之前研究中的精益建造实施成功因素、策略、框架，运用ISM理论构建精益建造实施的ISM模型，用以识别第五章所提出的精益建造模式实施策略，并探究其相互关系及结构层级。运用ISM理论构建精益建造实施策略的ISM模型，主要包括以下几个步骤。

一、精益建造实施策略识别

为了系统、全面和科学地识别建筑企业实施精益建造的策略，本部分综合采用了文献分析及专家访谈的方法。

在文献分析部分，采用了两轮文献分析进行潜在精益建造实施策略的识别，所选用的数据库包括英文数据库“Google Scholar”“Web of Science”“Scope”和中文数据库“Cnki”，并且主要选用通过同行评议的期刊论文。第一轮文献分析主要聚焦于关键词：精益建造（Lean Construction/Just—in—time）、BIM、装配式建造（Prefabrication/Precast/Industrial building system）、实施（Implementation/Implement）、策略（Strategies）。在第一轮检索中，检索出非常有限的期刊论文，由此也说明针对装配式建造模式的精益建造实施策略的研究还比较有限。第二轮文献分析主要进行关键词的扩展检索，这是由于精益建造的成功实施与精益建造实施的影响因素（Factors）、阻碍（Barriers）、风险（Risk）、驱动力（Drivers）、挑战（Challenges）有相关性。在第二轮文献检索中，通过扩大检索范围，获得了较多的研究论文成果，说明国内外学者都比较关注精益建造实施。经过两轮的文献分析，对每一篇收录的论文进行筛选，并记录所描述的精益建造实施策略、因素、阻碍、风险等，根据出现的频率，最后识别出了与我国建筑企业实施精益建造策略相关的33个潜在精益建造实施策略。

在识别出的33个潜在精益建造实施策略基础上，本部分进一步通过专家访谈，对其进行过滤、提炼，最终确定出面向我国建筑企业的17个精益建造实施策略，见表7—1。

表7-1　我国建筑企业实施精益建造的17个策略

策略编号	策略内容
S_1	建立顶层计划与推进小组
S_2	建立决策高效的组织结构
S_3	建立完善的绩效考核及激励体系
S_4	建立以顾客需求为导向的市场战略
S_5	建立完善的资源管理体系（包括人、机和料等）
S_6	加强企业内部的信息交流、合作和协同（如协同作业等）
S_7	加强与外部利益相关者的信息交流、合作和协同（如用户、其他建造方、物料供应商、物流企业等）

续表

策略编号	策略内容
S_8	建立完善的风险管控体系
S_9	制订和优化项目相关计划（如设计、施工、生产、物料等）
S_{10}	选择基于目标的合适的精益工具和技术
S_{11}	不断优化项目管理和作业流程
S_{12}	建立标准化的作业活动及构件体系
S_{13}	建立完善的标准、规则、制度体系
S_{14}	树立员工的精益化、智能建造意识，改变传统建造观念
S_{15}	注重员工技能培训（如会议、工作小组等）
S_{16}	注重引入咨询、学术机构等助力项目实施
S_{17}	建立持续改善的文化

二、确立精益建造实施策略之间的结构关系，并构建自交互矩阵

在确定了17个精益建造实施策略后，通过专家访谈，进一步确定各策略间的直接结构关系。为了确保评价结果的准确性，本部分选择了10位在装配式建造、精益建造和BIM方面有丰富经验的业界和学术界专家，并且均具有5年以上的相关经验。这10位专家对17个精益建造实施策略间的直接影响关系从W、X、Y和Z四个方面进行评价。

W、X、Y和Z所代表的策略间结构关系为：W表示策略i对策略j具有直接影响关系，反过来不成立；X表示策略j对策略i具有直接影响关系，反过来不成立；Y表示策略i与策略j之间的交互直接影响关系成立；Z表示策略i与策略j之间没有直接的交互影响关系。

当不同的专家对两种精益建造实施策略间的关系做出不同的判断时，依据“少数让位于多数”的原则来确定其相互关系，并且将获得的结构关系让10位专家进行进一步的确认，最终确定了17个精益建造实施策略间的相互结构关系。

三、建立精益建造实施策略间的临接矩阵

基于构建的17个精益建造实施策略的SSIM，将策略间的W、X、Y和Z结构关系转化为二进制“0”或“1”表示的矩阵，以构建出精益建造实施

策略的连接矩阵（Adjacent Matrix，AM），见表7—2。

表7-2　精益建造成功实施策略的AM

策略	S_1	S_2	S_3	S_4	S_5	S_6	S_7	S_8	S_9	S_{10}	S_{11}	S_{12}	S_{13}	S_{14}	S_{15}	S_{16}	S_{17}
S_1	0	0	0	0	0	0	0	0	0	0	0	0	0	1	1	0	0
S_2	0	0	0	0	0	0	0	0	0	1	0	0	1	0	0	0	0
S_3	0	0	0	0	0	0	0	0	0	1	0	0	1	0	0	0	0
S_4	0	0	0	0	0	0	0	0	1	0	0	0	0	0	0	0	0
S_5	0	0	0	0	0	0	0	1	0	0	1	0	0	0	0	0	0
S_6	0	0	0	0	0	0	1	0	1	0	1	0	0	0	0	0	0
S_7	0	0	0	0	0	1	0	0	1	0	1	0	0	0	0	0	0
S_8	0	0	0	0	0	0	0	0	0	0	0	0	0	0	0	0	0
S_9	0	0	0	1	0	0	0	1	0	0	1	0	0	0	0	0	0
S_{10}	0	0	0	0	0	1	1	0	0	0	0	1	0	0	0	1	1
S_{11}	0	0	0	0	1	0	0	1	1	0	0	0	0	0	0	0	0
S_{12}	0	0	0	0	0	1	1	0	0	1	0	0	0	0	0	0	1
S_{13}	0	1	1	0	0	0	0	0	0	1	0	0	0	0	0	0	0
S_{14}	0	1	1	0	0	0	0	0	0	0	0	0	1	0	1	0	0
S_{15}	0	0	1	0	0	0	0	0	0	0	0	0	1	1	0	0	0
S_{16}	0	0	0	0	0	0	0	0	0	1	0	0	0	0	0	0	0
S_{17}	0	0	0	0	0	1	1	0	0	0	0	0	0	0	0	0	0

四、构建精益建造实施策略的可达矩阵

在ISM理论中，RM用来反映策略间的直接和间接关系。精益建造实施策略的可达矩阵（Reachability matrix，RM）是基于AM通过布尔运算求得。具体为，将精益建造实施策略的邻接矩阵AM加上单位矩阵I，获得矩阵(AM+I)，对其进行布尔运算，直到矩阵不再发生变化时得到的矩阵为RM，公式表示如下。其中，k为矩阵的迭代次数。

$$(AM+I)^1 \neq (AM+I)^2 \neq (AM+I)^3 \neq \cdots \neq (AM+I)^{k-1} = (AM+I)^k = RM$$

通过计算得出，当$k=7$时，$(AM+I)^6=(AM+I)^7$，可获得精益建造实施策略的可达矩阵$RM=(AM+I)^6=(AM+I)^7$，见表7—3。

表 7–3　精益建造实施策略的 RM

策略	S_1	S_2	S_3	S_4	S_5	S_6	S_7	S_8	S_9	S_{10}	S_{11}	S_{12}	S_{13}	S_{14}	S_{15}	S_{16}	S_{17}
S_1	1	1	1	1	1	1	1	1	1	1	1	1	1	1	1	1	1
S_2	0	1	1	1	1	1	1	1	1	1	1	1	1	0	0	1	1
S_3	0	1	1	1	1	1	1	1	1	1	1	1	1	0	0	1	1
S_4	0	0	0	1	1	0	0	1	1	0	1	0	0	0	0	0	0
S_5	0	0	0	1	1	0	0	1	1	0	1	0	0	0	0	0	0
S_6	0	0	0	1	1	1	1	1	1	0	1	0	0	0	0	0	0
S_7	0	0	0	1	1	1	1	1	1	0	1	0	0	0	0	0	0
S_8	0	0	0	0	0	0	0	1	0	0	0	0	0	0	0	0	0
S_9	0	0	0	1	1	0	0	1	1	0	1	0	0	0	0	0	0
S_{10}	0	0	0	1	1	1	1	1	1	1	1	1	0	0	0	1	1
S_{11}	0	0	0	1	1	0	0	1	1	0	1	0	0	0	0	0	0
S_{12}	0	0	0	1	1	1	1	1	1	1	1	1	0	0	0	1	1
S_{13}	0	1	1	1	1	1	1	1	1	1	1	1	1	0	0	1	1
S_{14}	0	1	1	1	1	1	1	1	1	1	1	1	1	1	1	1	1
S_{15}	0	1	1	1	1	1	1	1	1	1	1	1	1	1	1	1	1
S_{16}	0	0	0	1	1	1	1	1	1	1	1	1	0	0	0	1	1
S_{17}	0	0	0	1	1	1	1	1	1	0	1	0	0	0	0	0	1

五、基于RM的精益建造实施策略层级划分

在确定精益建造实施策略的RM的基础上，运用ISM理论可以对这些实施策略进行结构层级划分，具体步骤如图7—1所示。

根据图7—1所示的精益建造实施策略层级划分流程，对17个实施策略进行层级划分。考虑篇幅限制，本部分只以第一层级（L_1）为例描述具体的层级划分过程。

基于RM，分别确定17个精益建造实施策略的可达集RS、先行集AS和交集RS∩AS。根据计算可知，在RM中，只有策略S_8对应的可达集RS、先行集AS和交集RS∩AS满足RS∩AS=RS的关系，由此得出只有策略S_8处于第一层级，即$L_1=\{S_8\}$。接着，在RM中，去除S_8对应的行与列，得到新的矩阵RM_1，并对矩阵RM_1进行上述相同的操作，可以得到处第二层级

L_2的策略。依据此原理，可以得出剩余所有层级的元素集合，具体为L_2={S_4，S_5，S_9，S_{11}}，L_3={S_6，S_7}，L_4={S_{17}}，L_5={S_{10}，S_{12}，S_{16}}，L_6={S_2，S_3，S_{13}}，L_7={S_{14}，S_{15}}，L_8={S_1}。

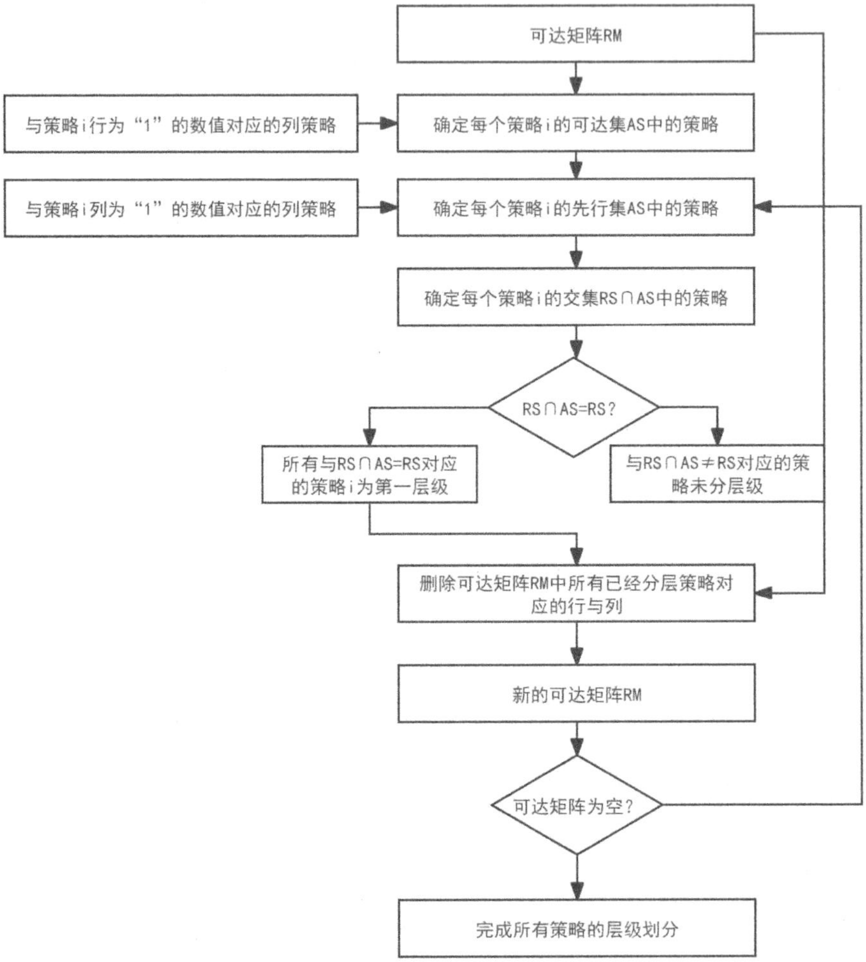

图7—1　精益建造成功实施策略层级划分流程

六、精益建造实施策略的ISM模型构建

根据前文中确定的精益建造实施策略的结构层级及临接矩阵AM，可以构建反映策略间直接和间接影响关系及结构层级分布的ISM模型。在ISM模型构建过程中，首先依据精益建造实施策略的AM，初步绘制17个策略

间的交互关系示意图，以反映策略间的结构关系，如图7—2所示。图7—2整体表示了17个精益建造实施策略间存在的关系网络，以说明实施策略间存在的交互关系，并进一步表明在提出精益建造实施路径时探究实施策略间关系的必要性。此外，该关系网络表明实施策略间的复杂关系组成了一个复杂网络，为后续运用复杂网络理论进一步探究实施策略的重要性提供了切入点。

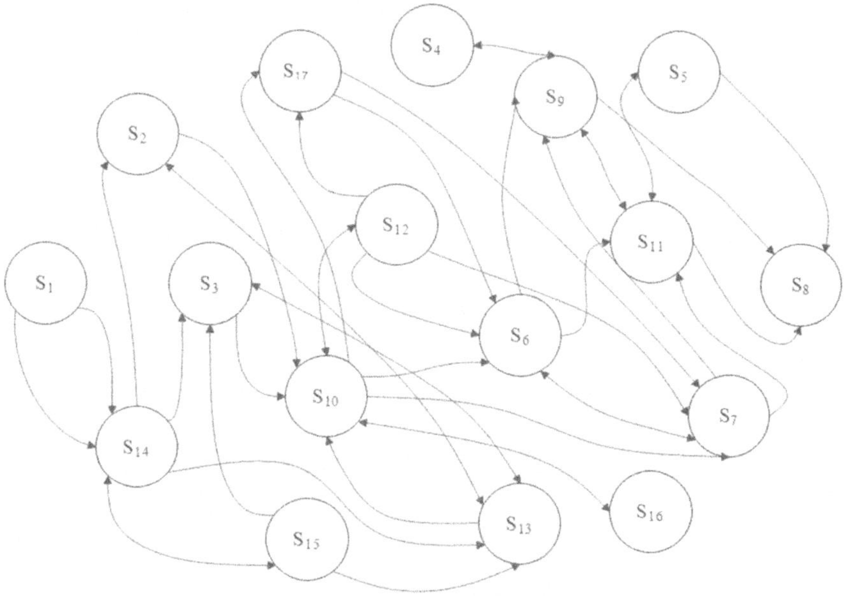

图7—2 17个精益建造实施策略间结构关系网络

在此基础上，将图7—2中结构关系网络中的每个节点用策略内容代替，并将这些策略划分到8个结构层级，以清晰体现策略间的交互关系和层级，进而可以得到这17个策略的ISM模型，如图7—3所示。

通过图7—3可以看出，针对我国建筑企业实施精益建造策略的ISM模型，是一个具有8个层级结构的多级递进网络系统。处于ISM模型不同结构层级的精益建造实施策略紧密联系，并且相互影响；处于ISM模型下层的精益建造实施策略直接或间接地对上层策略产生影响，同时对建造企业成功实施精益建造产生支撑和促进作用。

通过图7—3可以看出，S_1处于ISM模型的底层（L_8）。处于底层的精益建造策略是系统中最基础和根本的实施策略，其可以直接或间接地对上层因素产生影响，是实施精益建造过程中应当给予较多关注的基础且重要的策略。因此，我国建筑企业在装配式建造中实施精益建造模式时，首先需要成立顶层的项目推进小组，进行精益建造模式推进的整体计划和管控。

处于L_7层级的精益建造实施策略包括S_{14}和S_{15}，其均与“员工和文化”相关，并且两者相互影响和促进。由此可见，在我国装配式建筑企业实施精益建造的初期，需要强调精益文化和技能，也是推进精益建造实施的重要基础。

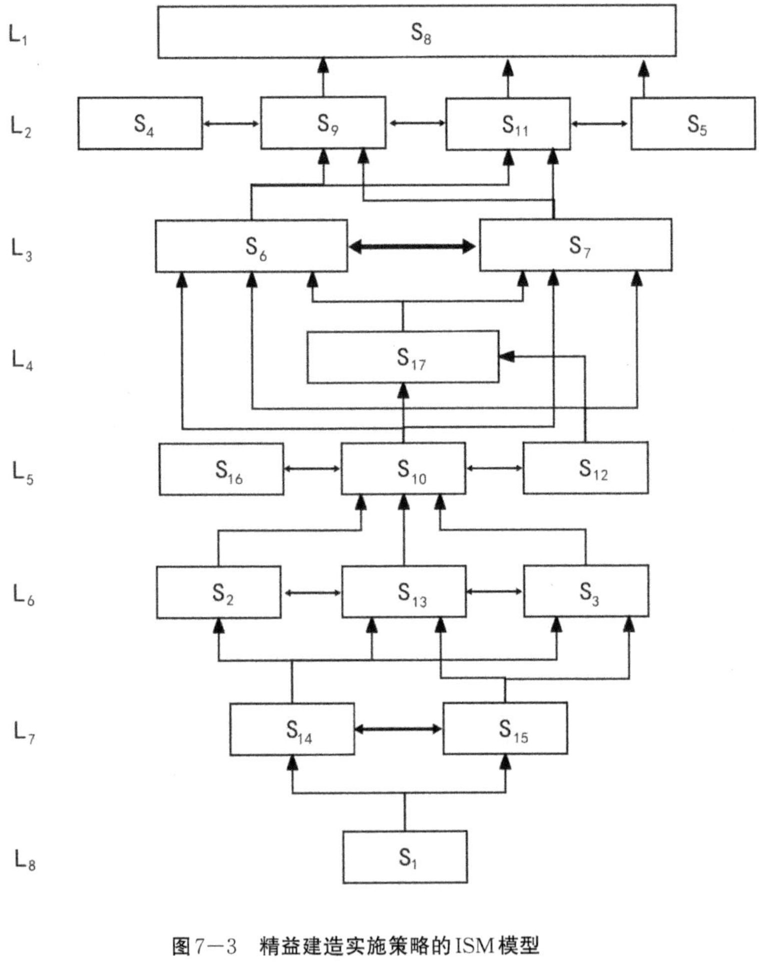

图7—3　精益建造实施策略的ISM模型

处于L_6层级的精益建造实施策略包括S_2、S_{13}和S_3，并且相互间存在影响关系。这些策略均与建筑企业的“组织结构”相关。由此可见，为推进精益建造模式实施，建筑企业也需要加强组织结构优化和调整，并健全绩效考核体系，从而激发员工的积极性。

处于L_5层级和L_4层级的精益建造实施策略均与“精益化和信息化建造”相关。其中，L_5层级包括精益建造实施策略S_{16}、S_{10}和S_{12}；L_4层级包括精益建造实施策略S_{17}。这两个层级属于建筑企业成功实施精益建造的技术环节，是在其下层精益建造实施策略创建的组织、文化等基础上，通过技术措施为建筑企业成功实施精益建造提供技术支撑。

处于L_3层级的精益建造实施策略包括S_6和S_7，均属于“协同合作”层面。建筑企业内外部的各参与方的协同合作是提升装配式建造产业链整体管理、企业自身能力及项目绩效的重要方面。尤其是在精益化和信息化背景下。因此，这些策略处于精益建造策略ISM模型中的较高层级，反映出其对建筑企业精益建造成功实施的相对直接影响。

处于L_2层级的精益建造实施策略包括S_4、S_9、S_{11}和S_5，均与“计划和控制”有关。该层级的精益建造实施策略处于较高层级，说明其对精益建造的成功实施具有较为直接的影响。这是由于建筑企业在加强组织、人员、文化建设及强化精益建造、信息化建造和协同建造的基础上，需要制定更加精益化的运作流程及物料控制，以满足顾客的价值需求。

处于顶层（L_1）的精益建造实施策略为S_8，是对精益建造的成功实施具有直接影响的策略，并且其需要依靠网络中底层及中间层策略的支撑而更好地实施该策略，也是精益建造实施过程中需要重点监控的策略。因此，建筑企业要建立完善的风险管理和监控体系，对精益建造模式实施过程中可能存在的风险要素（工期、资源、计划等）进行调整和优化，以将相关风险降至最低。

第二节 基于ISM模型和MICMAC的精益建造实施策略结构分析

在构建了建筑企业实施精益建造策略的ISM模型后，并按照结构层级对这些策略的作用进行了分析，然而这些分析偏重非系统性的、直观的定性分析。为更加全面和系统地描述精益建造实施的ISM模型的结构、策略对建筑企业实施精益建造的作用，本部分进一步运用MICMAC分析法对ISM模型进行分析。

MICMAC是通过系统结构的视角，探究ISM模型中各精益建造实施策略间的非直接结构关系。MICMAC中的直接结构矩阵是ISM模型中的AM，间接结构矩阵是ISM模型中的RM，这也解释了MICMAC分析法经常和ISM结合起来使用的原因。因此，基于建筑企业实施精益建造策略的RM及ISM模型，本部分运用MICMAC分析法对ISM模型进一步进行分析，以对模型中的精益建造实施策略进行分类并对模型中的策略及相互关系进行验证，更加明晰不同的精益建造实施策略对精益建造成功实施的作用。

在MICMAC分析中，将精益建造实施策略按照驱动力（Driving Power，DRP）和依赖性（Dependence Power，DEP）的数值大小进行划分。精益建造实施策略S_i的DRP是反映其对其他策略的影响能力；DEP是反映其受其他策略的影响程度。按照精益建造实施策略的DRP值和DEP值大小可以将其划分为四类，包括自治策略（Autonomous Strategies，AUS）、依赖策略（Dependent Strategies，DES）、关联策略（Linkage Strategies，LIS）和驱动策略（Driving Strategies，DRS）。在对精益建造实施策略的DRP进行计算时，一般用其可以传递影响的策略数量表示，对应RM中与行策略S_i相对应的数值为“1”的列策略数量。在对精益建造实施策略的DEP进行计算时，一般用影响该策略S_i的其他策略数量表示，对应RM中与列策略S_i相对应数值为“1”的行策略数量。据此可以计算出17个精益建造实施策略的DRP值和DEP值，见表7－4。

表7-4　基于RM的精益建造实施策略的驱动力和依赖性数值表

	S_1	S_2	S_3	S_4	S_5	S_6	S_7	S_8	S_9	S_{10}	S_{11}	S_{12}	S_{13}	S_{14}	S_{15}	S_{16}	S_{17}	DRP
S_1	1	1	1	1	1	1	1	1	1	1	1	1	1	1	1	1	1	17
S_2	0	1	1	1	1	1	1	1	1	1	1	1	1	0	0	1	1	14
S_3	0	1	1	1	1	1	1	1	1	1	1	1	1	0	0	1	1	14
S_4	0	0	0	1	1	0	0	1	1	0	1	0	0	0	0	0	0	5
S_5	0	0	0	1	1	0	0	1	1	0	1	0	0	0	0	0	0	5
S_6	0	0	0	1	1	1	1	1	1	0	1	0	0	0	0	0	0	7
S_7	0	0	0	1	1	1	1	1	1	0	1	0	0	0	0	0	0	7
S_8	0	0	0	0	0	0	0	1	0	0	0	0	0	0	0	0	0	1

续表

	S_1	S_2	S_3	S_4	S_5	S_6	S_7	S_8	S_9	S_{10}	S_{11}	S_{12}	S_{13}	S_{14}	S_{15}	S_{16}	S_{17}	DRP
S_9	0	0	0	1	1	0	0	1	1	0	1	0	0	0	0	0	0	5
S_{10}	0	0	0	1	1	1	1	1	1	1	1	1	0	0	0	1	1	11
S_{11}	0	0	0	1	1	0	0	1	1	0	1	0	0	0	0	0	0	5
S_{12}	0	0	0	1	1	1	1	1	1	1	1	1	0	0	0	1	1	11
S_{13}	0	1	1	1	1	1	1	1	1	1	1	1	1	0	0	1	1	14
S_{14}	0	1	1	1	1	1	1	1	1	1	1	1	1	1	1	1	1	16
S_{15}	0	1	1	1	1	1	1	1	1	1	1	1	1	1	1	1	1	16
S_{16}	0	0	0	1	1	1	1	1	1	1	1	1	0	0	0	1	1	11
S_{17}	0	0	0	1	1	1	1	1	1	0	1	0	0	0	0	0	1	8
DEP	1	6	6	16	16	12	12	17	16	9	16	9	6	3	3	9	10	

根据表7－4中计算得出的17个精益建造实施策略的DRP值和DEP值，运用MICMAC分析法可以进一步确定出每一个策略的类型，并将其绘制于以驱动力（DRP）为横坐标轴和依赖性（DEP）为纵坐标轴的象限中，如图7－4所示。

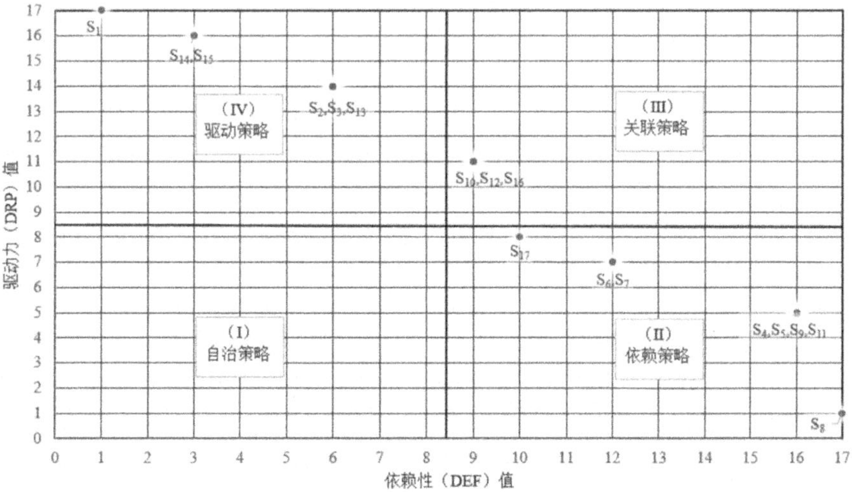

图7－4　基于MICMAC的17个精益建造实施策略的类型分布

根据图7－4中的17个精益建造实施策略的类型分布及MICMAC中关

于各策略类型对精益建造成功实施的作用，可以得出以下结论。

一、自治策略（Ⅰ）

通过图7—4可以看出，没有精益建造实施策略分布在左下角第Ⅰ象限内（自治策略）。这表明识别的17个精益建造实施策略均不具有较强的独立性，均与其他策略存在相互影响关系，也从另一方面说明精益建造实施策略不是相互独立的，而是相互间存在着复杂影响关系。

二、依赖策略（Ⅱ）

通过图7—4可以看出，处于右下角第Ⅱ象限内的依赖策略有8个，分别为S_{17}、S_6、S_7、S_4、S_5、S_9、S_{11}和S_8，这些策略处于ISM模型的上层，对下层策略具有较大的依赖性，通过优化和控制其下层策略可以更好地实施这些策略。需要注意的是，S_8具有最强的依赖性和最弱的驱动力，这与其处于ISM模型中的顶层（L_1）相一致，是需要重点监控的策略。此外S_{17}、S_6和S_7也具有相对较高的驱动力，其分别处于ISM模型中的L_4（S_{17}）层和L_3（S_6和S_7）层，处于模型的中间层附近，所以具有一定的驱动力和依赖性。因此，建筑企业需要加强可持续改善和内外部的协同运作。

三、关联策略（Ⅲ）

通过图7—4可以看出，处于右上角第Ⅲ象限内的依赖策略有3个，包括S_{10}、S_{12}和S_{16}，这些策略具有较强的驱动力和依赖性，,处于ISM模型的中间层（L_5），其兼具重要性和不稳定性。对这些策略的提升，可以对其他策略的实施及建筑企业成功实施精益建造模式产生较大影响，需要重点关注和管控。因此，建筑企业需要注重借助外部力量，建立标准化及选用适合自己的精益和信息化工具。

四、驱动策略（Ⅳ）

通过图7—4可以看出，处于左上角第Ⅳ象限内的依赖策略有6个，包括S_1、S_{14}、S_{15}、S_2、S_3和S_{13}，这些策略对其他所有精益建造实施策略具有较大的影响，而自身受其他策略的影响较小。在ISM模型中，这些策略一般处于模型的底层，分别处于L_8（S_1）层、L_7（S_{14}和S_{15}）层、L_6（S_2、S_3和S_{13}）层。尤其是，S_1处于ISM模型的最底层，对其他精益建造策略的实施具有最大的驱动力，是建筑企业实施精益建造时需要优先考虑和实施的策略。因此，建筑企业在实施精益建造的初始阶段需要加强顶层设计、培养精益文化和优化组织结构，为后续其他精益建造策略的实施提供良好的基础。

第三节 基于ISM模型及复杂网络理论的精益建造实施策略重要性分析

运用ISM方法构建了精益建造实施策略的ISM模型，探究了这些策略间的交互关系和结构层次，并运用MICMAC分析法从驱动强力和依赖性将策略分为四类，进一步清晰了ISM模型结构及各策略对精益建造实施的作用，确定了需要给予优先关注和重点关注的策略。然而，这些对精益建造实施策略重要性的探究偏重基于ISM模型的结构层面及策略对精益建造实施的作用，忽视了策略间相互重要性影响及相对重要性。因此，本部分运用复杂网络理论（Complex Theory，CT）进一步探究和确定精益建造实施策略的相对重要程度，以进一步识别在制订精益建造实施计划时需要重点关注的策略。

为了提高对精益建造实施策略重要性评价的准确性，本部分综合考虑复杂网络本身的拓扑结构特征及ISM模型的结构层级对网络节点重要性的影响，在分别计算基于网络拓扑结构的节点重要性权重(Topological Structure Weight，TSW)和基于ISM模型结构层级的重要性权重（Structural Degree Weight，SDW）的基础上，计算各个精益建造实施策略的综合重要度值，用以评价策略的相对重要性。

一、基于复杂网络拓扑结构的精益建造实施策略权重计算

基于网络拓扑结构的精益建造实施策略权重计算，是从策略网络结构本身出发，依据复杂网络的拓扑结构特性，对网络中实施策略的重要性进行评价。在评价过程中，主要是基于网络的节点（精益建造策略）、网络平均度、节点距离、节点效率等网络特征参数，通过构建节点重要度贡献矩阵和节点重要度评价矩阵来计算节点的权重。

（一）精益建造实施策略网络中各节点的度计算

在精益建造实施策略网络中，策略节点S_i的度（Degree，D），设定为D_{Si}，指的是与其具有直接影响关系的节点的数量。由于精益建造实施策略网络中各策略间的影响关系存在指向性，即策略可能对其他策略产生影响，同时又可能受其他策略的影响。其中，由策略S_i指向其他策略的边数量为策略S_i的出度，设定为$D_{S_i}^{out}$；由其他策略指向策略S_i的边数量为策略S_i的入度，设定为$D_{S_i}^{into}$。策略S_i的度D_{Si}的计算公式如下所示。

$$D_{S_i}=\sum_{j=1}^{n}(a_{ij}+a_{ji})-b=\sum_{j=1}^{17}(a_{ij}+a_{ji})-b \tag{7-1}$$

其中，S_i和S_j为精益建造实施策略网络中的两个策略节点；b为与策略S_i对应的行与列策略均为“1”的其他策略数量。

据此，可计算出精益建造实施策略网络中17个策略节点的度值，见表7—5。

表7–5　17个精益建造实施策略节点度值

策略	节点度符号	节点度值	策略	节点度符号	节点度值
S_1	D_{S1}	2	S_{10}	D_{S10}	8
S_2	D_{S2}	3	S_{11}	D_{S11}	5
S_3	D_{S3}	3	S_{12}	D_{S12}	4
S_4	D_{S4}	1	S_{13}	D_{S13}	5
S_5	D_{S5}	2	S_{14}	D_{S14}	5
S_6	D_{S6}	6	S_{15}	D_{S15}	4
S_7	D_{S7}	6	S_{16}	D_{S16}	1
S_8	D_{S8}	3	S_{17}	D_{S17}	4
S_9	D_{S9}	5	—		

（二）精益建造实施策略网络的平均度计算

精益建造实施策略网络的平均度（Average Degree，AD），为网络中所有策略节点度的平均值，如式（7—2）所示。

$$AD=\sum_{i-1}^{n}D_{S_i}/n=\sum_{i-1}^{17}D_{S_i}/_{17} \tag{7-2}$$

由此，可以计算得出精益建造实施策略的平均度$AD=67/17=3.9$，这表明每个精益建造实施策略平均与约4个其他策略存在直接影响关系。

（三）精益建造实施策略网络中节点距离的计算

在精益建造实施网络中，两个策略节点S_i和S_j之间的距离（Distance，D），为从策略S_i沿着传递关系方向到策略S_j涉及的最少边数量，设定为$d_{S_iS_j}$（为了与节点度D区分），如式（7—3）所示。如果两个策略节点S_i和S_j之间不存在直接或间接关系，则它们之间的距离为“∞”。

$$d_{S_iS_j}=\min_{i,j}\left(l_{S_iS_j}\right) \tag{7—3}$$

其中，$l_{S_iS_j}$表示策略节点S_i与节点S_j之间的所有路径长度，即边的数量。

基于此，可以计算得出17个精益建造实施策略间的距离$d_{S_iS_j}$。

（四）精益建造实施策略网络中节点效率的计算

在精益建造实施策略网络中，策略节点S_i的效率（Efficiency，E）设为E_{S_i}，用以反映该策略对其他策略影响速度的特征量，其与节点距离$d_{S_iS_j}$成反比，如式（7—4）所示。据此，可以求得策略节点S_1—S_{17}的效率E_{S_1}—$E_{S_{17}}$，见表7—6。

$$E_{S_i}=\frac{1}{n-1}\sum_{j=1,j\neq i}^{n}\frac{1}{d_{S_iS_j}}=\frac{1}{16}\sum_{j=1,j\neq i}^{17}\frac{1}{d_{S_iS_j}} \tag{7—4}$$

表7-6　17个精益建造实施策略节点的效率值

策略	节点效率符号	效率值	策略	节点效率符号	效率值
S_1	E_{S1}	0.374	S_{10}	E_{S10}	0.438
S_2	E_{S2}	0.401	S_{11}	E_{S11}	0.219
S_3	E_{S3}	0.401	S_{12}	E_{S12}	0.375
S_4	E_{S4}	0.104	S_{13}	E_{S13}	0.432
S_5	E_{S5}	0.177	S_{14}	E_{S14}	0.454
S_6	E_{S6}	0.281	S_{15}	E_{S15}	0.423
S_7	E_{S7}	0.281	S_{16}	E_{S16}	0.276
S_8	E_{S8}	0.000	S_{17}	E_{S17}	0.250
S_9	E_{S9}	0.219	—		

（五）精益建造实施策略网络的节点重要度贡献矩阵构建

通过前面四步，已经计算得出精益建造实施策略网络的基本拓扑结构参数，包括节点度、网络度、节点距离、节点效率。基于此，进一步考虑策略间的相互影响关系，特别是对相邻策略的重要性影响，这种策略间的相互重要性影响，可以通过策略节点的重要度贡献值（Contribution Value，CV）来衡量。重要度贡献值可以依据公式（7—5）计算得出，其表示精益建造实施策略S_i对其相邻策略的重要度贡献值CV_{S_i}。

$$CV_{S_i}=D_{s_i}/AD^2 \tag{7—5}$$

其中，D_{s_i}为策略S_i的度值；AD为精益建造实施策略网络的平均度值，为3.9。

基于策略节点的重要度贡献值，可以进一步构建面向整个精益建造实施策略网络的重要度贡献矩阵（Contribution Matrix，CM）。策略节点仅对其具有直接影响关系的相邻节点贡献重要度，构建的节点重要度贡献矩阵CM，如式（7—6）所示。

$$\mathrm{CM}=\begin{bmatrix} 1 & a_{12}CV_{S_2} & \cdots & a_{1n}CV_{S_n} \\ a_{21}CV_{S_1} & 1 & \cdots & a_{2n}CV_{S_n} \\ \vdots & \vdots & & \vdots \\ a_{n1}CV_{S_1} & a_{n2}CV_{S_2} & \cdots & 1 \end{bmatrix} \tag{7—6}$$

其中，a_{ij}为复杂网络的临接矩阵AM中元素，其值为“1”或“0”。

据此，可以计算得出精益建造实施策略中所有策略节点的重要度贡献矩阵CM，见表7—7。

表7-7　精益建造实施策略所有策略节点的重要度贡献矩阵CM

$CV_{S_iS_j}$	S_1	S_2	S_3	S_4	S_5	S_6	S_7	S_8	S_9	S_{10}	S_{11}	S_{12}	S_{13}	S_{14}	S_{15}	S_{16}	S_{17}
S_1	1	0	0	0	0	0	0	0	0	0	0	0	0	0.329	0.263	0	0
S_2	0	1	0	0	0	0	0	0	0	0.526	0	0	0.329	0	0	0	0
S_3	0	0	1	0	0	0	0	0	0	0.526	0	0	0.329	0	0	0	0
S_4	0	0	0	1	0	0	0	0	0.329	0	0	0	0	0	0	0	0
S_5	0	0	0	0	1	0	0	0.197	0	0	0.329	0	0	0	0	0	0
S_6	0	0	0	0	0	1	0.394	0	0.329	0	0.329	0	0	0	0	0	0
S_7	0	0	0	0	0	0.394	1	0	0.329	0	0.329	0	0	0	0	0	0
S_8	0	0	0	0	0	0	0	1	0	0	0	0	0	0	0	0	0
S_9	0	0	0	0.066	0	0	0	0.197	1	0	0.329	0	0	0	0	0	0
S_{10}	0	0	0	0	0	0.394	0.394	0	0	1	0	0.263	0	0	0	0.066	0.263
S_{11}	0	0	0	0	0.131	0	0	0.197	0.329	0	1	0	0	0	0	0	0
S_{12}	0	0	0	0	0	0.394	0.394	0	0	0.526	0	1	0	0	0	0	0.263
S_{13}	0	0.197	0.197	0	0	0	0	0	0	0.526	0	0	1	0	0	0	0
S_{14}	0	0.197	0.197	0	0	0	0	0	0	0	0	0	0.329	1	0.263	0	0
S_{15}	0	0	0.197	0	0	0	0	0	0	0	0	0	0.329	0.329	1	0	0
S_{16}	0	0	0	0	0	0	0	0	0	0.526	0	0	0	0	0	1	0
S_{17}	0	0	0	0	0	0.394	0.394	0	0	0	0	0	0	0	0	0	1

（六）精益建造实施策略网络的节点重要度评价矩阵构建

在前文构建的精益建造实施策略网络的重要度贡献矩阵基础上，为了进一步考虑策略节点间效率的影响，综合策略节点的重要度贡献值及其效率值，定义策略节点的重要性评价值（Importance Value，IV），如式（7—7）所示。

$$IV_{S_i} = E_{S_i} * CV_{S_i} \tag{7—7}$$

其中，E_{S_i}表示策略S_i的效率；CV_{S_i}表示策略S_i的重要度贡献值。

基于此，可以构建精益建造实施策略网络的重要度评价矩阵（Importance Matrix，IM），如式（7—8）所示。

$$\mathrm{IM}=\begin{bmatrix} 1 & a_{12}E_{S_2}CV_{S_2} & \cdots & a_{1n}E_{S_n}CV_{S_n} \\ a_{21}E_{S_1}CV_{S_1} & 1 & \cdots & a_{2n}E_{S_n}CV_{S_n} \\ \vdots & \vdots & & \vdots \\ a_{n1}E_{S_1}CV_{S_1} & a_{n2}E_{S_2}CV_{S_2} & \cdots & 1 \end{bmatrix}= \begin{bmatrix} 1 & a_{12}E_{S_2}CV_{S_2} & \cdots & a_{117}E_{S_{17}}CV_{S_{17}} \\ a_{21}E_{S_1}CV_{S_1} & 1 & \cdots & a_{217}E_{S_{17}}CV_{S_{17}} \\ \vdots & \vdots & & \vdots \\ a_{171}E_{S_1}CV_{S_1} & a_{172}E_{S_2}CV_{S_2} & \cdots & 1 \end{bmatrix} \tag{7—8}$$

根据公式（7—8）可以计算得出的精益建造实施策略所有策略节点的IM，见表7—8。

表 7-8　精益建造实施策略节点的 IM

$IV_{S_iS_j}$	S_1	S_2	S_3	S_4	S_5	S_6	S_7	S_8	S_9	S_{10}	S_{11}	S_{12}	S_{13}	S_{14}	S_{15}	S_{16}	S_{17}
S_1	0.374	0	0	0	0	0	0	0	0	0	0	0	0	0.149	0.111	0	0
S_2	0	0.401	0	0	0	0	0	0	0	0.230	0	0	0.142	0	0	0	0
S_3	0	0	0.401	0	0	0	0	0	0	0.230	0	0	0.142	0	0	0	0
S_4	0	0	0	0.104	0	0	0	0	0.072	0	0	0	0	0	0	0	0
S_5	0	0	0	0	0.177	0	0	0	0	0	0.072	0	0	0	0	0	0
S_6	0	0	0	0	0	0.281	0.111	0	0.072	0	0.072	0	0	0	0	0	0
S_7	0	0	0	0	0	0.111	0.281	0	0.072	0	0.072	0	0	0	0	0	0
S_8	0	0	0	0	0	0	0	0	0	0	0	0	0	0	0	0	0
S_9	0	0	0	0.007	0	0	0	0	0.219	0	0.072	0	0	0	0	0	0
S_{10}	0	0	0	0	0	0.111	0.111	0	0	0.438	0	0.099	0	0	0	0.018	0.066
S_{11}	0	0	0	0	0.023	0	0	0	0.072	0	0.219	0	0	0	0	0	0
S_{12}	0	0	0	0	0	0.111	0.111	0	0	0.230	0	0.375	0	0	0	0	0.066
S_{13}	0	0.079	0.079	0	0	0	0	0	0	0.230	0	0	0.432	0	0	0	0
S_{14}	0	0.079	0.079	0	0	0	0	0	0	0	0	0	0.142	0.454	0.111	0	0
S_{15}	0	0	0.079	0	0	0	0	0	0	0	0	0	0.142	0.149	0.423	0	0
S_{16}	0	0	0	0	0	0	0	0	0	0.230	0	0	0	0	0	0.276	0
S_{17}	0	0	0	0	0	0.111	0.111	0	0	0	0	0	0	0	0	0	0.250

（七）精益建造策略实施网络中各策略节点重要度计算

在确定出精益建造策略实施网络的重要度评价矩阵基础上，通过综合考虑策略节点S_i的效率E_{s_i}及其受其影响策略S_j的重要度评价值IV_{s_j}，可以计算得出其在网络中的重要度w_{s_i}，如式（7—9）所示。据此可以计算得出17个精益建造实施策略的重要度值，见表7—9。

$$w_{s_i}=E_{s_i}\sum_{j-1,j\neq i}^{n}IV_{s_j}=E_{s_i}\sum_{j-1,j\neq i}^{17}IV_{s_j} \tag{7—9}$$

表7–9　基于网络拓扑结构的17个精益建造实施策略节点的重要度值

策略	重要度符号	重要度值	策略	重要度符号	重要度值
S_1	w_{S1}	0.097	S_{10}	w_{S10}	0.177
S_2	w_{S2}	0.149	S_{11}	w_{S11}	0.021
S_3	w_{S3}	0.149	S_{12}	w_{S12}	0.194
S_4	w_{S4}	0.007	S_{13}	w_{S13}	0.168
S_5	w_{S5}	0.013	S_{14}	w_{S14}	0.187
S_6	w_{S6}	0.072	S_{15}	w_{S15}	0.157
S_7	w_{S7}	0.072	S_{16}	w_{S16}	0.064
S_8	w_{S8}	0.000	S_{17}	w_{S17}	0.056
S_9	w_{S9}	0.017	—		

二、基于ISM模型结构层级的精益建造实施策略权重计算

在基于网络拓扑特征参数计算得出的精益建造实施策略网络中17个策略节点的重要度值基础上，需要进一步综合考虑这17个策略节点在精益建造实施策略ISM模型中的结构层级对其自身重要性的影响。因此，本部分采用了一种综合评价方法，以确定17个精益建造实施策略的结构化权重。该评价方法的计算过程主要分为三个步骤，分别为计算ISM模型各层级权重、确定策略节点的出度和入度影响系数、计算策略节点的结构化权重值。

（一）精益建造实施策略ISM模型的层级权重计算

依据构建的精益建造实施策略的ISM模型，17个精益建造实施策略共分布在8个结构层级，分别为L_1—L_8。根据对ISM模型结构和基于MICMAC的分析可以看出，处于不同层级的精益建造策略对建筑企业成功

实施精益建造的作用及重要性不同。为此，利用网络层级权重（Level Weight，LW）表示ISM模型中各层级的重要水平，如式（7—10）所示。

$$LW_{L_i} = \frac{1/i}{\sum_{i=1}^{N}(1/i)} = \frac{1/i}{\sum_{i=1}^{8}(1/i)} \tag{7—10}$$

其中，i为ISM模型的结构层级数值，i=1，2，3，…，8。

据此，可以计算得出L_1—L_8的层级权重，分别为0.368、0.184、0.123、0.092、0.074、0.061、0.053、0.046。

（二）策略节点出入度重要性影响权重系数确定

在基于ISM模型结构层次分析策略节点重要性的过程中，不仅要考虑待评价策略节点自身所处的网络层级，还要考虑与待评价策略具有直接影响关系的其他策略节点所处的层级。因此，在ISM模型中，待评价策略影响其他策略或受其他策略影响，与之对应的是出度策略节点和入度策略节点，其重要性影响系数可以分别表示为O和I，并且O＜I，O＋I＝1。根据周漩、刘伟强和徐立云等的研究，O和I一般取值为0.25和0.75。

（三）精益建造实施策略节点的结构化权重计算

通过计算精益建造实施策略ISM模型的层级权重及策略节点的出入度重要性影响权重系数，可以进一步计算得出各个策略节点的结构化权重（Structural Weight，SW），如式（7—11）所示。

$$SW_{S_i} = LW_{S_i}\left(I\sum_{k} LW_{S_k \to S_i} N_{S_k \to S_i} + O\sum_{j} LW_{S_i \to S_j} N_{S_i \to S_j}\right) \tag{7—11}$$

其中，LW_{S_i}表示策略节点S_i所在精益建造实施策略ISM模型中的层级权重；S_j与S_k分别表示策略节点S_i指向和被指向的策略节点；$W_{S_i \to S_j}$与$N_{S_i \to S_j}$和$LW_{S_k \to S_i}$与$N_{S_k \to S_i}$分别表示策略节点S_j与S_k在ISM模型中的层级权重及自身数量。

基于此，可以计算出17个精益建造实施策略的结构权重值，见表7—10。

表 7-10　17 个精益建造实施策略的结构化权重值

S_i	L_i	LW_{S_i}	S_k	S_j	$I\sum_k LW_{S_k\to S_i}N_{S_k\to S_i}$	$O\sum_j LW_{S_i\to S_j}N_{S_i\to S_j}$	SW_{S_i}
S_1	L_8	0.046	0	S_{14}，S_{15}	0.0000	0.0530	0.0024
S_2	L_6	0.061	S_{14}，S_{13}	S_{13}，S_{10}	0.1710	0.0675	0.0145
S_3	L_6	0.061	S_{14}，S_{13}，S_{15}	S_{13}，S_{10}	0.3758	0.0675	0.0270
S_4	L_2	0.184	S_9	S_9	0.1380	0.0460	0.0339
S_5	L_2	0.184	S_{11}	S_{11}，S_8	0.1380	0.2760	0.0762
S_6	L_3	0.123	S_{10}，S_{12}，S_{17}，S_7	S_7，S_{11}，S_9	1.0890	0.3683	0.1792
S_7	L_3	0.123	S_6，S_{17}，S_{10}，S_{12}	S_6，S_{11}，S_9	1.0890	0.3683	0.1792
S_8	L_1	0.368	S_9，S_5，S_{11}	0	1.2420	0.000	0.4570
S_9	L_2	0.184	S_4，S_6，S_7，S_{11}	S_4，S_{11}，S_8	1.8420	0.5520	0.4405
S_{10}	L_5	0.074	S_{16}，S_2，S_{13}，S_3，S_{12}	S_{16}，S_{12}，S_6，S_{17}，S_7	1.2413	0.6075	0.1368
S_{11}	L_2	0.184	S_9，S_6，S_7，S_5	S_9，S_5，S_8	1.8420	0.5520	0.4405
S_{12}	L_5	0.074	S_{10}	S_{10}，S_6，S_7，S_{17}	0.0555	0.4120	0.0346
S_{13}	L_6	0.061	S_2，S_{14}，S_{15}，S_3	S_2，S_3，S_{10}	0.6840	0.1470	0.0507
S_{14}	L_7	0.053	S_1，S_{15}	S_{15}，S_2，S_{13}，S_3	0.1485	0.2360	0.0204
S_{15}	L_7	0.053	S_1，S_{14}	S_{14}，S_{13}，S_3	0.1485	0.1313	0.0148
S_{16}	L_5	0.074	S_{10}	S_{10}	0.0555	0.0185	0.0055
S_{17}	L_4	0.092	S_{10}，S_{12}	S_6，S_7	0.2220	0.1230	0.0317

三、精益建造实施策略的综合重要度值计算

通过上述分析，分别计算出了基于网络拓扑结构的节点重要性权重w_{S_i}和基于ISM模型结构层级的结构化权重SW_{S_i}。为了提高策略节点权重计算的科学性和有效性，进一步通过w_{S_i}与SW_{S_i}的乘积计算17个精益建造策略的综合重要度值（Comprehensive Weight，CW），如式（7－12）所示。

$$CW_{S_i}=w_{S_i}*SW_{S_i} \tag{7-12}$$

基于此，可以计算出17个精益建造实施策略的结构权重，见表7－11。

表7-11　17个精益建造实施策略的综合权重值

S_i	w_{S_i}	SW_{S_i}	$*CW_{S_i}$	排序	顺序排序	S_i
S_1	0.097	0.0024	0.000236486	16	1	S_{10}
S_2	0.149	0.0145	0.002167727	11	2	S_6
S_3	0.149	0.0270	0.004028699	8	3	S_7
S_4	0.007	0.0339	0.000236992	15	4	S_{11}
S_5	0.013	0.0762	0.000990288	13	5	S_{13}
S_6	0.072	0.1792	0.012905406	2	6	S_9
S_7	0.072	0.1792	0.012905406	3	7	S_{12}
S_8	0.000	0.4570	0.000000000	17	8	S_3
S_9	0.017	0.4405	0.007488432	6	9	S_{14}
S_{10}	0.177	0.1368	0.024214928	1	10	S_{15}
S_{11}	0.021	0.4405	0.009250416	4	11	S_2
S_{12}	0.194	0.0346	0.006711430	7	12	S_{17}
S_{13}	0.168	0.0507	0.008516088	5	13	S_5
S_{14}	0.187	0.0204	0.003810780	9	14	S_{16}
S_{15}	0.157	0.0148	0.002327800	10	15	S_4
S_{16}	0.064	0.0055	0.000350464	14	16	S_1
S_{17}	0.056	0.0317	0.001777440	12	17	S_8

说明：“*”表示由于部分精益建造策略的权重值相近，为了更好地区分策略权重大小和排序，因此权重值保留了多位小数。

第四节 建筑企业实施精益建造的路径构建及分析

一、精益建造实施策略评价结果分析

针对我国建筑企业实施精益建造策略的结构关系及重要性探究，上述部分分别从ISM、MICMAC、复杂网络理论三个方面进行了定量的和系统的研究。这三个方面的研究互为补充，从整体结构层级、局部交互关系对精益建造实施策略的交互关系、相互影响、重要性，以及建筑企业成功实施精益建造的作用机制进行了全面和系统的研究，进而为建筑企业更加精确地制定有效的精益建造实施路径或计划提供了支撑。基于ISM、MICMAC、复杂网络理论分析得出的精益建造实施策略对建筑企业成功实施精益建造的重要性和作用，见表7－12。

根据表7－12可知，处于ISM模型较高层级的精益建造策略与MICMAC分析中的依赖策略相对应，是对建筑企业成功实施精益建造具有直接影响的策略。这些策略基于下层级策略的支撑，是需要重点监控的策略。例如，精益建造实施策略S_8具有最强的依赖性和最弱的驱动性，与其处于ISM模型的顶层（L_1），依赖下层策略实施效果的分析相一致；处于ISM模型中间层的精益建造策略与MICMAC分析中的关联策略相对应，其处于承上启下的关键位置，也就是说这些策略要承接下层策略的实施效果，还要为上层策略的实施提供支撑。因此，这些策略是最为关键和需要重点关注的。

此外，需要注意的是，运用复杂网络理论对精益建造实施策略进行重要性评价时忽略了策略所处的结构层级作用，即实施策略的时间顺序。例如，从重要度上看，S_{16}处于第14位，S_6处于第2位，需要先实施S_6，然而S_{16}是S_6实施的基础，从ISM与MICMAC分析得出的时间顺序上来说，需要优先实施S_{16}。

由此可见，分别基于ISM、MICMAC、复杂网络理论对精益建造实施策略的分析相互补充，不仅清晰描绘了建筑企业成功实施精益策略的优先顺序层级，还确定了在层级内各策略实施的优先级以及需要重点关注的策略，为清晰刻画和制定精益建造实施路径奠定了基础。

表7-12　基于ISM、MICMAC、复杂网络模型的精益建造实施策略分析

S_i	重要度值排序	ISM中的层级	基于ISM的作用分析	MICMAC中的分类	基于MICMAC结果的作用分析
S_{10}	1	L_5	处于层级中部，属于精益建造实施的技术环节，其在下层策略的基础上，通过技术实施为上层策略提供支撑	关联策略	对其他策略的驱动力和依赖性均较强，对精益建造的成功实施具有较大影响，是最为关键和需要管控的策略
S_6	2	L_3	处在第三高层级，对精益建造实施具有较直接的影响，还是传递下层策略效果及支撑上层策略的重要环节	依赖策略	对其他策略具有较高的依赖性，又具有一定的驱动力，不仅需要对其进行监控，还需要给予一定的重视
S_7	3	L_3	处在第三高层级，对精益建造成功实施具有较直接影响，还是传递下层策略效果及支撑上层策略的重要环节	依赖策略	对其他策略具有较高的依赖性，又具有一定的驱动力，不仅需要对其进行监控，还需要给予一定的重视
S_{11}	4	L_2	处在第二高层级，对精益建造成功实施具有更为直接的影响，还是监控下层策略效果及支撑上层策略的重要环节	依赖策略	对其他策略具有较高的依赖性及相对较弱的驱动力，需要对其进行监控和适当的关注，以了解其下层策略的实施效果
S_{13}	5	L_6	处在第三低层级，为精益建造实施提供相对基础的支撑	驱动策略	对其他策略具有第三强的驱动力和较弱的依赖性，是精益建造成功实施的基础部分，需要较早给予关注

续表

S_i	重要度值排序	ISM中的层级	基于ISM的作用分析	MICMAC中的分类	基于MICMAC结果的作用分析
S_9	6	L_2	处在第二高层级，对精益建造成功实施具有更为直接的影响，还是监控下层策略效果及支撑上层策略的重要环节	依赖策略	对其他策略具有第二高的依赖性及相对较弱的驱动力，需要对其进行监控和适当的关注，以了解其下层策略的实施效果
S_{12}	7	L_5	处于层级的中部，属于精益建造实施的技术环节，其在下层策略的基础上，通过技术实施为上层策略提供支撑	关联策略	对其他策略的驱动力和依赖性均较强，对精益建造的成功实施具有较大影响，是最为关键和需要管控的策略
S_3	8	L_6	处在第三低层级，为精益建造提供相对基础的支撑	驱动策略	对其他策略具有第三强的驱动力和较弱的依赖性，是精益建造成功实施的基础部分，需要较早给予关注
S_{14}	9	L_7	处在第二低层级，为精益建造提供重要基础，是需要精益建造开展初期实施的策略	驱动策略	对其他策略具有第二强的驱动力和较弱的依赖性，是精益建造成功实施的基础部分，需要较早给予关注
S_{15}	10	L_7	处在第二低层级，为精益建造提供重要基础，是需要精益建造开展初期实施的策略	驱动策略	对其他策略具有第二强的驱动力和较弱的依赖性，是精益建造成功实施的基础部分，需要较早给予关注
S_2	11	L_6	处在第三低层级，为精益建造提供相对基础的支撑	驱动策略	对其他策略具有第三强的驱动力和较弱的依赖性，是精益建造成功实施的基础部分，需要较早给予关注

续表

S_i	重要度值排序	ISM中的层级	基于ISM的作用分析	MICMAC中的分类	基于MICMAC结果的作用分析
S_{17}	12	L_4	处于层级中部，属于精益建造实施的技术环节，其在下层策略的基础上，通过技术实施为上层策略提供支撑	依赖策略	对其他策略具有较高的依赖性，又具有一定的驱动力，不仅需要对其进行监控，还需要给予一定的重视
S_5	13	L_2	处在第二高层级，对精益建造成功实施具有更为直接的影响，还是监控下层策略效果及支撑上层策略的重要环节	依赖策略	对其他策略具有第二高的依赖性及相对较弱的驱动力，需要对其进行监控和适当的关注，以了解其下层策略的实施效果
S_{16}	14	L_5	处于层级中部，属于精益建造实施的技术环节，其在下层策略的基础上，通过技术实施为上层策略提供支撑	关联策略	对其他策略的驱动力和依赖性均较强，对精益建造的成功实施具有较大影响，是最为关键和需要管控的策略
S_4	15	L_2	处在第二高层级，对精益建造成功实施具有更为直接的影响，还是监控下层策略效果及支撑上层策略的重要环节	依赖策略	对其他策略具有第二高的依赖性及相对较弱的驱动力，需要对其进行监控和适当的关注，以了解其下层策略的实施效果
S_1	16	L_8	处在最低层级，是最为基础的精益建造实施策略，是需要最为优先实施的策略	驱动策略	对其他策略具有最强的驱动力和最弱的依赖性，是精益建造成功实施的最基础部分，需要最优先关注和保证
S_8	17	L_1	处在最高层级，对精益建造的成功实施具有最直接的影响，是需要最为重点监控的策略	依赖策略	对其他策略的依赖性最强、驱动力最弱，需要对其进行重点监控以判断其他策略的实施效果

二、精益建造实施路径构建及分析

使用ISM、MICMAC、复杂网络理论对精益建造实施策略的作用及重要性进行分析，可以确定出建筑企业成功实施精益策略的优先顺序层级及在层级内各策略实施的优先级及需要重点关注的策略，据此可以构建出层次和重点分明的建筑企业成功实施精益建造的路径。

我国建筑企业的精益建造实施路径可以分为四个层级，即基础层（Level—1）、组织层（Level—2）、技术层（Level—3）和管控层（Level—4）。

（一）基础层（Level-1）

精益建造实施路径中的基础层主要是由处于ISM模型低层级的精益建造实施策略组成，包括L_8中的S_1和L_7中的S_{14}、S_{15}。其中，S_{14}是需要给予更多关注的重点策略。根据前面的分析结果，这些策略均属于“驱动策略”，是建筑企业实施精益建造的基础，为其他精益建造策略的实施起到支撑作用。

建筑企业在实施精益建造时，首先，需要建立顶层的计划与领导小组（S_1），负责精益建造实施项目的整体推进。这是由于建筑企业实施精益建造是对其管理及运营模型的变革，同时精益建造的实施是个系统工程，涉及人、机、物等各个方面，只有顶层领导小组才可以充分调动相关资源进行实施变革。其次，由于员工处于新旧观念的转换，对精益化变革存在抵触情绪，因此提高员工的精益意识和培养员工的精益文化（S_{14}）是最为重要的基础工作。在此过程中，需要通过多种形式为员工进行相关知识的学习及培训（S_{15}），提升员工的精益建造理论知识和实践经验及增强精益建造改善意识。

（二）组织层（Level-2）

精益建造实施路径中的组织层是由处于ISM模型稍低层级的精益建造实施策略组成，包括L_6中的S_2、S_3、S_{13}。其中，S_{13}是需要给予更多关注的重点策略。虽然在MICMAC分析中，这些策略属于“驱动策略”范畴，但是其对L_8中的S_1和L_7中的S_{14}、S_{15}有一定的依赖性。因此，未将其划分为基础层，而是考虑到组织结构对精益建造实施的重要支撑作用，将这些策略单独划定为组织层。

精益建造的成功实施需要完善的组织结构体系，包括标准制度和相应的激励措施等。我国建筑企业处于由传统建造模式向装配式建造模式转型的初级阶段，还未建立起来与之相适应的组织结构模式，特别是实施精益建造更加需要对传统建造模式下的组织结构进行变革。在此过程中，首先，建筑企业需要建立完善的标准、规则、制度体系（S_{13}），为装配式建造的精益建造模式提供制度支撑。其次，要注重绩效考核和激励机制设计（S_3），进一步促进员工转变思想，激发其积极参与精益建造实施的热情。最后，要完善组织结构的决策流程，通过各个组织层级的高效决策（S_2），为精益建造实施过程的快速配置资源提供支撑。

（三）技术层（Level-3）

精益建造实施路径中的技术层是由处于ISM模型中间位置附近的精益建造实施策略组成，包括L_5中的S_{16}、S_{10}、S_{12}和L_4中的S_{17}及L_3中的S_6、S_7，是精益建造成功实施的关键技术策略。其中，S_{10}、S_{12}、S_6、S_7是需要给予更多关注的重点策略。S_{16}、S_{10}和S_{12}属于"关联策略"；S_{17}、S_6、S_7属于"依赖策略"，但其也具有较高的驱动力，是促进精益建造实施的技术策略。因此，将这些策略划分为技术层。

当前，我国建筑企业缺少精益建造知识、经验，并且企业内部各作业活动存在分割现象，是制约其成功实施精益建造的主要因素。建筑企业需要基于自身实际选择适合的精益建造工具和信息技术（S_{10}），是建筑企业成功实施精益建造最为关键的策略。在此基础上，建筑企业还需要建立标准化的运作流程及作业活动（S_{12}）。在精益技术与流程建立的基础上，考虑到精益建造实施是一个长期的动态过程，建筑企业需要建立起基于业务变化的对精益建造实施不断进行优化的可持续改善机制（S_{17}）。在此过程中，由于大部分建筑企业缺少精益建造经验，因此在精益建造实施过程中遇到问题时，可以适时地借助外部力量协助解决（S_{16}）。在此基础上，为进一步提升精益建造实施效果，建筑企业需要加强企业内部的协同作业（S_6），包括实施并行作业及建立小组制等，同时还需建立与企业外部参与者的协同作业（S_7），包括实施协同设计、协同生产、协同供应链等。

（四）管控层（Level-4）

精益建造实施路径中的管控层是由处于ISM模型中较高层级的精益建造实施策略组成，包括L_1中的S_8和L_2中的S_4、S_9、S_{11}、S_5。其中，S_9、S_{11}是需要给予更多关注的重点策略。这些策略均属于"依赖策略"，是对建筑企业成功实施精益建造具有直接影响的策略。由于这些策略的实施需要其他实施策略的支撑，所以这些策略的实施效果是反映其他策略实施效果的重要方面。

精益建造是否成功实施需要通过装配式建造项目的绩效提升来反映，而项目绩效又与项目是否满足顾客需求和价值有关。如上所述，处于管控层的精益建造实施策略是影响项目绩效最直接的策略。因此，在管控层中，需要优先关注顾客的需求和价值（S_4），以了解项目的功能、工期、预算、质量等要求。基于顾客需求，建筑企业需要制订完善的项目实施计划和调度计划（S_9），包括工期计划、物料计划、人力计划等。在项目建造过程中，存在很多影响因素，如天气、技术变更等，因此建筑企业需要动态调整计划，并优化与之相应的作业流程（S_{11}）。与此同时，计划的实施及调整需要各种资源的及时和有效供给。因此，需要基于计划和流程，建立资源管理体系（S_5），对相关的人、机、料等资源进行有效管理。此外，由于装配式建造受外界较多不确定性因素的影响，所以计划、工期、物料等建造资源存在不能满足实际需求的风险，尤其是工期和质量方面的风险对项目绩效有着最直接的影响，因此需要基于项目计划等制定完善的风险管控体系（S_8），并进行重点的监控。

第五节 精益建造的实施策略

前文对精益建造实施路径的分析，接下来对精益建造的实施策略进行分析。这些策略是实施精益建造的关键环节，包括项目的组织管理、技术支持、人员培训、风险控制等方面，旨在通过精益建造方法提升建筑企业的效率、质量及整体竞争力。

一、成立精益领导小组

精益建造的实施是一个系统工程，成功的实施需要高层领导的强有力支持。建筑企业应成立一个跨部门的精益建造领导小组，确保有足够的资源、权限和决策力来推动实施。领导小组应包括各个部门的负责人，如项目管理、施工、采购、质量控制、财务等部门，以便从各个方面协调资源并解决问题。精益领导小组的首要任务是制定并推动精益建造实施的整体战略，协调各方利益，确保精益思想贯穿项目全生命周期。

例如，中建一局在推行精益建造时，成立了专门的精益建造推进小组，定期召开跨部门的工作协调会议，确保精益建造实施过程中，各部门能够及时沟通并解决问题。由于精益领导小组的支持，确保了精益建造在不同项目中得到了有效落实，提高了施工效率和质量。特别是在某些复杂项目中，精益领导小组帮助提前识别并解决潜在的质量和进度问题，避免了项目延误和成本超支。

二、培养员工的精益意识和精益文化

精益建造成功与否，离不开全体员工的支持和参与。员工的精益意识和文化是推动精益建造的核心要素。因此，建筑企业需要通过培训、沟通、文化建设等手段，帮助员工理解精益建造的理念，并鼓励他们在实际工作中应用。企业应通过开展精益建造相关的培训课程、研讨会等活动，提升员工对精益思想的认知，增强他们的参与感和责任感。

例如，万科在实施精益建造战略的过程中，将精益意识融入员工的日常工作中。通过定期的精益培训、团队竞赛等形式，增强了全体员工对精益建造的认同感。通过精益文化的推广，员工不仅提高了工作效率，还激发了创新思维，推动精益建造在各个项目中的有效落实。又如，在某住宅项目中，万科通过精益文化的系统培训和深入沟通，激发了员工参与项目优化设计和施工流程改进的热情，最终提高了项目整体的施工效率和质量。

三、制定并实施标准化作业流程

标准化作业流程是精益建造的核心原则之一，它有助于减少变异、提高工作效率并确保项目质量。建筑企业应根据项目特点、施工阶段以及实际条件，制定标准化作业流程，规范每一项作业，从而实现全流程的优化管理。标准化作业流程的实施要从设计、采购、施工、质量控制等方面入手，确保各个环节之间有序衔接，减少无效作业和重复劳动。

例如，在北京某大型房地产开发项目中，企业通过精益建造实施标准化作业流程，成功将工期缩短了20%。在该项目中，对每一个施工步骤都进行了详细的规划与标准化，确保每个环节都按部就班地进行。通过流程优化，项目管理的透明度和可控性大大提升，工作效率和工程质量也得到显著提高。此外，标准化作业流程还减少了人为错误和不必要的工序，大幅提高了施工的安全性和效率。

四、采用适合的精益工具与信息技术

精益建造的实施需要依托先进的工具和信息技术，帮助企业优化流程和提升管理水平。建筑企业应根据项目的需求和公司资源，选择合适的精益工具，如看板管理、价值流图、5S管理等。与此同时，信息技术的引入，如建筑信息建模、物联网、无人机技术等，可以帮助企业实现数字化和智能化管理，从而提高精益建造的效率和精度。

例如，华为在其智慧建筑项目中，采用了BIM技术与精益建造相结合的方式，成功提高了项目的管理效率。通过BIM技术，华为能够实时跟踪项目进度和进行质量控制，快速发现潜在问题并及时调整。BIM技术与精益工具的结合使得项目的资源利用率大幅提高，避免了资源浪费，并减少了施工周期。通过BIM技术，所有参与方能够实时访问项目的三维模型，确保各方在设计和施工过程中都能进行精确的协同，显著提升了工程的整体效能。

五、强化内外部协同作业

精益建造提倡高效的团队协作和跨部门、跨企业的协同作业。建筑企业应通过建立高效的协同工作机制，推动各部门之间、企业内部与外部合作伙伴之间的紧密合作，确保物流、信息流、资金流的高效流动。内部协作机制的建立可以通过小组合作、交叉培训等方式，促进不同部门之间的协调与沟通；而外部协作机制则可以通过与供应商、分包商的战略合作，共享信息、共同优化供应链，提高整体项目效率。

例如，在上海某高层住宅项目中，项目方与供应商和分包商建立了紧密的协同工作机制，建立了“项目联盟”模式。通过这种方式，供应商和分包商能够及时获取项目的需求变化，并根据实际情况调整生产计划和施工进度。这种协同模式不仅减少了物料的积压和过剩，还提高了工作效率、缩短了项目工期、确保了按时交付。通过这些协同作业，项目的各项资源得到了优化配置，整体施工效率提高了30%。

六、建立持续改善机制

精益建造强调持续改进，企业应不断优化管理流程和作业方法，以适应市场变化和技术发展。建筑企业应建立持续改进机制，通过定期的项目评估、过程回顾、问题反馈等方式，分析项目中的不足之处，发现流程中的瓶颈并进行优化。持续改进的过程可以通过PDCA（计划－执行－检查－行动）循环来推动，确保精益建造的各个环节不断向着更高的目标前进。

例如，某建筑企业在实施精益建造后，定期通过项目回顾会议来总结经验教训，评估项目中的成功与不足。通过这种持续的反馈和改进机制，企业在接下来的项目中不断优化工艺流程、管理模式，显著提升了工期控制、成本控制和质量管理的水平。特别是在某商业办公楼项目中，通过持续改善机制，该公司及时识别出设计阶段的瓶颈，并在后续项目中应用改进措施，减少了50%的设计变更。

七、优化项目计划与资源管理

项目计划与资源管理是精益建造实施的核心要素。建筑企业应根据项目的规模和复杂性，制订详细的项目计划，确保每个阶段的任务能够按时完成。同时，资源管理也至关重要，精益建造要求企业在项目中精确调配资源，避免资源浪费。企业应通过合理的资源计划、协调和调度，提高资源利用率，确保各项工作顺利进行。

例如，在广州某高速公路项目中，建筑企业通过精益建造的资源管理方案，成功提高了设备利用率。通过对设备使用情况进行实时监控，企业及时发现了设备的闲置和滞留问题，并进行了调度优化。此举不仅减少了设备的空闲时间，还提高了整体的施工效率，项目最终提前完成，节省了大量的成本。这种资源优化调度系统的实施，使得项目管理更加精细化，避免了资源浪费，提高了整体的施工效率。

八、强化风险管理与应对措施

建筑项目中的不确定因素非常多，精益建造要求建筑企业在项目实施过程中进行全面的风险管理。企业需要识别潜在的风险，建立健全的风险评估和应对机制，并提前制定应急预案。通过动态的风险管理，建筑企业能够在项目实施过程中实时调整策略，以应对各种变化，如天气、市场变化、技术难题等。

例如，某大型机场建设项目中，受施工现场天气变化和供应链问题的双重影响，项目进度曾一度滞后。项目管理团队通过精益建造中的风险管理机制，及时调整施工计划，优化了工期安排，并提前与供应商沟通以确保材料供应。通过这一系列措施，项目最终避免了更大的进度延误，确保了项目的顺利进行。特别是在应对突发情况时，精益建造的风险管理机制发挥了重要作用，确保了项目按计划交付。

九、完善绩效考核与激励机制

精益建造的成功实施，需要通过科学的绩效考核体系，激发员工的积极性。建筑企业应根据精益建造目标，设计合理的绩效考核标准，确保员工能够在达到精益目标的过程中获得应有的奖励。同时，企业还应通过绩效考核对员工的工作进行量化，提供具体的改进建议，推动员工在工作中不断提高。

例如，在某高端写字楼建设项目中，项目管理方为施工团队设计了一套与精益建造相关的绩效考核系统。这一系统不仅关注工期和成本，还包括质量、安全、创新等多个方面的考核指标。通过这种方式，员工的工作得到了及时的反馈和激励，项目团队的工作效率显著提高，项目质量和客户满意度也大幅提高。项目的成功交付不仅提升了公司品牌形象和市场竞争力，也为员工带来了额外的奖励和荣誉。

十、建立精益建造项目的监控与评估体系

精益建造的实施离不开实时的监控和评估。建筑企业应通过建立系统的监控与评估体系，对项目进度、质量、成本等方面进行持续跟踪。通过数据收集和分析，企业可以发现项目中的瓶颈和问题，并及时进行调整。这种动态监控体系能够帮助企业迅速应对项目中的各种挑战，确保精益建造的效果得以最大化。

例如，在一个多期开发的大型商业项目中，项目方采用了基于实时数据反馈的精益监控系统。项目团队能够通过大数据分析实时了解施工进度、材料消耗、人工投入等关键数据。通过对数据的分析，项目团队能够及时发现潜在的问题，迅速做出调整，从而避免了项目滞后和资源浪费。最终，项目不仅按时交付，还在质量控制和成本管控上取得了显著成果。

第八章　装配式建筑精益建造实施案例

第一节 唐山益众新型建材有限公司装配式预制构件厂精益化设计与运营

天津益众建筑工程有限公司（简称“益众公司”）是天津一家大型总承包建筑企业，具有工程建筑、室内外装饰、钢结构设计、生产、安装一级资质。公司的经营范围较广，包括房屋建造、建筑设备租赁、建筑材料批发和零售等。公司始终以施工技术创新为支撑，以建筑产业发展为引领，不断提升和扩大自身的施工能力和业务范围，力求全产业链集成。此外，企业不仅重视建造技术的发展，还重视企业管理和项目管理。通过管理实现质量、效益、成本的更高效管控，不断提升自身软实力。公司承担了多个住宅及办公项目，凭借其扎实的施工技术和现场管控，多个建造项目获得了天津建筑领域最高奖项“海河杯”。公司凭借其出色的建造能力，赢得了天津市场。

近几年，随着国家住宅产业化的推广，特别是装配式住宅的发展，企业紧跟产业发展及国家政策需求，逐步开展装配式建造业务，并在不断学习和摸索装配式施工业务。除此之外，企业基于天津市装配式建造市场需求及自身能力，建立了装配式预制构件厂（简称“PC厂”）——唐山益众新型建材有限公司，在扩大自身产业链的同时，提升自身的装配式建造能力。

一、装配式预制构件厂总体介绍

（一）基本信息

1.建设规模

益众公司PC厂拟定建设规模可以按照生产产品的特性，结合现有场地情况以及市场需求来确定。遵循“全局设计、按步实施、保留发展空间”的设想，利用标准化创新设计、结构体系筛选与模数化、新型结构体系连接节点型式的开发技术生产预制装配式节能环保型住宅，建造节能型的装配式集成建筑体系生产基地。

项目前期主要是规划设计住宅产业化PC构件产品，第一期计划新型房屋预制PC构件年产能达到10万立方米/年，第二期上线时间可以参照项目整体运作进度安排实施，同时建设工厂运营所必需的研发中心、检测中心、办公楼、水电等场地设施。项目计划新建1栋建筑面积为2.2万平方米的预制装配式生产车间，其他配套设施建筑面积7000平方米。主要生产设备为混凝土搅拌站、环形生产线、固定生产线、智能焊接机器人等。

2.生产能力设计

根据市场调研，该PC项目主要生产当前市场需求量较大的外墙板、内墙板、叠合板、楼梯等异形件。这些产品根据其结构特点，分别在不同的生产线上生产。其中，外墙板、内墙板、叠合板的标准化程度较高，因此主要在综合生产线上生产，因为生产效率和生产质量更高。楼梯等异形件，由于其形状不规则，不利于生产线自动设备作业，则主要通过固定模台进行生产。在此基础上，结合市场调研和需求分析，各产线的设计产能见下表。

表8-1　各产线设计产能指标表

序号	名称	生产类型	年产量（万立方米）	备注
1	综合生产线	内外墙板，叠合板	7.5	
2	固定台模生产线	异形板	3.0	
3	产量总计		10.5	

（二）PC生产工艺流程

益众公司PC厂生产的产品为装配式住宅所需的PC构件，在满足国内现有设计及施工规范的前提下，将住宅建筑物拆分成不同的构件，通过在工厂里用流水线生产，加工形成外墙板、内墙板、叠合板等构件部品，养护后在堆场堆放，然后根据施工需要运送到施工现场并安装，将节点现浇连接成整体，形成完整建筑物。

根据益众PC构件企业的产品定位，其外墙板、叠合板、楼梯的比例是1：2：0.5。所以，以外墙板和叠合板为例，详细阐述使用生产线生产PC构件的生产工艺流程。

1.叠合板的生产工艺流程

叠合板的生产工艺主要由清理、喷油、划线、安装钢筋、安装埋件、浇筑振捣、拉毛、静停、构件养护、拆模等工艺组成。叠合板生产工艺流程，如图8—1所示。

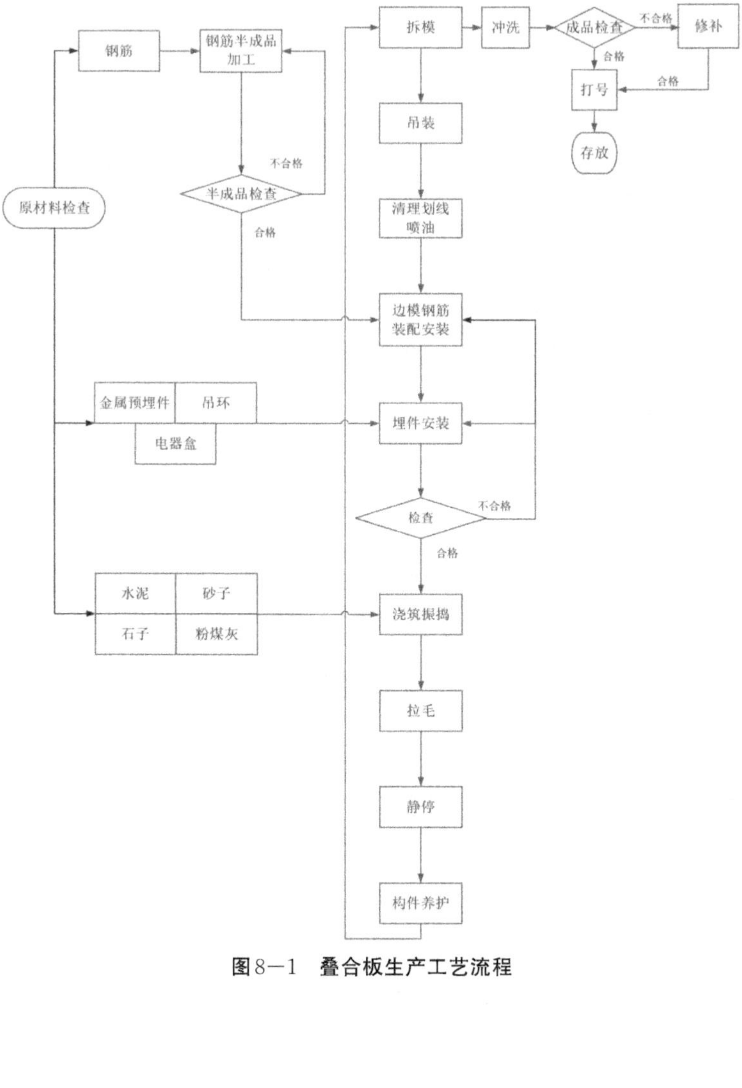

图8—1　叠合板生产工艺流程

2.外墙板的生产工艺流程

外墙板生产线根据建筑设计对外装饰面的要求，生产线工艺设计分为两种，即正打工艺（先浇筑内叶墙，后浇筑外叶墙）和反打工艺（先浇筑外叶墙，后浇筑内叶墙），需要分两次混凝土浇筑振捣成型分别形成内叶墙和外叶墙。外墙板的生产工艺主要由清理、喷油、划线、组模绑筋、安装预埋件、铺挤塑板、安装连接件、浇筑振捣、搓平、预养护、抹光、构件养护、拆模等工艺组成。外墙板生产工艺流程，如图8—2所示。

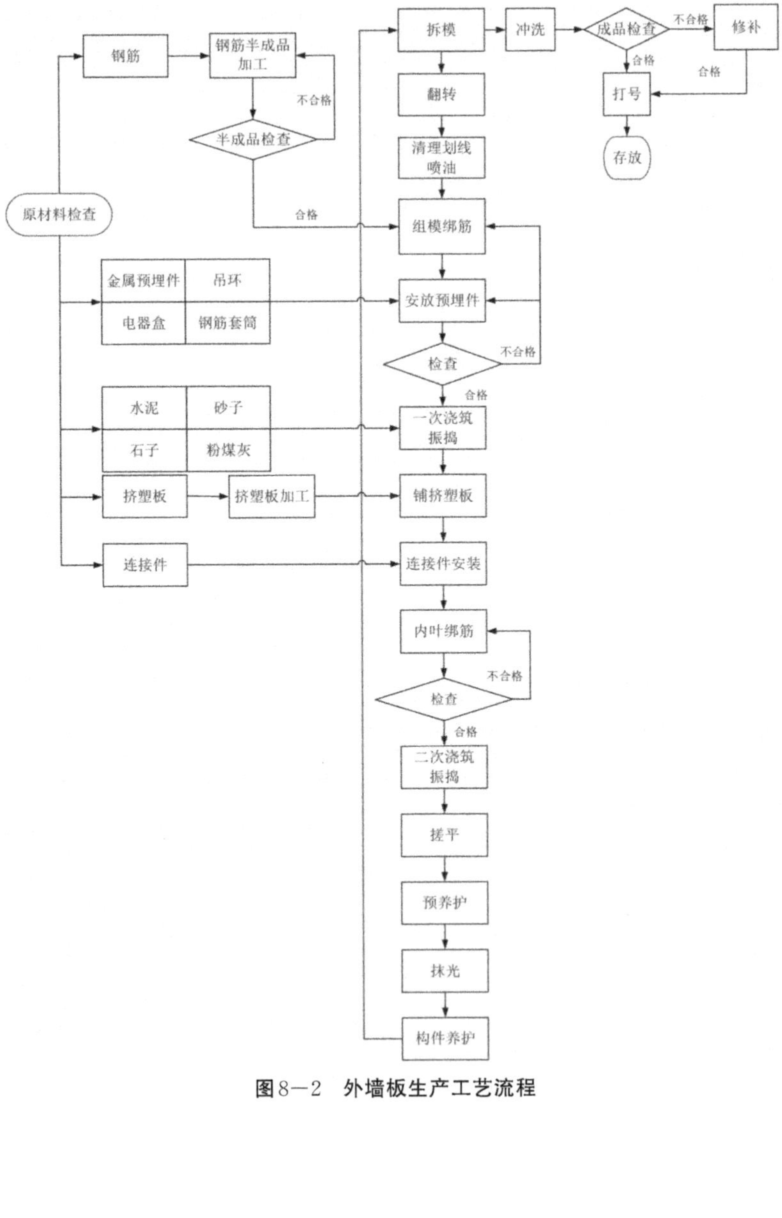

图8—2 外墙板生产工艺流程

（三）PC生产线分析

根据益众PC构件企业的产品定位，其产品包括外墙、内墙板、叠合板、楼梯等，为了提高生产效率、降低生产成本，根据PC构件的类型分别设计了不同的生产线。其中，外墙、内墙板、叠合板在自动化程度较高的综合生产线上生产，楼梯等构件在固定模台产线上生产。

1.综合生产线

虽然预制外墙板、内墙板和叠合板在生产线上采用流水作业进行批量生产，并分别具有相应的生产流程，涉及生产设备，包括模台支撑单元、模台驱动单元、防撞感应装置、模台清理机、数控画线机、脱模剂喷涂机、混凝土布料机、振动台、振动搓平机、预养护窑、拉毛装置、抹光机、堆码机、立体养护窑、翻转机、升降式摆渡车、混凝土输送料斗、输送料斗支架触线、流水线控制系统、中控室、码垛车机房等。

在生产过程中，模台行走在滚轮线上，完成混凝土构件的流水线生产，如图8—3所示。

图8—3　综合生产线实物图

2.固定模台生产线

固定模台生产线主要是生产异形板、异形件等混凝土构件，并且具有较高的灵活性，可以通过增加作业人员快速提高生产效率。固定模台生产线涉及多种设备，包括模台、模台蒸养管道、移动式布料机、电动布料斗、轨道式构件运输车等。其采用模台固定、提吊式布料斗移动布料的方式生产，并且可根据生产要求增加移动式翻转机进行翻转吊装，如图8—4所示。

（1）固定模台

固定模台安放在固定支座上后，由人工安装边模钢筋，然后采用提吊式布料斗进行浇筑，模台下方可放置振动器，还可增加翻转机以便翻转吊装，并可根据生产方要求增加加热装置，以实现带温养护。

（2）提吊式布料斗

提吊式布料斗取料后，由车间行车提起并对各固定模台进行浇筑。

（3）移动式翻转机

移动式翻转机行走在固定模台下方的轨道上，当模台上的构件养护完成后，移动式翻转机行走并固定在模台的下方，并对模台施加85度的翻转，以方便墙板构件的吊装。

图8—4　固定模台产线实物图

二、PC厂项目精益化设计模式

（一）整体工厂精益化管理思路

如上所述，在生产线、车间、工厂等三个层面整体工程设计阶段就需要导入精益思想，以便进行整体工厂的精益设计，完成生产全生命周期的精益导入与实施。这不仅从源头上实现了整体工厂的精益化，还为后续生产运营中的精益化管理实施做了铺垫，可以更全面和更高水平地提高整体工厂的生产效率，并降低成本。在完成精益设计的基础上，使用精益生产的理论、方法和工具，从现场管理到顶层设计多个角度，确定整体工厂的精益化管理思路。

1.生产精益化

以PC构件生产为核心的企业生命周期中，运营阶段的精益化管理是企业提质增效、降低成本的关键。从生产工艺的角度，PC构件的生产主要由清理、装模、置筋、浇捣、拉毛、养护、脱模七大作业工序组成。从运营的角度，可以将PC构件生产的全生命周期划分为六个阶段，分别为产品设计、工期计划、采购计划、PC构建生产、装配元、移交。

2.运营精益化

在企业运营层面，为实现面向运营全生命周期的精益生产导入，需要综合采用精益生产的相关方法、理论和工具，提升整体的价值流水平，不仅包括面向运营生产流程和过程的现场管理，还包括面向人员管理的精益生产方法和理论。其中，现场管理包括产品研发、项目计划、物流采购和存储，以及基于“人、机、料、法、环”的制造过程、装配元计划等方面的优化和改善，采用的精益工具包括5S管理、标准化作业、流程优化、设施规划、调度优化等。

3.组织精益化

面向人员的精益生产包括基于员工、基层管理者、中层管理者和企业高层等全员参与的目标管理、绩效管理、课题管理、日常管理、异常管理，以进一步提升精益化水平和全员参与水平。在此基础上，从价值流、工作流、供方管理、PMC、精益品质、精益物流、激励设计等方面进行实施，以实现提升流动资产收益率的价值链目标。因此，在企业全面推行精益生产和持续性改善，不仅可以提高效率、提升质量水平、降低成本，还可以实现企业自身的发展价值。

（二）整体工厂精益化设计

根据益众公司的PC构件生产工艺流程，确定了相应的生产线及所需的设备，包括综合生产线和固定模台生产线。工厂整体建设所需面积为300亩，其中100亩规划用于厂房和办公区建设，100亩规划用于仓储物流，100亩规划用于预留发展空间。在确定工厂主要功能区面积的基础上，对各功能区进行了具体的功能和布局设计。为了进一步发挥精益生产对企业提质增效、降低成本等方面的功能，并减少设计中存在的布局和流程等方面的问题，因此在整体工厂的设计阶段就导入精益思想，即对整体工厂进行精益设计。

由于经济的发展和市场的变化，益众公司的发展目标也发生了转移,从单纯地追求产量转向了产品、质量、成本、交货期、服务等多个目标，从单纯地追求效率(产出/投入)转向综合效益。同时，什么是最好的平面布置设计也有了新的内涵，演变为应同时满足以下两方面的综合性标准。

一是价格因素———操作费用与柔性的关系，包括在生产过程中物料流动有序、稳定；在生产系统内，人员流动有效；布置对人员或设备的改变有一定的适应性；充分利用空间和建筑物外形；易于扩展；等等。

二是环境因素———考虑控制与工作环境，包括良好的安全设计，在机械上有安全防护装置；布置有利于管理、监督(看得见的管理)；有良好的保密性；有防各种污染和噪声的控制；良好的美学感；等等。

基于精益生产的工厂或生产系统通用设计，如图8—5所示。

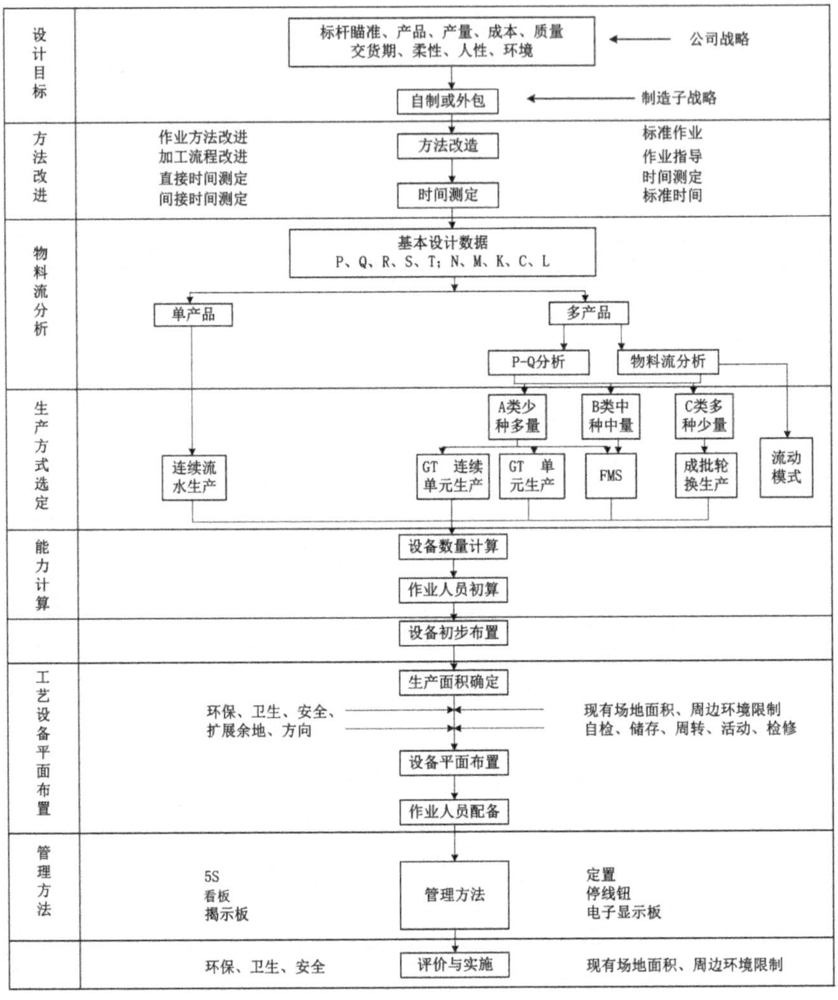

图8—5　基于精益的工厂通用设计

在工厂的精益化设计过程中，采用功能与配置相匹配的原则、精益生产的理念和工具及相近生产企业的生产实际和经验等，进行工厂的精益化设计，包括作业流程、车间布置、厂区布局等方面，以将精益生产导入生产的全生命周期，而不是仅作为后续改善的工具，以进一步提高效率、降低成本、提高价值流。如图8—6所示。

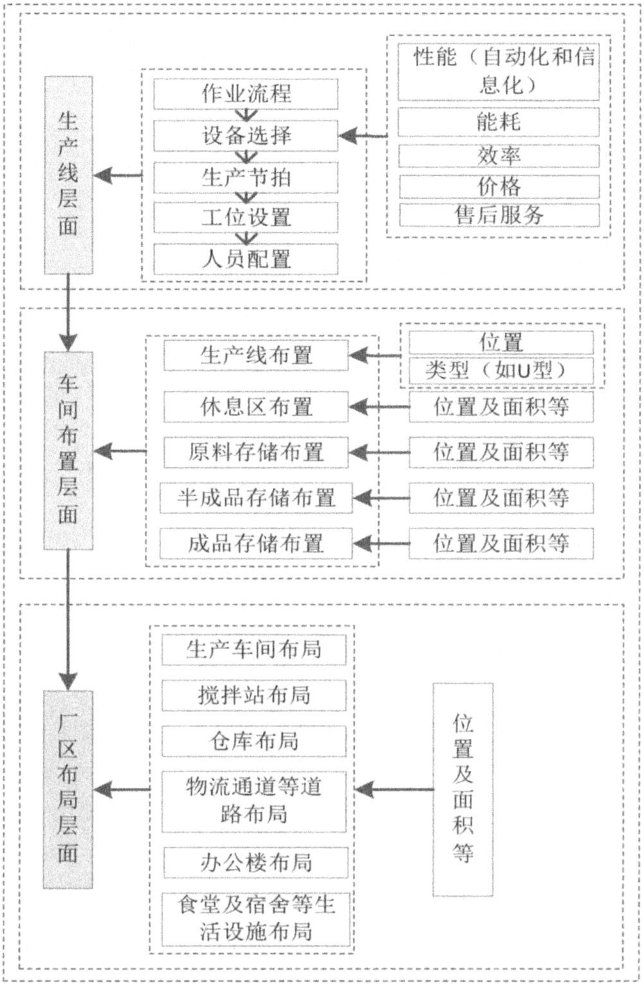

图8—6　工厂精益化设计思路图

从图8—6可以看出，工厂的精益化设计可以从局部到整体的角度划分为三个层面，包括生产线层面、车间布置层面和厂区布局层面。

1.生产线精益化设计

生产线层面涉及作业流程梳理及优化、在制品物料流优化、作业设备选择、生产节拍确定及平衡、工位数量、位置设置、操作员数量等关键问题。其中，搬运等物流过程中的浪费是精益生产“七大浪费”中的一个主要方面，是需要改善和优化的一个重要方面。根据PC构件的加工工艺，PC构件生产线主要由清理、装模、置筋、浇捣、拉毛、养护、脱模七大作业工序组成。因而，不仅要从生产的角度进行基于精益生产的设备选择、生产节拍及平衡等方面的改善，还需要从物流的角度进行基于精益生产的工序布置及距离确定等方面的优化。另一方面，根据设计产能，可以确定生产节拍，其不仅是选择设备时需要关注的一个重要方面，也是选择产品线时需要重点关注的方面。然后，在节拍确定的基础上，依据精益生产的方法和理论，进行产品线岗位及人员配置的优化。

此外，由于作业设备也是影响产品线效率、产品质量、生产成本、控制水平等方面的重要因素，并且由于在生产线的设计阶段就导入了精益思想，而不只是在生产过程中进行精益化改善。因此，在作业设备采购过程中，不仅要综合考虑设备性能（自动化和信息化）、设备能耗（水、电和气）、生产效率（节拍）、设备价格、售后服务（免费服务期限、零部件价格）等方面，还要基于精益生产理论和综合相关设备的运维经验，对相关作业设备进行升级改造。

2. 车间布置精益化设计

车间布置层面涉及生产车间内的各个重要功能区域的布置，包括生产线布置、员工休息区域、车间原料暂存区域、加工过程中半成品暂存区域、成品暂存区域、车间内物流及员工通道区域、车间办公室、卫生间、茶水炉等。车间的布局应该围绕生产进行规划，尽量减少原材料、半成品及成品存放区到产品线的距离，以实现原料、成品等物品的搬运距离和时间的减少。另外，车间内物流和员工通道不仅需要满足安全、便捷等方面的要求，更需要确保通道在运输流程和运输距离上都最优，从而进一步减少在物流方面的浪费，提高生产效率。

此外，由于员工是生产过程中的主体，其有效的工作时间也是影响生产效率的一个重要方面。因此，需要尽量减少员工在必需而非工作事项上的时间浪费。这就要求办公室、卫生间和茶水炉等功能区的分布尽可能地围绕员工，与员工之间的距离尽可能地短，以进一步减少员工的非有效作业时间，提高整体生产效率。

3. 厂区精益化设计

由于PC构件是按照订单计划进行生产，一般情况下是进行连续生产的。但由于施工工地建设存在因突发事件而停工等情况，导致生产的成品无法运输到工地，进而引发仓库积压问题。同时，由于PC构件的体积较大，所以需要占用较大的空间。因此，企业需要设立相对较大区域的仓库。所以，厂区布局层面涉及整个公司的所有功能区域的位置和面积，包括生产车间、搅拌站、仓库、员工通道、办公楼、食堂、宿舍、绿化带等。

在布局时应以服务生产、方便管理为核心，将缩短原料或产品运输距离、生活功能区域集中等作为出发点进行布局和规划。一方面，需要确保生产车间与原材料、成品库之间的布局尽量满足生产流程顺序，并且距离要尽可能地短。另一方面，食堂、宿舍等功能区域需要围绕生产车间进行合理布置，不仅要实现功能与布局的匹配，还要实现各功能区域之间的协同。例如，生产车间和仓库等集中在生产区，超市、食堂和宿舍等集中在生活区，办公楼、会议室等集中在办公区。

此外，厂内的物流通道不仅需要方便、便捷地将各功能区域进行连接，还需要保证物流通道缩短运输距离及避免交叉等。从而，最终达成厂内各功能区域之间便捷、高效、快速的物料运输，进而提高整体生产运营的安全性与效率，并实现成本的有效降低。

针对PC厂项目开展过程中管理效率及成本效益方面的不足，在第四章构建基于精益理论的精益设计模式的基础上，此部分以益众公司为案例，利用已构建的精益设计模式对其具体设计过程进行指导，包括选址分析、PC厂功能区域分析与设计、车间功能区域分析与设计、生产线及设备选择、精益运营关键要素。同时，验证了所构建的精益模式的可行性和有效性。特别是在生产线选择过程中，我们采用了层次分析法进行求解，为企业提供了定量的分析方法。

三、PC工厂精益化布局设计

（一）精益化选址

益众公司位于唐山市汉沽管理区汉丰产业园兴业北道88号，位于天津、唐山交界处，销售区域覆盖津、京、冀，交通便利，当日即达，随时满足顾客需求（辐射半径为300千米）。

在对益众公司PC构件厂进行具体的厂区和车间设计时，采用精益设计的方法和理论，在基于厂区内各功能模块关联进行布局时，首先需要明确工厂所处的外部环境。工厂的厂区和车间内功能布局需要与外部交通、相关联区域（协作企业、采销地等）、地形等环境相协调，以优化厂区内物流配置，降低运输等附加成本，实现物流、人流向价值流更大的方向流动。通过现场调研，益众公司PC构件厂的地理分布图，如图8—7所示。

从图8—7可以看出，益众公司PC构件厂位于两个园区内道路的交汇处，并紧靠这两条道路，并且其中一条为双向四车道的宽道路，可以为入厂原材料和出厂产品提供便捷的物流通道。另一方面，益众公司PC构件厂的原材料为用于生产PC构件的水泥、砂石等，而在距离选址不远的一个工业园内就有一家较大的砂石料场，不仅可以保证原材料的供应，更可以降低运输成本，进而降低生产成本，由此也可以看出当初选址时的精益化谋略。此外，益众公司PC构件厂在生产过程中需要消耗较大的电能、热能和水，并且是生产成本的大部分，而在选址附近就有一家玻璃生产企业，在其生产过程中会产生大量的废弃高温蒸汽、水及一定转化技术下的电能。因此，益众公司PC构件厂可以尝试通过玻璃厂以一定的价格购买其废弃的高温蒸汽和水，不仅可以高效、便捷和较低成本地获取生产过程的必需原料，还可以实现环保，并带来较大的社会效益。

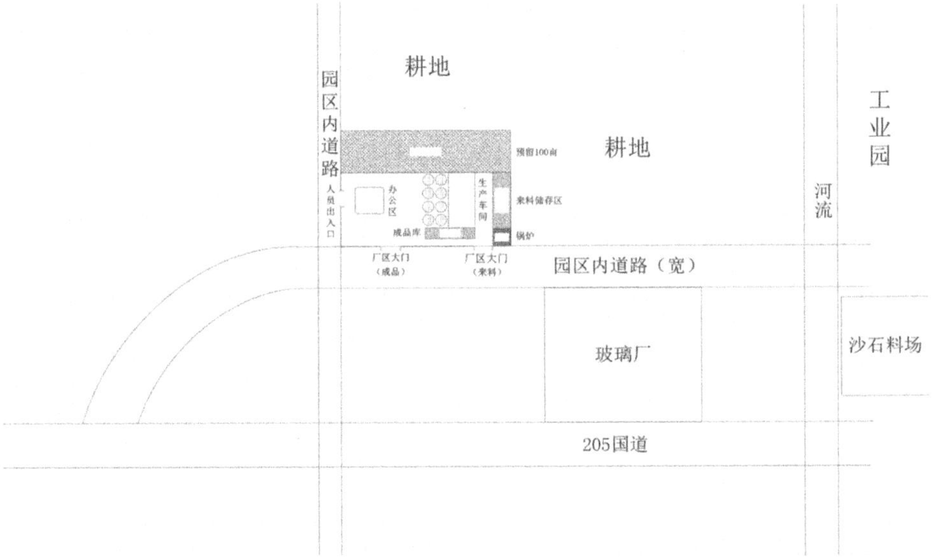

图8—7　益众公司PC构件厂地理位置图

综上可见，益众公司PC构件厂的选址具有较大的地域优势，而为了更便捷、高效、充分地利用交通、原材料和能源方面的优势，并减少运输距离和成本，在厂区布局时应将进场原材料通道设在靠近较宽公路一侧的右侧，而根据精益物流中关于进出物料分开的原则，成品出厂通道应设在靠近大马路一侧的偏左位置，从而实现基于精益化设计的流程优化、效率提升和成本降低。

（二）PC工厂功能区域精益化设计

益众公司PC构件厂的核心是PC构件的生产及存储区域。而根据生产工艺及配置与功能相适应的原则，其正常的生产需要一些附属的功能区域及相应设施作为支撑，包括与生产直接相关的空压机、变电站、制冷站、锅炉房、原材料库、备件库、成品库、车库、污水处理中心等，以及与生产间接相关的办公楼、员工宿舍、餐厅、运动场地或中心、绿化带等。在确定功能区域的基础上进行厂区布局，在布局时应以服务生产、方便管理为核心，从缩短原料或产品运输距离、生活功能区域集中等方面为出发点进行布局和规划。

1.PC工厂功能区域精益化分析

根据PC构件厂的生产工艺需要，通过调研可以确定的功能区主要包括与生产直接相关的PC构件生产车间、露天模台生产区、空压机、变电站、制冷站、锅炉房、原材料库、备件库、成品库等，以及与生产间接相关的办公楼、员工宿舍、餐厅、绿化带等，为生产提供直接和间接的支撑，确保生产的有序、高效进行。

此外，根据精益设计理论及生产工艺，以高效、低成本为出发点，对PC构件厂所需的功能区域进行调研，包括高温蒸汽来源、水源、污水处理、水排放、后勤服务等。

（1）成品仓库的设立

由于PC构件是按照订单计划进行生产，一般情况下进行连续生产。但由于施工工地建设存在因突发事件而停工等情况，会造成生产的成品无法运输到工地，造成在仓库的积压。同时，由于PC构件的体积较大，需要占用较大的空间，因此企业需要设立相对较大区域的仓库。

（2）高温蒸汽

益众公司PC构件厂在生产过程的养护阶段需要一定温度的水蒸气，所以首先需要确定养护炉所需水蒸气的温度和湿度。传统情况下，高温水蒸气由企业通过锅炉产生。然而，由于工厂临近玻璃厂，所以设想通过购买其水蒸气来解决蒸汽的问题。但为了满足生产要求，需要从技术层面调研玻璃厂所产生的蒸汽是否满足要求，还需要从经济分析的角度，通过调研确定直接购买蒸汽的成本和通过购买锅炉生成高温蒸汽的成本，以寻求更经济的方式。此外，在PC构件生产过程中，由于高温蒸汽是必需原料，是决定正常生产的关键因素之一，因此不管是否购买蒸汽，企业都必须备有自己的锅炉。同时，需要研究在外部供气不足的情况下，自身进行二次加工处理或补充供气的经济性。总之，在自给自足和外部供应之间寻求一种经济价值最高、稳定性最强的水蒸气供给方案。

在对锅炉的类型和燃料进行调研时，需要根据生产所需水蒸气的用量、温度和湿度等要求选择经济实惠的锅炉容量和燃料类型（煤炭或天然气）。如果选择的燃料是天然气，那么在建厂的同时还需要与天然气公司沟通和协调铺设管道等事宜。然后，将多种方案进行对比分析，根据企业定位，选择最佳方式。

（3）水源

需要调研和考虑生产用水的来源，如地下水、自来水、河水、自建蓄水池等，并且研究分类用水的方案，即生产过程中用水和生活用水的差异性，以寻求一种使用便捷、投资最小、成本最低的水供应方案。不管如何，生活用水都需要自来水，因此在建厂时还需要与自来水公司沟通自来水管道铺设等事宜。将多种方案进行对比分析，根据企业定位，选择最佳方式。

（4）污水处理

调研是否需要污水处理功能区域，以实现水资源的循环使用。同时，需综合考虑废弃水的排放、污水处理成本以及直接用水的经济性，并兼顾环保等多方面因素，实现经济效益和社会效益的有机统一。将多种方案进行对比分析，根据企业定位，选择最佳方式。

（5）水排放

调研露天模台区域生产过程及雨雪天气的水排放。一方面涉及排水管道修建的可行性和经济性，另一方面需要考虑是通过下水道自然排放还是自建蓄水池进行利用的可行性和经济性。将多种方案进行对比分析，根据企业定位，选择最佳方式。

（6）运动场地

调研是否有空间建设室外或室内运动场所，旨在丰富员工的业余生活，提高员工的身体素质，增强员工的归属感。将多种方案进行对比分析，根据企业定位，选择最佳方式。

2.PC工厂各功能区精益设计布局

（1）精益化布局影响因素分析

在确定工厂功能区域后，需要对各功能区域的布置进行精益化设计，在此过程中需要以服务生产、提高效率为目标，综合考虑物流、面积等因素，从缩短原料或产品运输距离、生活功能区域集中等方面为出发点进行布局和规划。从而，最终实现厂内各功能区域间方便、快捷、高效的物料运输，进而实现整体生产运营的安全高效和成本降低。

根据各功能区域的布局，确定人员和车辆通道布局，应尽量避免通道的交叉等。在各功能区域位置确定的基础上，根据生产车间尺寸、产能等确定所需模台数量，并考虑天气等环境因素，确定露天固定模台和室内固定模台的数量。

（2）精益化整体布局分析

基于已确定的功能区域及其相互关系，初步拟定了厂区布置方案。例如，原材料存储区放置在原料入口处；锅炉房布局在门口区域，以避免燃气管道穿厂和减少施工距离，从而提高安全性和经济性；成品仓库布局一方面根据车间内工艺流程顺序，布局在生产线和露天固定模台生产的末端，另一方面根据厂内运输距离较短的原则，布置在靠近门口一侧，实现物流优化配置；为了给员工提供一个良好的工作和生活环境，并提升厂区景观，在生活区的右侧布局了绿化带；对于生活和工作区，以服务生产、方便员工为出发点，将宿舍布局在最里侧减少生产及运输对员工作息和生活的影响，并将餐厅布局于宿舍和工作区之间，便于员工便捷就餐。此外，通过对未确定区域的深入调研与核实，将进一步优化工厂厂区的精益化设计布局。

（三）PC工厂车间功能区精益化设计布局

车间的精益化设计可以从局部到整体的角度划分为两个层面，即生产线层面和车间层面。

1.生产线精益化布局

搬运等物流过程中的浪费是精益生产“七大浪费”中的一个主要方面，是需要改善和优化的一个重要方面。根据PC构件的加工工艺，PC构件生产线主要由清理、装模、置筋、浇捣、拉毛、养护、脱模七大作业工序组成。因此，需要从物流的角度进行基于精益生产的工序布置及距离确定等方面的优化，以进一步减少浪费、提高生产效率、降低成本。

2.车间精益化布局

车间布置层面涉及生产车间内的各个重要功能区域的布置。车间的布局应该围绕生产进行规划，包括尽量减少原材料、半成品、成品存放区到产线的距离，以实现原料、成品等物品的搬运距离和时间的减少。另外，车间内物流和员工通道不仅需要满足安全、便捷等方面的要求，更需要确保通道在运输流程和运输距离上都最优，从而进一步减少在物流方面的浪费，提高生产效率。

此外，由于员工是生产过程中的主体，其有效的工作时间也是影响生产效率的一个重要方面。因此，需要尽量减少员工在必需而非工作事项上的时间浪费。车间精益化布局，如图8—8所示。

3. 面积确定

根据中标企业提供的生产线，可以确定生产线占用的面积，然后以此为基准，并考虑物流通道和产能等，从而可以确定车间各区域的面积，包括原料暂存区、成品暂存区、办公室等。

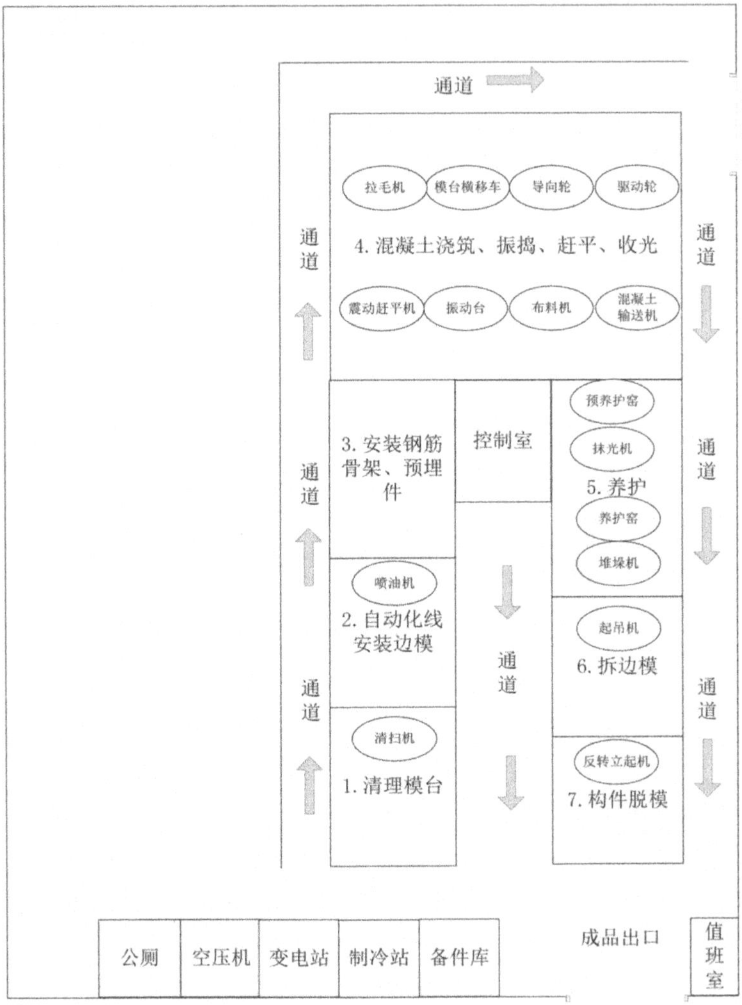

图8—8　车间精益化布局

四、PC工厂精益化设备选择

作业设备也是影响产线效率、产品质量、生产成本、控制水平等的重要因素，因此在生产线的设计阶段就导入了精益思想，而不是在生产过程中进行精益化改善。在作业设备采购过程中，不仅要综合考虑设备的性能、能耗、生产效率、价格、售后服务等方面，还需基于精益生产理论和综合相关设备的运维经验，对相关作业设备进行升级改造。这些主要体现在操作人员、设备、原材料、操作方法、操作环境五个方面。这些变量的变化都会影响到最终的输出，最终影响设备的效能。

采用精益生产理论和方法，影响作业设备采购的主要要素包括以下几个方面。

（一）自动化程度

自动化程度是指在生产、管理和服务等领域中，通过使用自动化设备、系统和软件来替代人工操作，从而提高工作效率和质量，减少人为错误和成本的过程。因此，PC构件生产企业所采购的设备应具备较高的自动化水平，达到同类工序设备的最高自动化标准。例如，在浇捣工序中，设备能够实现多通道操作。同时，应根据企业的定位来确定生产过程中的信息化程度。例如，如果企业为PC构件生产企业，则应根据生产实际和成本投入，选择与之相匹配的信息化程度。此外，无论何种情况，设备需要预留一定的信息化接口，以便于后续的信息化提升。

（二）精益化和完备的设备功能

由于在生产线的设计阶段就导入精益思想，而不只是在生产过程中进行精益化改善，所以基于精益生产理论和综合相关设备的运维经验，需要对相关作业设备进行升级改造。比如，养护窑设备不仅要自带加热功能，还需自带加湿功能等。

（三）设备的维护及后期服务

设备的后期维护等服务不仅可以保证设备的良好运行，还可以降低企业的成本。因此，在采购设备时不仅要关注设备的性能和价格，还要关注供应方提供的后期维护等服务，特别是要明确设备免费维护的期限及零部件更换费用等。

（四）生产线的生产节拍

在生产过程中，人、机、料、法、环等都会对生产线的节拍产生影响。其中，设备的生产时间是设备自身技术层面的问题，只能通过技术改进进行较小程度的调整，无法通过提升管理水平对其产生影响。因此，要根据工厂设计的产能，选择合适的生产设备。根据选择设备的加工时间，基本可以确定生产线的节拍时间，这不仅是选择设备时需要关注的一个重要方面，也是产线选择时需要着重关注的方面。

（五）设备的耗能

生产设备的成本不仅体现在购买时的用价格表征的成本，更主要的是其在运行过程中产生的成本，如电、油等。因此，采购设备时，不仅要考虑基于价格的购置成本，更要考虑其运行时的能耗成本。

（六）生产线岗位及人员配置

生产线层面涉及作业流程梳理及优化、在制品物料流优化、作业设备选择、生产节拍确定及平衡、工位个数、位置设置及操作员工数量确定等关键问题，从多方面提高生产效率、提高产品质量、减少浪费等。根据设计产能，可以确定生产节拍，其不仅是选择设备时需要关注的一个重要方面，也是生产线选择时需要着重关注的方面。在节拍确定的基础上，应基于精益生产的方法和理论进行生产线岗位和人员配置。岗位和人员配置不仅关系到生产效率，也是影响成本的重要因素。

（七）养护窑与模台数量匹配关系

在PC构件生产工序中，模台的养护是一个关键工序。由于养护需要耗费一定的时间，无疑会对整个生产线的效率产生一定的影响。因此，需要精确确定养护窑与模台的数量配比，在确保生产效率的同时，有效降低成本。

五、PC厂项目精益运营

（一）精益运营关键要素

1. 物流运输模式

企业的场外物流运输主要涉及入厂原材料的运输和出厂产品的运输。对于入厂原料的运输，主要涉及砂石料的运输，需要调研工厂附近的砂石料厂是否提供运输服务，并且价位如何，这一方面用以确定砂石料供应商，也是进行经济性分析的一个重要方面。如果不提供运输服务，则企业需要联系物流公司进行原料的运输；如果提供运输服务，并且价格有所上涨，则要考虑价格上涨增加的成本与自己寻找物流公司之间的成本差异。

对于出厂产品的运输，一般通过两种形式解决。如果采购商提供车辆，则给予采购价格一定优惠；如果采购商不提供车辆，由企业运输，则不给予优惠。运输车辆由第三方负责，与其签署一定时期的运输协议。

2.组织架构

在企业中，人是最大的财富，是企业健康、快速发展及高效运营的关键因素。因此，在参与工厂设计的同时需要确定企业管理的组织架构，并着手招聘相应人员，特别是有相关生产经验的管理层（厂长或总经理）和一线工人。此外，通过这些员工的参与，不仅能使经验丰富的工人为工厂建设贡献宝贵经验，还能在此过程中帮助新员工深入了解工厂，增强对企业的认同感和归属感。

3.产业链集成

公司涉及从建筑设计到建筑施工的全产业链，确保整体装配的效率和质量。在施工过程中，设计人员和生产人员共同参与，一方面可以确保发现问题后的及时解决，另一方面可以为设计人员和生产人员的持续改善提供明确导向，从而实现商业模式的创新。

4.建筑产业化工人培养

装配式建造将传统建造方式转变为工业化建造，实现了建筑业的转型升级。因此，传统建筑工人需转型为具备一定技术水平的产业化工人。装配式建造的施工人员如同制造业的操作员，对最终施工产品的质量和效率具有关键影响。由于当前缺少从事装配式建造施工的工人，因此需要对建筑工人进行培训，以使其掌握相关技能。

5.后勤服务

调研物业及餐厅等后勤服务自营和外包的可行性和经济性，并通过一定的协议确保外包的稳定性和可靠性，以实现运营成本和经济成本最低化。

6.模台的锈蚀问题及类型选择

目前，模台主要采用钢铁材质。然而，由于模台需进入高温高湿的养护窑，长期使用会导致模台锈蚀。锈蚀会使模台内壁变得不平整，进而引发产品质量缺陷。此外，模台也有木料材质的，但因其易变形、脱模困难、利用效率低等缺点，使用频率较低，仅作为钢铁模台的补充。由于固定模台的效率最高，因此在设计时要预留轨道。

7.工厂类型的多样化

由于PC构件的体积大，因此不便于长距离的运输，还容易造成破损或无法安装等问题。因此，传统的固定式PC构件厂只能为一定范围内的工地提供PC构件，严重制约了公司的市场范围。然而，游牧式的PC构件厂如逐水草而居的游牧民族，可以逐市场而移动，从而满足多样化的市场需求，进而提高市场占有率。固定式与游牧式相结合的运营方式，不仅是建筑工业得以实现的保证，也是企业提高市场占有率和竞争力的重要方面。

8.信息化管理

生产线的信息化水平是企业信息化管理的基础和关键。综合换型生产线的全自动信息化管理，可以实现少人化生产。控制系统为生产计划分配制造资源，可以采用高精度的位置传感器进行模具定位，并通过生产线工位之间的联动控制和远端计划指令实现自动化作业，同时，为了预防故障和异常，系统需要配备紧急停车功能和电气故障报警指示。由于生产线中存在大量无人值守的工位，因此需要在各个重要工位安装摄像头，对重要工位的设备运行情况、操作进度情况、安全状况进行监视，并在中控室屏幕上进行可视化展示及控制。由此，通过信息化手段加强了对生产过程的管控，进一步提高了生产效率和产品质量。

9.环境保护

建筑工业化助力传统建筑产业转型升级，促进绿色制造和节能减排。因此，企业在运营过程中要注意扬尘、废水等对周边环境的影响，并采取一定的措施，真正做到绿色建造。

（二）精益运营流程

在精益化运营的理念指导下，企业构建了一套以项目需求为拉动的端到端生产启动流程。该流程从客户需求出发，以最小化浪费、提高响应速度和协同效率为核心，打通了从合同签订到生产组织启动的全过程，确保每一个生产动作都紧贴项目实际需求。

首先，在流程的起点，企业明确了项目启动前的关键前置条件：项目合同签订、深化图纸确认、合同预付款到账。这一判断机制确保了项目在资源、图纸和资金三方面都具备基本启动条件，避免因前期准备不足导致的资源浪费和重复作业。该机制本质上体现了精益理念中的“在正确的时间做正确的事”原则，强化了前端流程的规范化和可控性。

在满足启动条件后，生产组织将正式启动，并召开项目启动会议。该会议作为沟通协调的平台，促使相关成员对项目的基本信息、关键节点时间、交付要求达成一致。这种跨部门的前期协同，有效打通了信息孤岛，为后续各类计划的制订打下了基础，符合精益管理中强调的“流程拉动”和“信息透明”原则。

随后，计划统筹部门制订整体的项目推动总计划，作为项目后续分解计划的核心依据。在此基础上，生产部工艺组根据项目特征和资源状况，分别制定了模具、排模、运输、构件BOM、产能分析等专业方案。这一环节体现了“按需设计、按需配置”的思想，实现了精益运营中的“定制化响应”能力。

最后，计划统筹部门基于上述分解方案，进一步生成材料需求、模具需求、物流运输动线计划。通过对资源的提前统筹与合理配置，企业有效降低了库存，减少了搬运距离和时间浪费，提高了整体价值流的运行效率。

整体来看，该流程以项目为拉动源头，通过前置条件判断、跨部门协同、分解式计划和资源统筹四大步骤，构建了一个层层衔接、逐步细化的精益化运营体系。这不仅增强了企业对客户需求的快速响应能力，也在内部实现了资源最优配置和流动效率的最大化。

（三）全过程质量管理

预制构件的质量控制是保障工程品质和客户满意度的核心。企业在全面质量管理（TQM）理念的指导下，结合精益化运营思维，构建了贯穿采购、生产、交付全过程的质量管理体系。该体系不仅关注产品质量本身，更强调全过程的质量预防与控制，目标是通过系统化、标准化和协同化的管理手段，实现质量、效率、成本的平衡与最优。

在预制阶段，企业从材料源头把控质量，严格执行材料采购和交付流程，并在材料进场后立即进行检验，确保所有原材料在进入生产环节前已通过质量验证。若发现原材料不合格，将触发反馈机制，由采购部与供应商协同处理，实现“防患于未然”。这一流程体现了精益理念中的“消除浪费、问题前置”原则，避免因原材料问题导致后续生产资源的浪费。

进入生产阶段后，质量控制贯穿每一道工序。从模具检查、钢筋加工、混凝土浇筑到成品养护，每一个节点都有专人负责质量把控。生产与质检部门协同运作，确保过程控制闭环。通过设置关键控制点并执行质量确认，企业可在工序内及时发现并处置异常，防止缺陷传递至下一工序。同时，生产计划的制订与执行依赖各项质量的确认结果，做到“质量优先、计划服从”，这与精益生产强调的同步化与拉动式控制高度契合。

在产品完成后，企业继续推进质量控制至交付环节。装货计划与出货检查形成闭环控制，出厂产品必须经过最终检验确认。若在客户现场发生质量异议，立即启动异常处理机制，追溯问题源头并推动各相关职能部门快速响应，形成客户反馈－处理－纠正－预防的完整链条。这不仅保障了客户的权益，也推动了内部流程的持续优化和标准的不断更新，是全面质量管理中“以客户为中心”和“持续改进”的直接体现。

全过程质量管理体系的高效运行，离不开标准化和技术文件的支撑。

企业在各关键节点均设有标准作业流程和质量检验规范，确保操作可控、结果可溯。同时，通过质量数据的收集与分析，推动质量问题的统计、复盘和改进，使得体系不断迭代、趋于精益。企业最终实现了以全面质量管理理论为基础，结合精益化方法论，打造出了结构清晰、响应迅速、可持续优化的全过程质量管理体系，为推动智能建造和高质量发展奠定了坚实基础。

（四）数字技术全过程应用

为了进一步加强流程优化和管理效能，企业建立了以精益化运营为核心理念的PCMES构件生产管理系统，实现了预制构件工厂从计划、生产到交付的全过程信息化与精益化融合管理。该系统的主要功能包括一物一码、生成溯源、移动协同、堆场管控、自动报表功能等。

PCMES构件生产管理系统以“消除浪费、提高效率、持续改善”为目标，围绕价值流精细管控，设立了九大功能模块，覆盖了关键业务场景，实现了数据驱动、拉动式生产和闭环质量控制的有机统一。该系统的功能模块包括以下几个方面。

1. 看板管理模块

该模块是推动可视化管理的核心手段，整合企业日常运营数据和项目进度信息，以图表和动态面板的方式实时展示现场运行状态。它不仅提供关键指标（如产量、合格率、交付进度等）的即时反馈，还支持异常预警与瓶颈识别，使管理层能够快速响应问题、精准调度资源，充分体现了精益管理中的“透明化现场”原则。

2. 项目管理模块

该模块以精益管理中的“客户需求拉动”为核心，支持对所有生产项目进行一体化管理，包括项目信息、构件清单、交付计划、技术要求等。该模块打通了从客户订单到工厂计划的桥梁，确保“按需设计、按需生产”，防止资源浪费与重复作业，是落实“价值最大化”的关键环节。

3. 排产进度管理模块

该模块承载着精益生产中“节拍控制”和“准时化生产”的精髓。系统根据项目需求、模具资源、生产能力等条件自动进行智能排产，确保工序之间无缝衔接、产能最优配置。通过动态更新排产状态，避免了传统生产方式中的过度生产、资源闲置等浪费，真正实现了拉动式的生产节奏控制。

4. 生产管理模块

该模块是实现“精益作业”的执行核心，系统全程记录了产品从投料到完成的各个节点状态，实现了实时掌握“在制品”的位置和状态。通过系统化跟踪，能够及时识别流程瓶颈，精准调整生产节奏。同时，该模块与看板联动，为班组管理提供即时反馈机制，支撑现场自主改善与效率提升。

5. 质量管理模块

该模块体现了“质量内建”与“预防为主”的精益理念。系统覆盖了进料检验、过程质量控制、出厂检验、质量异常闭环处理等全过程，确保问题在源头发现、在过程中解决，避免质量问题向后传递。同时，系统自动生成质量数据报表，推动了质量问题的可视化与持续改进，支持精益化的PDCA循环闭环管理。

6. 堆场管理模块

堆场管理强化了成品流转的可视性与场地利用效率，系统能够实时展示堆场的存货数量、堆放位置、产品状态，实现了产品在库可追踪、调度可预测。通过规范堆场空间分布与出入控制，减少了寻找时间和误操作，契合精益管理中的“5S管理”和“库存最小化”原则。

7. 发运管理模块

该模块以“交付拉动”和“客户满意”为核心，跟踪每一车次的构件出库与物流状态。系统能够记录每批构件的发运时间、车辆安排、客户签收情况，确保产品在交付过程中的全程透明与责任明确。通过发运计划与堆场库存的联动管理，有效减少了等待时间和重复搬运，提高了发运效率。

8. 退货管理模块

该模块构建了异常产品的快速反应与溯源机制，一旦构件发生质量问题或退货情况，系统将自动记录问题原因、责任部门、处理措施和处理进度，形成闭环处理流程。结合质量数据分析，有助于推进根因识别和过程优化，实现“零缺陷”的质量改进目标。

9. 仓库管理模块

该模块贯穿整个生产物料流，通过精细化控制原材料、辅材、模具周转件的入库、出库及库存状态，实现“物尽其用”的资源管理理念。系统支持库存预警、呆滞物料分析、物料流向可追溯，为计划与采购提供准确的数据支撑，减少库存积压与浪费，是实现“精益物料管理”的基础工具。

综上所述，通过PCMES系统的建设，企业不仅打通了预制构件生产的各个环节，还将精益化理念融入各项业务流程中，实现了从数据流、信息流到价值流的协同优化。系统的运行有效支撑了“以客户为中心、以数据为驱动、以价值为导向”的精益管理体系，推动企业迈向高质量、低成本、快响应的智能化建造新时代。

第二节 和能人居科技集团装配式装修精益化运营系统

一、和能人居集团总体介绍

和能人居科技集团有限公司（以下简称“和能集团”）是中国具有全屋装配式装修技术与部品体系的首批国家装配式建筑产业基地、国家高科技企业、工信部首批专精特新“小巨人”企业、天津市瞪羚企业、天津“海河工匠”培训基地、装配式装修标准制定者和实践领跑者。2021年，和能集团荣获住建部首批智能建造新技术新产品创新服务典型案例，并入选工信部2021年度智能制造优秀场景名单，是一家拥有领先的研发和智能制造能力的高科技企业。

公司团队自2005年立项研究装配式装修系统解决方案，经过十几年的研发实践，形成了满足全屋装配式装修的12大部品系统，贯通了研发、设计、生产、施工、运维、培训等不同产业环节，完成了装配式装修全产业链布局。这12大系统包括架空地面系统、集成采暖系统、快装地板系统、模块化隔墙系统、快装墙面系统、快装给水系统、薄法排水系统、集成卫浴系统、集成门窗系统、集成吊顶系统、集成厨房系统、智能家居系统，如图8−9所示。这12大部品系统基于SI理论，通过工厂生产和绿色现场装配、干法施工，摆脱对传统手工艺的依赖，杜绝传统装修通病，实现高效率、高品质、省人工的绿色节能环保的空间装修，同时维护翻新更方便。和能全屋装配式装修12大部品系统自2006年开始大规模应用于以住宅为主的各类建筑空间，是国内唯一通过了10年10万套项目实施检验、满足全屋装配式装修需求的成熟技术体系。

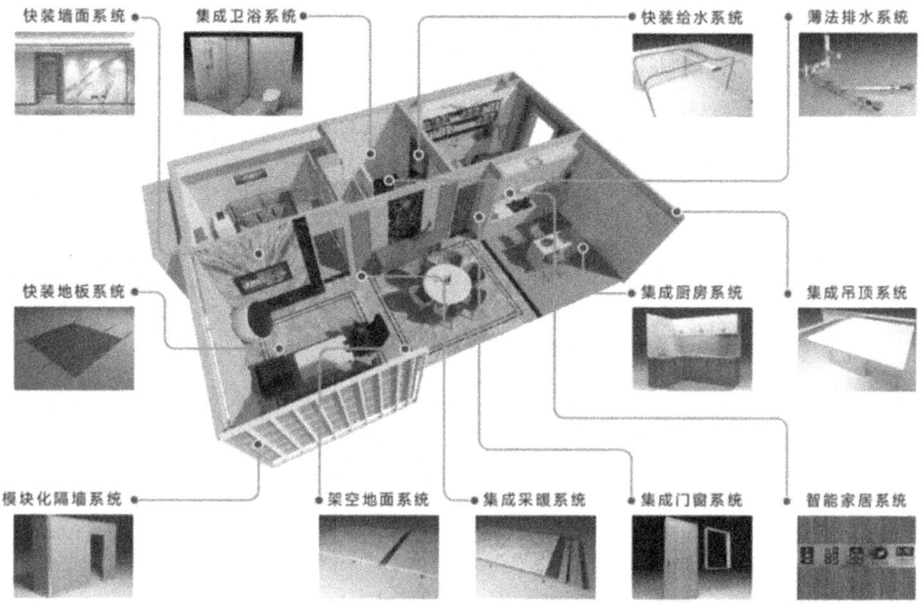

图8—9　和能全屋装配式装修12大部品系统

目前，和能集团参与各项标准编制近40项，荣获专利近300项。实现了从产品领先、标准领先到系统领先、智造能力领先的跨越式发展。和能集团拥有和能天津滨海工厂、和能成都金堂工厂等多个智能制造基地。和能集团的装配式装修范围快速扩大，项目遍布北京、上海、天津、重庆、广东、河北、山西、山东、江苏、浙江、福建等地，已与100多个城市进行技术交流并达成合作意向或实施成果，并与多家知名开发商、设计院、总包单位建立了长期战略合作。截至2022年年底，和能装配式装修技术已实际应用于近12万套装配式装修住房及35万平方米公共建筑，应用于混凝土结构、钢结构、木结构，适用于增量建筑建造、存量建筑改造，服务于保障房、商品房、办公楼、酒店、公寓、医疗养老、教育培训等不同建筑类型。

目前，和能集团已形成了以HAD—D（精细化设计）、HAD—M（精益化制造）、HAD—S（精准化供应）、HAD—C（精炼化施工）四大能力为核心的和能HAD装配式装修体系，实现了一体四核赋能全产业链发展的新局面。以“科技改善人居环境”为使命，和能集团致力于打造建筑全产业链生态平台型企业，做有社会责任、促环境友好、可循环利用的装配式装修全产业链平台提供商和行业生态服务商。

二、装配式装修精益数字化运营体系

（一）整体框架

相较于传统装修，装配式装修具有以下独特的特征。第一，其采用工厂定制化生产，现场集成式安装，集成度高，但现场修正偏差的难度较大。第二，需精确采集现场空间数据，并精准转化为可供工厂加工的工业化数据。第三，装修物料高度定制化，实现一户一物、一物一套，对材料供应管理提出了精准化要求。第四，装配式现场组装施工简化了工种角色，影响因素较少，易于形成标准化工效。第五，装配式内装现场作业主要由装配工完成。第六，系统化部品在现场进行组装，将分散的工序整合为集成化施工，实现工序和流程的标准化，显著提升了工期和质量管理的掌控力度。第七，装配式内装物料由工厂定制加工，需项目方提供全面的物料需求计划，以便提前准备原材料及进行机械调试，确保部品制造的及时供应。

装配式装修需要以工业化思维和精益化理论为支撑，借助数字化工具，构建新型精益数字化管理体系。因此，和能集团以满足顾客需求和价值最大化为目标，构建了“产品＋数字化＋服务”服务体系，为客户企业打造全成品交付管家式服务，如图8－10所示。

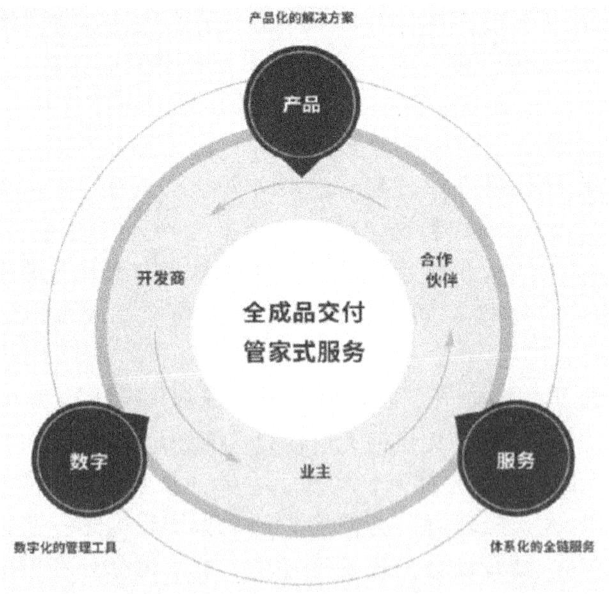

图8－10　和能“产品＋数字化＋服务”服务体系

（二）和能数字云平台

面对产业互联网时代的到来，新科技应用层出不穷，建筑的建造过程也发生着巨大改变。和能集团运用大数据、云计算、智能化等信息技术，将BIM+ERP+MES相结合，建立一体化数据化的装配式装修信息交互平台——和能数字云平台。该平台实现了装配式装修业务、设计、智造、施工、供应、运维联动，促进了全产业链的信息连通、信息共享和协同工作，通过数字化的应用提高了全产业链的效率和效益，如图8-11所示。

图8-11 和能数字云平台

和能数字云平台通过六大云模块，即研发云、设计云、智造云、供应云、施工云、运维云，构建了覆盖工程建造全生命周期的数字化协同生态。研发云通过研发资源共享与集中集成，实现了设计创新与技术能力的快速迭代。设计云大幅缩短了设计周期，从传统的40小时缩减至8小时，支持一键出图、生成BOM清单和自动报价，显著提高了工作效率。智造云实现了全自动生产、零延误、零损耗，推动"云工厂"异地协同制造，落地智能建造。供应云贯通产业链上下游，实现了精准物资匹配与高效协同采购。施工云依托BIM技术进行施工计划与建造过程的动态联动，支持虚实结合和施工模拟，提高了施工质量与效率。运维云保障信息互通、数据统一，构建了标准化的运维体系，实现项目全生命周期的数据贯通。

和能数字云平台的作用价值：第一，有利于设计端数据向生产端传递，有效促进工厂MES系统与设计、施工环节的无缝对接，从而打通从设计到制造的信息化通道，提高设计—生产环节的效率。第二，促进装配式装修部品制造的两化深度融合，有利于打通全产业链，进行装配式装修数字化建造升级，促进全产业链条上企业的信息化转型，促进装配式装修部品的工业化与信息化的深度融合。第三，BIM施工管理可实现精准配送和提高装配效率，促使装配式装修工厂制造环节与现场装配环节的信息化无缝对接，实现对施工环节的提前把控，从而减少现场浪费。

（三）和能数字云平台的四大核心系统

和能数字云平台具有三大核心优势：数据同源、一模到底、数字孪生。其中，数据同源意味着所有数据源自同一出处，基于统一的数据源进行管理。数字化保障了同源数据的实现可能，可靠和真实的数据才能精确指导后期作业。一模到底是指从装修的前期设计到后期运维都使用同一个BIM模型，贯穿整个装修全生命周期。数字孪生是将物理世界的所有内涵和细节抽象出来，表现于虚拟的模型之中，通过BIM模型，提前模拟碰撞和试错，大大提高了实际施工的效率。

和能数字云平台由四大核心系统构成，分为是装配式装修设计系统（HAD—D）、装配式精炼化施工系统（HAD—C）、装配式装修智能制造系统（HAD—M）、装配式装修精准化供应系统（HAD—S）。

1.装配式装修设计系统（HAD-D）

装配式装修设计系统（HAD—D）是一款打通装配式装修设计、生产和施工的深化BIM设计工具，实现了装配式装修设计端数据向生产端传递，提高了从设计到生产环节的效率。

装配式装修设计系统（HAD—D）基于Revit二次开发，满足装饰的参数化设计，形成正向设计BIM模型来源，实现快速建模、自动出图、自动提量、自动组价、自动传递连结生产设备物料清单，8小时之内便可以实现全屋装配式装修部品的快速建模与自动排布。

2.装配式精炼化施工系统（HAD-C）

装配式精炼化施工系统（HAD—C）是基于项目场景和施工信息的数据协同，实现项目人、机、料、法、环的跨地区、跨企业、跨项目、跨平台、跨系统协同管理问题的装配平台。它不仅保证了项目实施过程中数据来源的可靠性和真实性，并通过VR虚拟现实与BIM生态模拟提前发现施工中的异常情况，预先处置。装配式精炼化施工系统（HAD—C）使得工厂制造与现场装配环节实现了信息化贯通，既打通了工厂与现场之间的信息孤岛，又实现了部品数据联动与精准配送。

3.装配式装修智能制造系统（HAD-M）

装配式装修智能制造系统（HAD—M）以APS、MES和WMS为核心，通过工业化和信息化的深度融合，连接上下游、跨领域的信息孤岛，实现数据的互联互通，成为面向工业4.0的装配式装修部品智能制造生产平台。

它以数字工厂和制造实体工厂双工厂驱动，具备智能优化排程系统、自动化数据采集、设备监控与管理系统、产品工艺管理系统、生产制造执行系统和快速开发等功能，构建智慧型先进制造业体系。

4.装配式装修精准化供应系统（HAD-S）

装配式装修精准化供应系统（HAD—S）是整个数字建造过程的重要保障，通过为建筑项目提供部品，保证了整个数字建造的完整运行。它通过工业互联网技术，实现了设计云、施工云、智造云、产业平台、和能中台等的数据互联互通，使得开发商、设计院、总包商、分包商、装饰装修公司等项目客户、HAD智造工厂、供应商、物流运输商等连成一个业务整体。

通过装配式装修精准化供应系统（HAD—S），将应用装配式装修部品的企业的销售管理、商城管理、采购管理、仓储管理、订单管理和财务管理的业务过程进行有机结合，并统一数据标准，实现了多系统之间数据互通互用以及全业务过程大协同，从而达到提高效率、降低成本、信息数据共享、产业链共赢等目的。

三、装配式装修精益数字化运营体系效果

和能集团通过一体四核的数字云平台，高效推动批量项目实现快速、优质且经济的交付。

（一）成本优

在考虑不同建造方式对于项目成本的影响时，不应只关注预算工程直接成本的对比，要考虑到更多其他因素对于项目成本的影响。从项目全生命周期的综合成本情况来看，装配式装修对比传统装修模式的成本优势明显。

（二）短周期

根据实际项目经验，装配式装修相较于传统装修可节省30%～50%的施工工期。以33层高层精装项目为例，装配式装修采用穿插施工方式，整体能缩短项目施工工期6个月。

（三）好管理

相较于传统装修施工管理，装配式装修施工管理在人员、部品、供应商、物流管理上更为精简，易于掌控，可以有效保障施工进度的顺利进行。

（四）快装配

全体系部品供应，管理环节工序少；成熟的工法工艺，现场装配快。

（五）零增量

项目预算完成后，施工过程可实现全程零增量。

（六）轻维保

部品设计支持可逆拆装，显著提高了维保效率，同时将维修率降低83%。

结束语

随着中国经济的持续发展和城市化进程的推进，建筑业已经成为国家经济和社会发展的重要支柱。然而，传统建造模式在效率、质量、安全、资源消耗等方面存在诸多不足，迫切需要通过创新和改革来实现转型升级。装配式建造和精益建造作为应对这些挑战的两大关键手段，展现出了巨大的发展潜力与应用前景。

本书通过系统分析装配式建筑和精益建造的概念、优势、实施路径及发展策略，深入探讨了二者如何结合以提升建筑业的整体效益和可持续性。在此过程中，我们不仅回顾了建筑业面临的困境，还提出了通过精益管理模式优化装配式建筑实践的可行性方案。尽管实施过程仍然存在一些挑战，如产业链协同不足、标准化水平不高、技术应用亟待加强等，但随着相关政策的不断推出和技术的持续进步，装配式建筑和精益建造的结合势必会给行业带来深刻的变革。

装配式建筑与精益建造的结合不仅是技术层面的创新，它还涉及产业链上下游的协调与合作，企业管理模式的变革，甚至是全社会对建筑业绿色、智能、可持续发展理念的认同与支持。在这一过程中，建筑企业作为核心主体，必须在生产技术、管理模式、人才培养等方面不断创新，推动行业整体向更高效、更绿色、更智能的方向发展。

我们希望，通过本书的探讨与分析，能够为建筑行业的从业人员提供有益的参考，帮助他们在实践中更好地理解和应用装配式建造与精益建造的理念和方法。同时，我们也期待本书能够为学术界的研究者提供启发，推动更多关于装配式建筑精益建造模式的研究与创新，推动建筑行业朝着更加绿色、智能和可持续的方向迈进。

展望未来，随着技术的不断进步和市场需求的不断变化，装配式建筑精益建造模式必将成为建筑业发展的主流趋势。我们坚信，建筑业在变革中所展现出的创新力量，必将为中国乃至全球的建筑产业开拓更为广阔的发展前景。

最后，感谢所有在本书写作过程中给予支持和帮助的专家、学者和行业从业者。希望本书能够为您带来启发，助力您在未来的建筑实践中实现更高效、更环保、更可持续的发展目标。

参考文献

[1]Hong J, Shen G Q, Li Z, et al. Barriers to promoting prefabricated construction in China: a cost—benefit analysis[J]. Journal of Cleaner Production, 2018 (172): 649—660.

[2]韩丽花，龚志起．西宁市装配式建筑发展的影响因素分析[J]. 工程管理学报，2020.

[3]李凯健．建筑工业化背景下房地产企业商业模式创新研究[D]. 重庆大学，2016.

[4]王乾坤，段宏磊，申楚雄，等．装配式建筑弹性供应链影响因素研究[J]. 建筑经济，2021, 42(10): 79—82.

[5]李晓丹．装配式建筑建造过程计划与控制研究[D]. 大连理工大学，2018.

[6]Xue H, Zhang S, Su Y, et al. Effect of stakeholder collaborative management on off—site construction cost performance[J]. Journal of Cleaner Production, 2018(184): 490—502.

[7]Zakaria S A S, Gajendran T, Skitmore M, et al. Key factors influencing the decision to adopt industrialised building systems technology in the Malaysian construction industry: an inter—project perspective[J]. Architectural Engineering and Design Management, 2017, 14(1—2): 27—45.

[8]张淇，程志辉．基于ISM的大连市装配式建筑发展制约因素研究[J]. 工程管理学报，2020, 34(3): 5.

[9]Vastag G. Theory of performance frontiers[J]. 2000. 18(3): 353—360.

[10]Mao, Chao, Liu, et al. Structural Equation Modeling to Analyze the Critical Driving Factors and Paths for off—site Construction in China[J]. KSCE Journal of Civil Engineering, 2018, 22(8): 2678—2690.

[11]Yuanyan G, Liyin S, Jindao C, et al. Critical Factors Affecting the Quality of Industrialized Building System Projects in China[J]. Sustainability, 2017, 9 (2): 216.

[12]Blismas N, Pasquire C, Gibb A. Benefit evaluation for off—site production in construction[J]. Construction Management and Economics, 2006, 24(1/3): 121—130.

[13]Jaillon L, Poon C S. Quantifying the waste reduction potential of using prefabrication in building construction in Hong Kong — ScienceDirect[J]. Waste Management, 2009, 29(1):309—320.

[14]Jaillon L, Poon C S. Sustainable construction aspects of using prefabrication in dense urban environment: a Hong Kong case study[J]. Construction Management & Economics, 2008, 26(9):953—966.

[15]Gan X, Chang R, Wen T. Overcoming barriers to off—site construction through engaging stakeholders: A two—mode social network analysis[J]. Journal of Cleaner Production, 2018:201.

[16]Jaillon L, Poon C S. The evolution of prefabricated residential building systems in Hong Kong: A review of the public and the private sector[J]. Automation in Construction, 2009, 18(3):239—248.

[17]Goodier C, Gibb A. Future opportunities for off—site in the UK[J]. Construction Management & Economics, 2007, 25(6):585—595.

[18]Jin R, Gao S, Cheshmehzangi A, et al. A Holistic Review of off—site Construction Literature Published between 2008 and 2018[J]. Journal of Cleaner Production, 2018(202):1202—1219.

[19]Xiaolong Xue a, Xiaoling Zhang b, Liang Wang a, et al. Analyzing collaborative relationships among industrialized construction technology innovation organizations: A combined SNA and SEM approach — ScienceDirect[J]. Journal of Cleaner Production, 2018(173):265—277.

[20]Shi Q, Zhu J, Hertogh M, et al. Incentive Mechanism of Prefabrication in Mega Projects with Reputational Concerns[J]. Sustainability, 2018, 10(4): 135.

[21]Yang J, Shen G Q, Ho M, et al. Stakeholder management in construction: An empirical study to address research gaps in previous studies[J]. International Journal of Project Management, 2011, 29(7):900—910.

[22]Mao C, Shen Q, Pan W, et al. Major Barriers to Off—Site Construction: The Developers Perspective in China[J]. Journal of Management in Engineering, 2013, 31(3): 18.

[23]Wu P, Feng Y. Identification of non—value adding activities in precast concrete production to achieve low—carbon production[J]. Architectural Science Review, 2014, 57(2):105—113

[24]Littau P, Jujagiri N J, Adlbrecht G. 25 years of stakeholder theory in project management literature (1984 - 2009)[J]. Project Management Journal, 2010, 41(4):17—29.

[25]Hu X, Chong H Y, Wang X, et al. Understanding Stakeholders in Off—Site Manufacturing: A Literature Review[J]. Journal of Construction Engineering and Management, 2019, 145(8).

[26]Luo L, Shen G Q, Xu G, et al. Stakeholder—Associated Supply Chain Risks and Their Interactions in a Prefabricated Building Project in Hong Kong[J]. Journal of Management in Engineering, 2019, 35(2):94—107.

[27]Missonier S, Loufrani—Fedida S. Stakeholder analysis and engagement in projects: From stakeholder relational perspective to stakeholder relational ontology[J]. International Journal of Project Management, 2014, 32(7): 1108—1122.

[28]Winter M, Smith C, Morris P, et al. Directions for future research in project management: The main findings of a UK government—funded research network[J]. International Journal of Project Management, 2006, 24(8):638—649.

[29]Teng Y, Mao C, Liu G, et al. Analysis of stakeholder relationships in the industry chain of industrialized building in China[J]. Journal of Cleaner Production, 2017, 152:387—398.

[30]Savage G T, Bunn M D, Gray B, et al. Stakeholder Collaboration: Implications for Stakeholder Theory and Practice[J]. Journal of Business Ethics, 2010, 96(S1):21—26.

[31]Doran D, Giannakis M. An examination of a modular supply chain: a construction sector perspective[J]. Supply Chain Management, 2011, 16(4): 260—270.

[32]Li Z, Shen G Q, Xue X. Critical review of the research on the management of prefabricated construction[J]. Habitat International, 2014(43):240—249.

[33]Mitchell R K, Agle B. Toward a Theory of Stakeholder Identification and Salience: Defining the Principle of Who and What Really Counts[J]. Academy of Management Review, 1997, 22(4):853—886.

[34]Schepper S D, Dooms M, Haezendonck E. Stakeholder dynamics and responsibilities in Public - Private Partnerships: A mixed experience[J]. International Journal of Project Management, 2014, 32(7):1210—1222.

[35]Bourne L, Walker D H T. Visualising and mapping stakeholder influence[J]. Management Decision, 2005, 43(5/6):649—660.

[36]Olander S. Stakeholder impact analysis in construction project management [J]. Construction Management & Economics, 2007, 25(1—3):277—287.

[37]Nguyen N H, Skitmore M, Wong J K W. Stakeholder impact analysis of infrastructure project management in developing countries: a study of perception of project managers in state, wned engineering firms in Vietnam[J]. Construction Management and Economics, 2009, 27(11):1129—1140.

[38]Yang J, Shen Q, Ho M. An overview of previous studies in stakeholder management and its implications for the construction industry[J]. Journal of Facilities Management, 2009, 7(2):159—175.

[39]Mok K Y, Shen G Q, Yang J. Stakeholder management studies in mega construction projects: A review and future directions[J]. International Journal of Project Management, 2015, 33(2):446—457.

[40]Yang R J, Jayasuriya S, Gunarathna C, et al. The evolution of stakeholder management practices in Australian mega construction projects[J]. Engineering Construction & Architectural Management, 2018, 25(6):690—706.

[41]Urbinati A, Landoni P, Cococcioni F, et al. Stakeholder management in open innovation projects: a multiple case study analysis[J]. European Journal of Innovation Management, 2020.

[42]Li F, Pan B, Wu Y, et al. Application of game model for stakeholder management in construction of ecological corridors: A case study on Yangtze River Basin in China[J]. Habitat International, 2017(63):113—121.

[43]Teng Y, Li X, Wu P, et al. Using cooperative game theory to determine profit distribution in IPD projects[J]. International Journal of Construction Management, 2017:1—14.

[44]Mok M K Y, Shen G Q. A network—theory based model for stakeholder analysis in major construction projects[J]. Procedia Engineering, 2016(164): 292—298.

[45]Aragones—Beltran, Pablo, Garcia—Melon, et al. How to assess stakehold-

ers influence in project management? A proposal based on the Analytic Network Process[J]. International Journal of Project Management, 2017, 35(3): 451—462.

[46]Nguyen B N, London K A, Zhang P. Analysis and visualisation of stakeholder relationship in Offsite construction:Social Network Analysis approach [J].IOP Conference Series:Materials Science and, Engineering, 2020: 102—107.

[47]Nguyen T S, S. Mohamed, Panuwatwanich K. Stakeholder Management in Complex Project: Review of Contemporary Literature[J]. Production Management, 2018, 8(2):75—89.

[48]Zheng X, Le Y, Chan A P C, et al. Review of the application of social network analysis (SNA) in construction project management research[J]. International Journal of Project Management, 2016, 34(7):1214—1225.

[49]Dadpour M, Shakeri E, Nazari A. Analysis of Stakeholder Concerns at Different Times of Construction Projects Using Social Network Analysis (SNA)[J].International Journal of Civil Engineering, 2019(4).

[50]Chapman, Stephen Ward, Chris. Stakeholders and uncertainty management in projects[J].Construction Management and Economics, 2008, 26(6): 563—577.

[51]Feng, Wen. Strategic management for large engineering projects: the stakeholder value network approach[J]. Massachusetts Institute of Technology, 2013.

[52]Zheng X, Lu Y, Li Y, et al. Quantifying and visualizing value exchanges in building information modeling (BIM) projects[J]. Automation in Construction, 2019(99):91—108.

[53]Hein A M, Jankovic M, Feng W, et al.Stakeholder Power in Industrial Symbioses: A Stakeholder Value Network Approach[J]. Journal of Cleaner Production, 2017(148):923—933.

[54]Fu F, Feng W, Li Z, et al. A network—based modeling framework for stakeholder analysis of China's energy conservation campaign[J]. Energy, 2011, 36(8):4996—5003.

[55]Pereira B M, Senna L A D S, Lindau L A.Stakeholder Value Network:Modeling key relationships for advancing towards high quality bus transit systems

[J].Research in Transportation Economics,2018(69):386—393.
[56]Cameron,Bruce G.Value network modeling:a quantitative method for comparing benefit across exploration architectures[J].Massachusetts Institute of Technology,2007.
[57]Sutherland T A. Stakeholder Value Network Analysis for Space—Based Earth Observations[J].Massachusetts Institute of Technology,2011.
[58]Feng W,Crawley E.Stakeholder value network analysis for large oil and gas projects[J]. Massachusetts Institute of Technology, Engineering Systems, 2009.
[59]Fu F,Feng W,Li Z,et al.A network—based modeling framework for stakeholder analysis of China's energy conservation campaign[J].Energy, 2011, 36(8):4996—5003.
[60]Pereira B M,Senna L A D S,Lindau L A.Stakeholder Value Network:Modeling key relationships for advancing towards high quality bus transit systems [J].Research in Transportation Economics,2018(69):386—393.
[61]Feng, Wen.Strategic management for large engineering projects:the stakeholder value network approach[J].Massachusetts Institute of Technology, 2013.
[62]Foa U G.Interpersonal and Economic Resources[J].Science, 1971, 32(190): 195—199.
[63]Cameron B G, Crawley E F, Loureiro G, et al.Value flow mapping:Using networks to inform stakeholder analysis[J].Acta Astronautica, 2008, 62(4—5):324—333.
[64]Zhang Jingxiao, Hui Li, Steve Wang.Analysis and Potential Application of the Maturity of Growth Management in the Developing Construction Industry of a Province of China:A Case Study[J].Sustainability,2017,9(1):1—36.
[65]Rasid S Z A, Ismail W K W, Mohammad N H, et al.Assessing Adoption of Project Management Knowledge Areas and Maturity Level:Case Study of a Public Agency in Malaysia[J].Journal of Management in Engineering,2014, 30(2):264—271.
[66]Zhao X, Hwang B G, Low S P.Developing fuzzy enterprise risk management maturity model for construction firms[J].Journal of Construction Engineering & Management,2013,139(9):1179—1189.

[67]Goncalves Filho A P, Waterson P. Maturity models and safety culture: A critical review[J].Safety Science, 2018(105):192—211.

[68]Albisua J R, Juan Ignacio Igartua López.Company Maturity Models:Application to Supplier Development Program in Oil & Gas Sector[J].Journal of Industrial Engineering and Management, 2018, 11(2):187.

[69]Becker J, Knackstedt R, Pöppelbuß J. Developing Maturity Models for IT Management: A Procedure Model and its Application (BISE — Research Paper)[J]. Business & Information Systems Engineering, 2009, 1(3): 213—222.

[70]Elisabete C, Helena C, Susana A, et al. Maturity Models in Supply Chain Sustainability: A Systematic Literature Review[J]. Sustainability, 2017, 9(1): 64.

[71]Tontini G, Carvalho L C D, Schlindwein N F D C, et al. Maturity model of procurement and supply management in small and medium—size enterprises: A benchmarking of hospitals and metal—mechanic companies[J]. International Journal of Quality & Service Sciences, 2016, 8(3):315—333.

[72]Siebelink S, Voordijk J T, Adriaanse A. Developing and Testing a Tool to Evaluate BIM Maturity: Sectoral Analysis in the Dutch Construction Industry[J]. Journal of Construction Engineering and Management, 2019, 144(8).

[73]Kangning L, Yikun S, Shoujian Z. Evaluating Supplier Management Maturity in Prefabricated Construction Project—Survey Analysis in China[J]. Sustainability, 2018, 10(9).

[74]Hartono B, Sulistyo S R, Chai K H, et al. Knowledge Management Maturity and Performance in a Project Environment: Moderating Roles of Firm Size and Project Complexity[J]. Journal of Management in Engineering, 2019, 35(6).

[75]Pan W, Gibb A G F, Dainty A R J. Perspectives of UK housebuilders on the use of offsite modern methods of construction[J]. Construction Management & Economics, 2007, 25(2):183—194.

[76]Yudan Dou, Xiaolong Xue, Yuna Wang, et al. Xiaowei Luo and Shu Shang. New Media Data—driven Measurement for the Development Level of Prefabricated Construction in China [J]. Journal of Cleaner Production, 2019(241):118353.

[77]Dou Y, Xue X. Evaluation of Industrialized Construction Capability of Construction Enterprises Based on AHP—Entropy Method[J]. American Society of Civil Engineers, 2017.

[78]Wu C, Xu B, Mao C, et al. Overview of bim maturity measurement tools[J]. International Council for Research and Innovation in Building and Construction, 2017(22):34—62.

[79]Jia G, Chen Y, Xue X, et al. Program management organization maturity integrated model for mega construction programs in China[J]. International Journal of Project Management, 2011, 29(7):834—845.

[80]Libiao B, Hailing W, Ning H, et al. An Environmental Management Maturity Model of Construction Programs Using the AHP—Entropy Approach [J]. International Journal of Environmental Research & Public Health, 2018, 15(7):1317.

[81]Meng X, Sun M, Jones M. Maturity Model for Supply Chain Relationships in Construction[J]. Journal of Management in Engineering, 2011, 27(2):97—105.

[82]Tzeng G H, et al. Hierarchical MADM with fuzzy integral for evaluating enterprise intranet web sites[J]. Information Sciences, 2005, 169(3—4):409—426.

[83]Liou J JH, Chuang Y C, Tzeng G H. A fuzzy integral—based model for supplier evaluation and improvement[J]. Information Sciences, 2014, 266:199—217.

[84]Zhou W, Zhao R. A combination evaluation method based on FAHP and entropy weigh method[J]. 2007 International Conference on Wireless Communications Networking and Mobile Computing, 2007:5907—5910.

[85]Xinxing L, Guangsheng W, Business S O, et al. Study on Evaluation of the R&D Core Capabilities of Aero Engine Based on Fuzzy Integral of Comprehensive Weight[J]. Science and Technology Management Research, 2017, 11 (3):11.

[86]Yi—Chuang Hu, Jung—Fa Tsai. Evaluating classification performances of single—layer perceptron with a Choquet fuzzy integral—based neuron — ScienceDirect[J]. Expert Systems with Applications, 2009, 36(2): 1793—1800.

[87]Wang C H, Lu I Y, Chen C B. Integrating hierarchical balanced scorecard with non—additive fuzzy integral for evaluating high technology firm performance[J].International Journal of Production Economics, 2011, 128(1):413—426.

[88]Lee W S, Lin Y C. Evaluating and ranking energy performance of office buildings using Grey relational analysis[J]. Energy Conversion and Management, 2010, 51(1):197—203.

[89]Yayla A Y, Oztekin A, Gumus A T, et al. A hybrid data analytic methodology for 3PL transportation provider evaluation using fuzzy multi—criteria decision making[J]. International Journal of Production Research, 2015, 53 (20):6097—6113.

[90]Elahi A, Babamir S M. Evaluating software architectural styles based on quality features through hierarchical analysis and Fuzzy Integral (FAHP)[J]. in 2015 7th Conference on Information and Knowledge Technology (IKT), 2015.

[91]Zhi—Hong Z, Yi Y, Jing—Nan S. Entropy method for determination of weight of evaluating indicators in fuzzy synthetic evaluation for water quality assessment[J].Journal of Environmental Sciences, 2006, 18(5):1020—1023.

[92]Zhang H, Gu C L, Gu L W, et al. The evaluation of tourism destination competitiveness by TOPSIS & information entropy - A case in the Yangtze River Delta of China[J]. Tourism Management, 2011, 32(2):443—451.

[93]Ye J B, Shen L J, Gu P. Study of the Integrated Evaluation Index System of the Design of Energy—Saving Building and the Optimization of These Designs Based on FAHP—Entropy Weight[J]. Applied Mechanics and Materials, 2013:2859—2864.

[94]Jin H, Dong L, Zhao J, et al. Research on the evaluation of enterprises independent innovation ability based on fuzzy integral evaluation (in Chinese)[J]. Science and Technology Management Research, 2008, 3(6):3.

[95]Wu P, Low S P. Barriers to achieving green precast concrete stock management - a survey of current stock management practices in Singapore[J]. International Journal of Construction Management, 2014, 14(2):78—89.

[96]Graboviy P, Murgul V. The influence of the processes of design and redesign of construction works on the performance of the production for the enter-

prises of building Industry[J].Matec Web of Conferences,2017,106.

[97]Jang W S,Choi S,Han S H,et al.Integrated framework for productivity improvement:action research approach with lean construction theory[J].in 2011 Proceedings of the 28th ISARC,2011:1134—1140.

[98]Binh N T.Applying Lean Construction to Construction Project[C]//International Conference on Materials and Products Manufacturing Technology, 2014.

[99]Koskela L, Ferrantelli A, Niiranen J, et al. Epistemological Explanation of Lean Construction[J]. Journal of Construction Engineering and Management,2018,145(2).

[100]Albalkhy W, Sweis R. Barriers to adopting lean construction in the construction industry: a literature review[J]. International journal of lean six sigma,2021(2):12.

[101]Picchi F A,Granja A D.Construction Sites:Using Lean Principles to Seek Broader Implementations[J].12th International Group for lean Construction Annual Meeting,2004:1.

[102]Yu H, Tweed T, Al—Hussein M, et al. Development of Lean Model for House Construction Using Value Stream Mapping[J].Journal of Construction Engineering and Management,2009,135(8):782—790.

[103]Leksic I,Stefanic N,Veza I.The impact of using different lean manufacturing tools on waste reduction[J]. Advances in Production Engineering & Management,2020,15(1):81—92.

[104]Iarnien R,Vienaindien M.An Empirical Study of Lean Concept Manifestation[J].Procedia — Social and Behavioral Sciences,2015,207:225—233.

[105]Gao S,Low S P.The Toyota Way model:an alternative framework for lean construction[J]. Total Quality Management & Business Excellence, 2014, 25(5—6):664—682.

[106]Gao S, Low S P. The Toyota Way Problem—Solving Model:Lessons for Large Chinese Construction Firms[J].International Journal of Construction Management,2013,13(1):79—103.

[107]Jing S,Niu Z,Chang P C.The application of VIKOR for the tool selection in lean management[J]. Journal of Intelligent Manufacturing, 2015, 30(8): 2901—2912.

[108]Nabila B M H, Owee Kowang T, Chin Fei G. Categorization of Lean Research and Development Tools and Techniques: A Process—Based Approach[J]. Indian Journal of Science and Technology, 2017, 10(3).

[109]Ansah R H, Sorooshian S. Effect of lean tools to control external environment risks of construction projects[J]. Sustainable Cities and Society, 2017 (32): 348—356.

[110]Li X, Shen G Q, Wu P, et al. RBL—PHP: Simulation of Lean Construction and Information Technologies for Prefabrication Housing Production[J]. Journal of Management in Engineering, 2018, 34(2).

[111]Browning T R, Heath R D. Reconceptualizing the effects of lean on production costs with evidence from the F—22 program[J]. Journal of Operations Management, 2009, 27(1): 23—44.

[112]Aslam M, Gao Z, Smith G. Framework for selection of lean construction tools based on lean objectives and functionalities[J]. International Journal of Construction Management, 2020: 1—12.

[113]Stevens M. Increasing Adoption of Lean Construction by Contractors[J]. in Proceeding of the 22nd Annual Conference of the International Group for Lean Construction, 2014: 377—388.

[114]Yadav O P, Nepal B P, Rahaman M M, et al. Lean Implementation and Organizational Transformation: A Literature Review[J]. Engineering Management Journal, 2017, 29(1): 2—16.

[115]Matti Tauriainen a b, Pasi Marttinen c, Bhargav Dave a, et al. The effects of BIM and lean construction on design management practices[J]. 5th Creative Construction Conference (Ccc 2016), 2016, 164: 567—574.

[116]Dave B, Buda A, Nurminen A, et al. A framework for integrating BIM and IoT through open standards[J]. Automation in Construction, 2018, 95: 35—45.

[117]Javier Irizarry a, Ebrahim P, Karan a. Farzad Jalaei b cIntegrating BIM and GIS to improve the visual monitoring of construction supply chain management[J]. Automation in Construction, 2013, 31: 241—254.

[118]Yunus R, Noor S R M, Abdullah A H, et al. Critical Success Factors for Lean Thinking in the Application of Industrialised Building System (IBS) [J]. IOP Conference Series: Materials Science and Engineering, 2017: 226.

[119]Nahmens I, Ikuma L H. Effects of Lean Construction on Sustainability of Modular Homebuilding[J]. Journal of Architectural Engineering, 2012, 18 (2):155—163.

[120]Wang Z, Hu H, Zhou W. RFID Enabled Knowledge—Based Precast Construction Supply Chain[J]. Computer—Aided Civil and Infrastructure Engineering, 2017, 32(6):499—514.

[121]Evans M, Farrell P. Barriers to integrating building information modelling (BIM) and lean construction practices on construction mega—projects: a Delphi study[J]. Benchmarking An International Journal, 2020.

[122]Nascimento D, Caiado R, Tortorella G, et al. Digital Obeya Room: exploring the synergies between BIM and lean for visual construction management[J]. Innovative Infrastructure Solutions, 2018, 3(1):19.

[123]Ozan, Koseoglu, Mehmet, et al. Exploring the BIM and lean synergies in the Istanbul Grand Airport construction project[J]. Construction and Architectural Management, 2018, 25(10):1339—1354.

[124]Kasiramkumar T, Indhu B. An implementation framework for integrated lean construction system for Indian Scenario[J]. ARPN Journal of Engineering and Applied Sciences, 2016, 11(15):9388—9394.

[125]Al—Aomar R. A lean construction framework with Six Sigma rating[J]. International journal of lean six sigma, 2012, 3(4):299—314.

[126]Paez O, Salem S, Solomon J, et al. Moving from lean manufacturing to lean construction: Toward a common sociotechnological framework[J]. Human Factors and Ergonomics in Manufacturing, 2005, 15(2):233—245.

[127]Johansen E, Walter L. Lean construction: prospects for the German construction industry[J]. Lean Construction Journal, 2007, 3(1):19—32.

[128]Aka A, Bamgbade A A, Saidu I, et al. A conceptual framework for waste identification and reduction in Nigerian sandcrete blocks production process [J]. Construction Innovation, 2019, 19(3):405—423.

[129]Banawi A, Bilec M M. A framework to improve construction processes: Integrating Lean, Green and Six Sigma[J]. International Journal of Construction Management, 2014, 14(1):45—55.

[130]Lindhard S, Wandahl S. A Lean Framework for Production Control in Complex and Constrained Construction Projects ($$\mathrm{PC}^{4}

\mathrm{P}$$ PC 4 P)[J].in Optimization and Control Methods in Industrial Engineering and Construction, 2014, 233—257.

[131]Ramani P V, Laxmana R, Lingan K, et al. Developing a lean model to reduce the design process cost of gas insulated switchgear foundation using value stream mapping —a case study[J]. International Journal of Construction Management, 2019:1—9.

[132]María Dolores Andújar—Montoya, Antonio Galiano—Garrigós, Rizo—Maestre C, et al. BIM and Lean Construction Interactions: A State—of—the—Art Review[J].Construction and Operations III, 2019:1—13.

[133]Dave B, Kubler S, Framling K, et al. Opportunities for enhanced lean construction management using Internet of Things standards[J]. Automation in Construction, 2016, 61:86—97.

[134]Xu G, Li M, Chen C H, et al. Cloud asset—enabled integrated IoT platform for lean prefabricated construction[J]. Automation in Construction, 2018, 93: 123—134.

[135]Goyal M. Integration of building information modeling (BIM) and prefabrication: A boost to lean principle environment[J]. ICCREM 2018, 2018:78—84.

[136]Chen Q, Adey B T, Haas C, et al. Using look—ahead plans to improve material flow processes on construction projects when using BIM and RFID technologies[J]. Construction Innovation, 2020, 20(3):471—508.

[137]Bajjou M S, Chafi A. Barriers of lean construction implementation in the Moroccan construction industry[J]. International Conference on Electrical, Electronics, Materials and Applied Science, 2018, 1952.

[138]叶广宇，徐学军，张陶．生产运作战略实施和监控方法探讨[J]. 工业工程与管理，2001，6(2):3.

[139]宋朝云，张峻．一种基于UML2.0活动图的Web服务业务流程测试方法[J]. 山东科学，2010，23(4):5.

[140]颜志军，孙宝文，王天梅．基于UML的业务流程模型分析方法研究[J]. 计算机工程与应用，2004，40(29):3.

[141]陈炜．基于UML的饮料行业销售流程优化设计与实现[D]. 上海交通大学，2010.

[142]张舍予．基于Petri网的多品种小批量生产企业生产流程建模研究[D]. 哈

尔滨工业大学,2015.
[143]Bragin J. Review of Cognitive Agent—Based Computing—I: a Unified Framework for Modeling Complex Adaptive Systems Using Agent—Based & Complex Network—Based Methods (SpringerBriefs in Cognitive Computation)[J].Jasss—the Journal of Artificial Societies and Social Simulation,2013,16(3).
[144]杨开宇.基于Multi—Agent物流业务流程组合化建模仿真研究[D].武汉理工大学,2011.
[145]王洁宁,曹雪梅,周沅.基于BPMN和故障树的管制交接班认知危险分析[J].中国民航大学学报,34(6):10—14.
[146]蔡章利.基于BPMN的业务流程一体化建模方法研究与实现[D].重庆大学,2012.
[147]陈蕾,倪枫.基于i—BPMN的翻转课堂教学系统业务流程建模[J].智能计算机与应用,2019,9(4):180—186,191.
[148]张忠华,耿宏.IDEF3和DSM在拆装过程建模中的应用[J].中国民航大学学报,2015,33(3):32—35.
[149]李玉凤,邢淋淋.云物流下基于IDEF0模型的农产品协同配送[J].物流技术,2015,34(18):189—193.
[150]李大喜,杨建军,许勇,等.基于IDEF0和UML的空基反导军事概念模型[J].系统仿真学报,2014,26(5):969—974.
[151]原慧琳.基于设计结构矩阵(DSM)的业务流程建模与重构的方法研究[D].东北大学,2011.
[152]吴桦,苏振民,唐如建.基于设计结构矩阵的最后计划者体系流程运行评估[J].工程管理学报,2017,31(4):17—22.
[153]汪继征.基于IDEF的通信产品并行开发过程建模及应用[D].上海交通大学,2012.
[154]Shi,Shiying,Chong,et al.Sustainability,Vol.8,Pages 1313:Examining the Interrelationship among Critical Success Factors of Public Private Partnership Infrastructure Projects[J].Sustainability,2016,8(12).
[155]Wang J,Zou P X W,Li P P.Critical factors and paths influencing construction workers safety risk tolerances[J].Accid Anal Prev,2016,93:267—279.
[156]Zhao X,Hwang B G,Low S P.Critical success factors for enterprise risk management in Chinese construction companies[J]. Construction Manage-

ment and Economics, 2013, 31(12):1199—1214.

[157]Zhang L, Chen X, Suo Y. Interrelationships among critical factors of work flow reliability in lean construction[J]. Journal of Civil Engineering and Management, 2017, 23(5):621—632.

[158]Long N D, Ogunlana S, Quang T, et al. Large construction projects in developing countries: a case study from Vietnam[J]. International Journal of Project Management, 2004, 22(7):553—561.

[159]Mavi R K, Standing C. Critical success factors of sustainable project management in construction: A fuzzy DEMATEL—ANP approach[J]. Journal of Cleaner Production, 2018, 194:751—765.

[160]Song W, Ming X, Liu H C. Identifying critical risk factors of sustainable supply chain management: A rough strength—relation analysis method[J]. Journal of Cleaner Production, 2017, 143:100—115.

[161]Vilventhan A, Kalidindi S N. Interrelationships of factors causing delays in the relocation of utilities: A cognitive mapping approach[J]. Engineering Construction and Architectural Management, 2016, 23(3):349—368.

[162]Hallowell M R, Calhoun M E. Interrelationships among Highly Effective Construction Injury Prevention Strategies[J]. Journal of Construction Engineering & Management, 2011, 137(11):985—993.

[163]Ahuja V, Yang J, Shankar R. Benefits of collaborative ICT adoption for building project management[J]. Construction Innovation, 2009, 9(3):323—340.

[164]Gardas B B, Raut R D, Narkhede B E. A state—of the—art survey of interpretive structural modelling methodologies and applications[J]. International Journal of Business Excellence, 2017, 11(4):505—560.

[165]Li M, Yang J. Analysis of interrelationships between critical waste factors in office building retrofit projects using interpretive structural modelling[J]. International Journal of Construction Management, 2014, 14(1):15—27.

[166]Mandal A, Deshmukh S G. Vendor Selection Using iterpretive structural modelling[J]. International Journal of Operations & Production Management, 1994, 14(6):52—59.

[167]Al—Zarooni H, Bashir H. An integrated ISM fuzzy MICMAC approach for modeling and analyzing electrical power system network interdependencies

[J]. International Journal of System Assurance Engineering and Management, 2020, 11(6):1204—1226.

[168]Ahmad M, Tang X W, Qiu J N, et al. Interpretive Structural Modeling and MICMAC Analysis for Identifying and Benchmarking Significant Factors of Seismic Soil Liquefaction[J]. Applied Sciences, 2019, 9(2).

[169]Sandbhor S S, Botre R P. Applying total interpretive structural modeling to study factors affecting construction labour productivity[J]. Australasian Journal of Construction Economics and Building, 2014, 14(1):20—31.

[170]Zhengrong L, Wendan J, Yuzhe W, et al. Risk Factors of Building Apartments for University Talent through the Agent Construction Mode in China: Interrelationship and Prioritization[J]. Sustainability, 2016, 8(4).

[171]Gan X, Chang R, Zuo J, et al. Barriers to the transition towards Off—site construction in China: An Interpretive Structural Modeling approach[J]. Journal of Cleaner Production, 2018, 197:8—18.

[172]Tan, Ke, Chen, et al. Barriers to Building Information Modeling (BIM) implementation in China' s prefabricated construction: An interpretive structural modeling (ISM) approach[J]. Journal of Cleaner Production, 2019, 219:949—959.

[173]Sarhan J G, Xia B, Fawzia S, et al. Framework for the implementation of lean construction strategies using the interpretive structural modelling (ISM) technique: A case of the Saudi construction industry[J]. Engineering, 2019, 27(1):1—23.

[174]Sarhan J G, Olanipekun A O, Xia B. Critical Success Factors for the Implementation of Lean Construction in the Saudi Arabian Construction Industry [C]//Internation Conference on Sustainable Built Environment SBE16 Seoul, 2016.

[175]Etemadinia H, Tavakolan M. Fuzzy Weighted Interpretive Structural Modeling: Improved Method for Identification of Risk Interactions in Construction Projects[J]. Journal of Construction Engineering and Management, 2017, 143(11).

[176]Gothwal S, Raj T. Analyzing the factors affecting the flexibility in FMS using weighted interpretive structural modeling (WISM) approach[J]. International Journal of System Assurance Engineering and Management, 2016, 8

(2):408—422.

[177]Chauhan, Ankur, Singh, et al. An interpretive structural modeling (ISM) and decision—making trail and evaluation laboratory (DEMATEL) method approach for the analysis of barriers of waste recycling in India[J]. Journal of the Air & Waste Management Association, 2018, 68(2): 100—110.

[178]Kalantari, Taher, Khoshalhan, et al. Readiness assessment of leagility supply chain based on fuzzy cognitive maps and interpretive structural modeling:a case study[J]. Journal of Business & Industrial Marketing, 2018, 33(4): 442—456.

[179]Bhatt N, Sarkar D. Evaluation of success and risk factors for highway project performance through integrated analytical hierarchy process and fuzzy interpretive structural modelling[J]. The international journal of construction management, 2020, 20(6):653—665.

[180]Beikkhakhian Y, Javanmardi M, Karbasian M, et al. The application of ISM model in evaluating agile suppliers selection criteria and ranking suppliers using fuzzy TOPSIS—AHP methods[J]. Expert Systems with Applications, 2015, 42(15—16):6224—6236.

[181]Srivastava A, Gaur S K, Swami S, et al. Analysis of interpretive structural model of Indian railway security system by analytic hierarchy process (AHP) [J]. Journal of Advances in Management Research, 2019, 16(3): 378—397.

[182]Thakkar J, Deshmukh S G, Gupta A D, et al. Selection of Third—Party Logistics (3PL): A Hybrid Approach Using Interpretive Structural Modeling (ISM) and Analytic Network Process (ANP)[J]. Supply Chain Forum An International Journal, 2005, 6(1):32—46.

[183]Chen Y, Wang S, Yao J, et al. Socially responsible supplier selection and sustainable supply chain development: A combined approach of total interpretive structural modeling and fuzzy analytic network process[J]. Business Strategy and the Environment, 2018, 27(8):1708—1719.

[184]Hussain M, Awasthi A, Tiwari M K. Interpretive structural modeling—analytic network process integrated framework for evaluating sustainable supply chain management alternatives — ScienceDirect[J]. Applied Math-

ematical Modelling,2016,40(5—6):3671—3687.

[185]Lee A H I, Kang H Y, Chang C C. An Integrated Interpretive Structural Modeling - Fuzzy Analytic Network Process - Benefits, Opportunities, Costs and Risks Model for Selecting Technologies[J]. International Journal of Information Technology & Decision Making, 2012, 10(5):843—871.

[186]Huang W, Zhang Y, Kou X, et al. Railway dangerous goods transportation system risk analysis: An Interpretive Structural Modeling and Bayesian Network combining approach[J]. Reliability Engineering & System Safety, 2020:204.

[187]Wu W S, Yang C F, Chang J C, et al. Risk assessment by integrating interpretive structural modeling and Bayesian network, case of offshore pipeline project[J]. Reliability Engineering & System Safety, 2015, 142:515—524.

[188]Thakkar J, Kanda A, Deshmukh S G. Evaluation of buyer-supplier relationships using an integrated mathematical approach of interpretive structural modeling (ISM) and graph theoretic matrix[J]. Journal of Manufacturing Technology Management, 2008, 19(1):92—124.

[189]Farrokhi V, László Pokorádi, Bouini S. The Identification of Readiness in Implementating Business Intelligence Projects by Combining Interpretive Structural Modeling with Graph Theory and Matrix Approach[J]. Acta Polytechnica Hungarica, 2018, 15(2):89—102.

[190]胡钢,徐翔,过秀成.基于解释结构模型的复杂网络节点重要性计算[J].浙江大学学报(工学版),2018,52(10):1989—1997,2022.

[191]Chen B, Wang Z, Luo C. Integrated evaluation approach for node importance of complex networks based on relative entropy[J]. Journal of Systems Engineering and Electronics, 2016, 27(6):1219—1226.

[192]赵毅寰,王祖林,郑晶,等.利用重要性贡献矩阵确定通信网中最重要节点[J].北京航空航天大学学报,2009,35(9):1076—1079.

[193]Long M, Ma T. Weighted Node Importance Contribution Correlation Matrix for Identifying China's Core Metro Technologies with Patent Network Analysis [J]. Knowledge Science, 2016:199—208.

[194]Peng K, Lin R, Huang B, et al. Node Importance of Data Center Network Based on Contribution Matrix of Information Entropy[J]. Journal of Networks, 2013, 8(6):1248—1254.

[195]周漩,张凤鸣,李克武,等.利用重要度评价矩阵确定复杂网络关键节点[J].物理学报,2012,61(5):1−7.

[196]Tu,Congliang,Wu,et al.Key Nodes Detection of Aviation Network Based on Complex Network Theory[J]. Materials and Information Technology Applications (ICMMITA 2016),2016:1368−1374.

[197]Wang Y,Guo J,Liu H.A New Evaluation Method of Node Importance in Directed Weighted Complex Networks[J].Journal of Systems Science and Information,2017,5(4):367−375.

[198]Liu W,Xu L.Identification of key brittleness factor for manufacturing system based on ISM and complex network(In Chinese)[J].Computer Integrated Manufacturing Systems,2021:1−27.

[199]Sushil. Interpreting the Interpretive Structural Model[J]. Global Journal of Flexible Systems Management,2012,13(2):87−106.

[200]Warfield J N.Developing Interconnection Matrices in Structural Modeling [J].Systems Man & Cybernetics IEEE Transactions on,1974,4(4):81−87.

[201]Jolhe D A, Babu A S. Modifications in interpretive structural modelling methodology to enhance its applicability in group decision process and power of discrimination[J]. International Journal of Business Excellence, 2014,7(3):281−348.

[202] Pramod V R,Banwet D K.ISM for understanding the enablers of telecom service supply chain[J].International Journal of Business Excellence,2015, 8(5):537−565.

[203]吴碾子,徐雷.基于改进解释结构模型和交叉影响矩阵相乘法的建设工程质量影响因素分析[J].科学技术与工程,2020,20(8):3222−3230.

[204]Attri R. Interpretive structural modelling: A comprehensive literature review on applications[J].International Journal of Six Sigma and Competitive Advantage,2017,10(3/4):258.

[205]刘贵文,杜惠姝,但依然,等.基于ISM的城市更新项目风险因素关系研究[J].建筑经济,2018,39(2):89−95.

[206]Sorokhaibam,Khaba,Chandan,et al.Modeling the key barriers to lean construction using interpretive structural modeling[J].Journal of Modelling in Management,2017,12(4):652−670.

[207]Manoj, Kumar, Singh, et al. Competitiveness of Electronics manufacturing

industry in India:an ISM—fuzzy MICMAC and AHP approach[J].Measuring Business Excellence,2018,22(1):88—116.

[208]Saxena J P, Sushil, Vrat P. Impact of indirect relationships in classification of variables—a micmac analysis for energy conservation[J]. Systems Research & Behavioral Science,1990,7(4):245—253.

[209]Li C Z, Hong J, Xue F, et al. Schedule risks in prefabrication housing production in Hong Kong:a social network analysis[J]. Journal of Cleaner Production,2016,134:482—494.

[210]Li X, Shen G Q, Wu P, et al. Integrating Building Information Modeling and Prefabrication Housing Production[J]. Automation in Construction, 2019,100:46—60.

[211]Jiang L, Li Z, Li L, et al. Constraints on the Promotion of Prefabricated Construction in China[J]. Sustainability,2018,10(7).

[212]Zhong R Y, Peng Y, Xue F, et al. Prefabricated construction enabled by the Internet—of—Things[J]. Automation in Construction,2017,76:59—70.

[213]Biernacki P, Waldorf D. Snowball Sampling: Problems and Techniques of Chain Referral Sampling[J]. Sociological Methods & Research,1981,10(2): 141—163.

[214]Saunders B, Sim J, Kingstone T, et al. Saturation in qualitative research: exploring its conceptualization and operationalization[J]. Quality & Quantity: International Journal of Methodology,2018,52(4):1893—1907.

[215]Tam V W Y, Fung I W H, Sing M C P, et al. Best practice of prefabrication implementation in the Hong Kong public and private sectors[J]. Journal of Cleaner Production,2015,109:216—231.

[216]Wang Z, Fung R Y K, Li Y L, et al. An integrated decision—making approach for designing and selecting product concepts based on QFD and cumulative prospect theory[J]. International Journal of Production Research, 2017,56(5):2003—2018.

[217]Clyde, Zhengdao, Hong, et al. SWOT analysis and Internet of Things—enabled platform for prefabrication housing production in Hong Kong[J]. Habitat International,2016,57:74—87.

[218]Li C Z, Hong J, Xue F, et al. Schedule risks in prefabrication housing production in Hong Kong:a social network analysis[J]. Journal of Cleaner Pro-

duction,2016,134:482—494.
[219]Xu G, Li M, Luo L, et al. Cloud—based fleet management for prefabrication transportation[J]. Enterprise Information Systems, 2019, 13(1): 87—106.
[220]Li C Z, Zhong R Y, Xue F, et al. Integrating RFID and BIM technologies for mitigating risks and improving schedule performance of prefabricated house construction[J]. Journal of Cleaner Production, 2017, 165: 1048—1062.
[221]Pan W, Goodier C. Housebuilding business models and osite construction take—up[J]. Journal of Architectural Engineering, 2012, 18(2):84—93.
[222]Long L, Zhongfu L, Guangdong W, et al. Critical Success Factors for Project Planning and Control in Prefabrication Housing Production: A China Study[J]. Sustainability, 2018, 10(3).
[223]Wuni I Y, Shen G Q. Critical success factors for modular integrated construction projects: a review[J]. Building Research and Information, 2019, 5: 763—784.
[224]Rahman M M. Barriers of Implementing Modern Methods of Construction [J]. Journal of Management in Engineering, 2014, 30(1):69—77.
[225]Zhang X, Skitmore M, Peng Y. Exploring the challenges to industrialized residential building in China[J]. Habitat International, 2014, 41:176—184.
[226]Cameron B G, Crawley E F, Feng W, et al. Strategic Decisions in Complex Stakeholder Environments: A Theory of Generalized Exchange[J]. Engineering Management Journal, 2011, 23(3):37—45.
[227]Mao C, Shen Q, Pan W, et al. Major Barriers to Off—Site Construction: The Developers Perspective in China[J]. Journal of Management in Engineering, 2013, 31(3).
[228]Hendrickson C. Project Management for Construction[J]. Web publication, 2008.
[229]Kerzner H. Project management: a systems approach to planning, scheduling and controlling[M]. Van Nostrand Reinhold, 2006.
[230]Pheng L S, Gao S, Lin J L. Converging early contractor involvement (ECI) and lean construction practices for productivity enhancement[J]. International Journal of Productivity and Performance Management, 2015, 64(6):

831—852.

[231]Sutrisna M, Goulding J.Managing information flow and design processes to reduce design risks in offsite construction projects[J].Engineering Construction and Architectural Management, 2019, 26(2):267—284.

[232] Choi J O, Shrestha B K, Kwak Y H, et al.Critical Success Factors and Enablers for Facility Design Standardization of Capital Projects[J]. Journal of Construction Engineering and Management, 2014, 140(6).

[233]Liang H, Zhang S, Su Y.Evaluating the Efficiency of Industrialization Process in Prefabricated Residential Buildings Using a Fuzzy Multicriteria Decision—Making Method[J]. Mathematical Problems in Engineering, 2017:1—12.

[234]Khalili A, Chua D K. Integrated Prefabrication Configuration and Component Grouping for Resource Optimization of Precast Production[J]. Journal of Construction Engineering and Management, 2014, 140(2):4186—4191.

[235]Ji Y, Qi L, Liu Y, et al.Assessing and Prioritising Delay Factors of Prefabricated Concrete Building Projects in China[J]. Applied Sciences—Basel, 2018, 8(11).

[236]Hong X, Shoujian Z, Yikun S, et al. Factors Affecting the Capital Cost of Prefabrication—A Case Study of China[J].Sustainability, 2017, 9(9).

[237]Mao, Chao, Liu, et al.Structural Equation Modeling to Analyze the Critical Driving Factors and Paths for Off—site Construction in China[J]. Ksce Journal of Civil Engineering, 2018, 22(8):2678—2690.

[238]Chiang Y H, Chan H W, Lok K L. Prefabrication and barriers to entry—a case study of public housing and institutional buildings in Hong Kong[J]. Habitat International, 2006, 30(3):482—499.

[239]Said H. Modeling and Likelihood Prediction of Prefabrication Feasibility for Electrical Construction Firms[J]. Journal of Construction Engineering and Management, 2016, 142(2).

[240]Lu W, Chen K, Xue F, et al.Searching for an optimal level of prefabrication in construction: An analytical framework[J]. Journal of Cleaner Production, 2018, 201:236—245.

[241]Meng X, Sun M, Jones M.Maturity Model for Supply Chain Relationships in Construction[J].Journal of Management in Engineering, 2011, 27(2):97—

105.

[242]Pryke S, Broft R, Badi S. Towards supply chain maturity in construction[J]. Built Environment Project and Asset Management, 2016, 6(2):187—204.

[243]Han Y, Skibniewski M J, Wang L. A Market Equilibrium Supply Chain Model for Supporting Self—Manufacturing or Outsourcing Decisions in Prefabricated Construction[J]. Sustainability, 2017, 9(11).

[244]Low S P, Gao S, Tiong K L. Applying lean production principles to facilities design of ramp—up factories[J]. Facilities, 2015, 33(5—6):280—301.

[245]Mostafa S, Chileshe N, Abdelhamid T. Lean and agile integration within offsite construction using discrete event simulation: A systematic literature review[J]. Construction Innovation—England, 2016, 16(4):483—525.

[246]Yang Z, Ma Z, Wu S. Optimized flowshop scheduling of multiple production lines for precast production[J]. Automation in Construction, 2016, 72: 321—329.

[247]Kong L, Luo H. Optimal single—machine batch scheduling for the manufacture, transportation and JIT assembly of precast construction with changeover costs within due dates[J]. Automation in Construction, 2017, 81: 34—43.

[248]Chan W T, Hu H. Constraint Programming Approach to Precast Production Scheduling[J]. Journal of Construction Engineering and Management—Asce, 2002, 128(6):513—521.

[249]Zakaria S A S, Gajendran T, Rose T, et al. Contextual, structural and behavioural factors influencing the adoption of industrialised building systems: a review[J]. Architectural Engineering and Design Management, 2018, 14 (1—2):3—26.

[250]Wu G, Yang R, Li L, et al. Factors influencing the application of prefabricated construction in China: From perspectives of technology promotion and cleaner production[J]. Journal of Cleaner Production, 2019, 219: 753—762.

[251]Hwang B G, Shan M, Looi K Y. Key constraints and mitigation strategies for prefabricated prefinished volumetric construction[J]. Journal of Cleaner Production, 2018, 183:183—193.

[252]Mao, Chao, Xie, et al. Cost analysis for sustainable off—site construction

based on a multiple—case study in China[J].Habitat International,2016,57:215—222.

[253]Li C Z, Hong J, Xue F, et al. Schedule risks in prefabrication housing production in Hong Kong: a social network analysis[J]. Journal of Cleaner Production, 2016, 134:482—494.

[254]Mao C, Shen Q, Pan W, et al. Major Barriers to Off—Site Construction: The Developers Perspective in China[J]. Journal of Management in Engineering, 2015, 31(3).

[255]Teng Y, Mao C, Liu G, et al. Analysis of stakeholder relationships in the industry chain of industrialized building in China[J]. Journal of Cleaner Production, 2017, 152:387—398.

[256]Li C Z, Hong J, Xue F, et al. Schedule risks in prefabrication housing production in Hong Kong: a social network analysis[J]. Journal of Cleaner Production, 2018, 185:366—381.

[257]Yuan Z, Sun C, Wang Y. Design for Manufacture and Assembly—oriented parametric design of prefabricated buildings[J]. Automation in Construction, 2018, 88:13—22.

[258]Yuan, Chang, Xiaodong, et al. Unlocking the green opportunity for prefabricated buildings and construction in China[J]. Resources Conservation and Recycling, 2018, 139:259—261.

[259]Shen K, Cheng C, Li X, et al. Environmental Cost—Benefit Analysis of Prefabricated Public Housing in Beijing[J]. Sustainability, 2019, 11(1):207.

[260]Shen K, Cheng C, Li X, et al. Environmental Cost—Benefit Analysis of Prefabricated Public Housing in Beijing[J]. Journal of Cleaner Production, 2015, 109:131—143.

[261]Jang, Sejun, Lee, et al. Process, productivity, and economic analyses of BIM based multi—trade prefabrication—A case study[J]. Automation in Construction, 2018, 89:86—98.

[262]Leu S S, Hwang S T. GA—based resource—constrained flow—shop scheduling model for mixed precast production[J]. Automation in Construction, 2002, 11(4):439—452.

[263]Hewage, Kasun, Kamali, et al. Life cycle performance of modular buildings: A critical review[J]. Renewable & Sustainable Energy Reviews, 2016, 62:

1171—1183.

[264]Pan W, Sidwell·R.Demystifying the cost barriers to offsite construction in the UK[J].Construction Management and Economics, 2011, 29(11):1081—1099.

[265]Gullo L J, Azarian M H, Das D, et al.Organizational Reliability Capability Assessment[J].IEEE Transactions on Reliability, 2015, 64(2):550—561.

[266]Wei C C, Liou T S, LeeK L.An ERP performance measurement framework using a fuzzy integral approach[J].Journal of Manufacturing Technology Management, 2008, 19(5):607—626.

[267]Xinxing L, Guangsheng W, Business S O, et al.Study on Evaluation of the R&D Core Capabilities of Aero Engine Based on Fuzzy Integral of Comprehensive Weight[J]. Science and Technology Management Research, 2017, 11(3):63—68.

[268]Zhao, Xiaojing, Chen, et al. AHP—ANP—Fuzzy Integral Integrated Network for Evaluating Performance of Innovative Business Models for Sustainable Building[J]. Journal of Construction Engineering Management, 2017, 143(8).

[269]Bansal S, Biswas S, Singh S K.Fuzzy Decision Approach for Selection of Most Suitable Construction Method of Green Buildings[J]. International Journal of Sustainable Built Environment, 2017, 6(1):122—132.

[270]Chen Z, Li H.Discussion of 'Fuzzy Analytical Hierarchy Process Risk Assessment Approach for Joint Venture Construction Projects in China' by Guomin Zhang and Patrick X.W.Zou[J].Journal of Construction Engineering and Management, 2007, 133(10):771—779.

[271]Yun C. Research on Evaluation Index System of Low—carbon Building Based on Triangular Fuzzy AHP in Chongqing in Chongqing University[J]. Chongqing University, 2014.

[272]Abdullah L, Otheman A.A New Entropy Weight for Sub—Criteria in Interval Type—2 Fuzzy TOPSIS and Its Application[J]. International Journal of Intelligent Systems and Applications, 2013, 5(2):25—33.

[273]He Y, Guo H, Jin M, et al.A linguistic entropy weight method and its application in linguistic multi—attribute group decision making[J].Nonlinear Dynamics, 2016, 84(1):399—404.

[274]Yuan Y, Guan T, Yan X B, et al.Based on hybrid VIKOR method decision making model for supplier selection[J]. Control and Decision, 2014, 29(3): 551—560.

[275]Ye J. Fuzzy cross entropy of interval—valued intuitionistic fuzzy sets and its optimal decision—making method based on the weights of alternatives [J].Expert Systems with Applications, 2011, 38(5):6179—6183.

[276]Ye J.Multicriteria fuzzy decision—making method using entropy weights—based correlation coefficients of interval—valued intuitionistic fuzzy sets[J]. Applied Mathematical Modelling, 2010, 34(12):3864—3870.

[277]Tajul Ariffin S, Yunus R, Mohammad H, et al. A Preliminary Review on Economies of Scale (EOS) Towards Industrialized Building System (IBS) Manufacturer[J]. International Symposium on Civil and Environmental Engineering 2016, 2017:103.

[278]国务院办公厅关于大力发展装配式建筑的指导意见[EB/OL].(2016—09—30)[2025—03—03].http://www.gov.cn/zhengce/content/2016—09/30/content_5114118.htm.

[279]Lizi, Luo, Chao, et al. Risk factors affecting practitioners attitudes toward the implementation of an industrialized building system: a case study from China[J]. Engineering Construction and Architectural Management, 2015, 22(6):622—643.

[280]Li H X, Al—Hussein M, Lei Z, et al.Risk identification and assessment of modular construction utilizing fuzzy analytic hierarchy process (AHP) and simulation[J]. Canadian Journal of Civil Engineering, 2013, 40(12): 1184—1195.

[281]Hong J L X, Maneerung T, Koh S N, et al. Conversion of Coal Fly Ash into Zeolite Materials: Synthesis and Characterizations, Process Design, and Its Cost—Benefit Analysis[J]. Industrial & Engineering Chemistry Research, 2017, 56(40):11565—11574.

[282]Zhaojing, Wang, Hao, et al. Framework for modeling operational uncertainty to optimize offsite production scheduling of precast components[J]. Automation in Construction, 2018, 86:69—80.

[283]Rosenbaum S, Toledo M, Gonzalez V. Improving Environmental and Production Performance in Construction Projects Using Value—Stream Map-

ping:Case Study[J].Journal of Construction Engineering and Management, 2014,140(2).

[284]Goh M, Goh Y M.Lean production theory—based simulation of modular construction processes[J]. Automation in Construction, 2019, 101: 227—244.

[285]Chen Z, Li Y, Li L. A Network—Based Framework and Its Operation Model of Archival Knowledge Management and Service System[C]// IEEE International Conference on Service Operations & Logistics.IEEE, 2007.

[286]Rewers P, Trojanowska J, Diakun J, et al.A Study of Priority Rules for a Levelled Production Plan[J].Advances in Manufacturing,2018:111—120.

[287]Alsehaimi A O, Fazenda P T, Koskela L.Improving construction management practice with the Last Planner System: a case study[J]. Engineering construction & architectural management,2014,21(1):51—64.

[288]Metters R.General rules for production planning with seasonal demand[J]. International Journal of Production Research,1998,36(5):1387—1399.

[289]Austin S, Baldwin A, Li B, et al. Analytical design planning technique: a model of the detailed building design process[J].Design Studies, 1999, 20(3):279—296.

[290]Babalola O, Ibem E O, Ezema I C.Implementation of lean practices in the construction industry: A systematic review[J]. Building and Environment, 2019,148:34—43.

[291]Adriana Gómez—Cabrera, Salazar L A, José L.Ponz—Tienda, et al.Lean tools proposal to mitigate delays and cost overruns in construction projects [J]. 28th Annual Conference of the International Group for Lean Construction (IGLC),2020:781—792.

[292]Hoeoek M, Stehn L.Applicability of lean principles and practices in industrialized housing production[J]. Construction Management & Economics, 2008,26(10—12):1091—1100.

[293]Singh S, Kumar K.Review of literature of lean construction and lean tools using systematic literature review technique (2008 - 2018)[J]. Ain Shams Engineering Journal,2020,11(2):465—471.

[294]Bajjou M S, Chafi A, Ennadi A.Development of a Conceptual Framework

of Lean Construction Principles: An Input—Output Model[J]. Journal of Advanced Manufacturing Systems, 2019, 18(1):1—34.

[295]Jasti, Krishna N V, Kodali, et al. An empirical study for implementation of lean principles in Indian manufacturing industry[J]. Benchmarking: An International Journal, 2016, 23(1):183—207.

[296]Amp G L H, Thoney K. Adapting lean manufacturing principles to the textile industry[J]. Production Planning & Control, 2011, 22(3):237—247.

[297]Hatmoko J U D, Fundra Y, Wibowo M A, et al. Investigating Building Information Modelling (BIM) Adoption in Indonesia Construction Industry [J]. International Journal of Lean Six Sigma, 2023, 15(2):400—438.

[298]Sacks R, Koskela L, Dave B A, et al. Interaction of Lean and Building Information Modeling in Construction[J]. Journal of Construction Engineering and Management, 2010, 136(9):968—980.

[299]Aadithya B G, Asokan P, Vinodh S. Application of interpretive structural modelling for analysis of lean adoption barriers in heavy industry[J]. International Journal of Lean Six Sigma, 2020:10.

附录

附录A

表A-1　12个利益相关者间的110条直接价值活动

序号	交互价值活动
1	DV－G_1：响应政府号召，开发装配式建筑项目
2	DV－G_2：全面的装配式建筑项目实施信息，如施工、验收记录等
3	DS－G_1：响应政府号召，开展装配式业务
4	DS－G_2：装配式建筑设计图纸等信息
5	GC－G_1：响应政府号召，开展装配式业务
6	GC－G_2：装配式建造施工信息
7	P－G_1：响应政府号召，提升预制生产能力和水平
8	P－G_2：构件生产信息
9	G－F：政策支持
10	DV－F_1：高还款效率
11	DV－F_2：装配式建筑项目应用反馈
12	G－DV_1：装配式建筑项目政策支持
13	G－DV_2：装配式建筑项目相关法律、规范和标准
14	G－DV_3：项目补贴
15	F－DV：便捷的贷款
16	DS－DV_1：高效可行的工程变更解决方案
17	DS－DV_2：符合装配式建筑项目要求的设计图纸
18	DS－DV_3：准确的装配式建筑项目预算
19	GC－DV_1：更好的项目质量和项目管理水平
20	GC－DV_2：高质量的装配式建筑项目工程交付

续表

序号	交互价值活动
21	GC－DV_3：减少施工过程中需要变更的信息
22	PC－DV_1：装配式建筑项目知识培训
23	PC－DV_2：更精细的装配式建筑项目管控体系，包括质量、工期、成本管理
24	FM－DV：装配式建筑项目运维反馈
25	U－DV_1：客户多样的个性化需求
26	U－DV_2：购买、租赁合同
27	U－DV_3：租赁、购买费用
28	G－DS_1：政策支持
29	G－DS_2：装配式建筑项目相关设计规定、要求、标准
30	DV－DS_1：明确的基于装配式建筑项目的设计合同条款
31	DV－DS_2：与总包和生产企业的协同设计要求
32	DV－DS_3：全面的设计需求，如装配式建筑设计功能、结构、用途等
33	DV－DS_4：设计费
34	DV－DS_5：未来合作机会
35	GC－DS_1：施工能力水平报告，包括施工人员、设备等
36	P－DS_1：生产能力水平报告，包括模具、设备等
37	G－P_1：鼓励装配式建筑项目生产的政策支持
38	G－P_2：生产工艺及技术标准
39	DS－P_1：基于协同设计的构件信息
40	DS－P_2：深化后的生产图纸
41	DS－P_3：合作支持
42	GC－P_1：需要深化的设计图纸
43	GC－P_2：构件需求信息，包括数量、种类、到达顺序
44	GC－P_3：入场数量、质量等验收
45	GC－P_4：构件使用反馈
46	L－P_1：运输资源服务，如设备、人员、运输时间、路线
47	L－P_2：运输过程动态信息
48	L－P_3：合作和支持
49	S－P_1：生产原材料

续表

序号	交互价值活动
50	S－P_2：合作和支持
51	P－L_1：运输构件需求，如数量、时间、目的地等信息
52	P－L_2：运输过程中的相关要求
53	P－L_3：合同
54	P－L_4：运输费
55	G－GC_1：施工作业标准规范
56	G－GC_2：规范的现场监管及验收
57	DV－GC_1：基于装配式建筑项目的施工合同条款
58	DV－GC_2：合同费用
59	DV－GC_3：规范的施工现场监管及质量验收
60	DV－GC_4：与设计、工厂协同的施工要求
61	DV－GC_5：未来合作机会
62	DV－GC_6：符合装配式建筑项目要求的设计图纸
63	DS－GC_1：及时地响应设计变更
64	DS－GC_2：协同设计需求
65	P－GC_1：构件
66	P－GC_2：合作和支持
67	L－GC_1：运输信息，如运输计划、数量、时间、路线等
68	L－GC_2：合作和支持
69	SC－GC_1：施工过程中详细的计划、进度、质量、人员等信息
70	SC－GC_2：高效、高质量的分包工程交付
71	SC－GC_3：合作和支持
72	S－GC_1：材料
73	S－GC_2：合作和支持
74	PC－GC_1：专业的针对装配式建筑项目质量、效率、成本提升总体优化方案
75	PC－GC_2：更全面的承包能力评估
76	FM－GC：装配式建筑工程运营维护反馈
77	G－SC：规范的现场监管及验收
78	GC－SC_1：符合装配式建筑项目要求的设计图纸

续表

序号	交互价值活动
79	GC－SC_2：全面的分包工程施工要求，如工期、计划、技术要求等
80	GC－SC_3：规范的现场监管及验收
81	GC－SC_4：分包合同
82	GC－SC_5：分包合同费
83	PC－SC_1：全面的分包能力评估
84	PC－SC_2：专业的针对装配式建筑项目质量、效率、成本提升总体优化方案
85	G－S：政策支持
86	GC－S_1：材料需求信息，包括数量、种类、顺序等
87	GC－S_2：严格的入场验收
88	GC－S_3：采购合同
89	GC－S_4：采购费
90	P－S_1：材料需求信息，包括数量、种类、顺序等
91	P－S_2：施工过程中发现的材料质量问题
92	P－S_3：采购合同
93	P－S_4：采购费
94	G－PC：装配式建筑项目相关设计规定、要求、标准
95	DV－PC_1：合同
96	DV－PC_2：咨询费
97	DV－PC_3：项目管控要求
98	DV－PC_4：未来合作机会
99	GC－PC_1：详细的装配式建筑项目施工信息，如进度、质量、成本信息等
100	GC－PC_2：问题及需求
101	GC－PC_3：合作支持
102	SC－PC_1：装配式建筑项目详细的施工、进度、质量、成本信息等
103	SC－PC_2：问题及需求
104	SC－PC_3：合作支持
105	DV－U：高效、高质量地满足用户的个性化需求，提供装配式建筑及设施等
106	FM－U：全面的装配式建筑设施管理服务
107	DV－FM_1：装配式建筑设施管理合同，包括管理要求、责任、风险分担等

续表

序号	交互价值活动
108	DV－FM_2：管理费
109	GC－FM：及时地响应装配式建筑维护需求
110	U－FM：物业费

附录B

表B-1 建筑企业建造运作流程管控要点与精益建造工具间的匹配关系

	A_1					A_2					A_3					A_4					A_5		
	C_1	C_2	C_3	C_4	C_5	C_6	C_7	C_8	C_9	C_{10}	C_{11}	C_{12}	C_{13}	C_{14}	C_{15}	C_{16}	C_{17}	C_{18}	C_{19}	C_{20}	C_{21}	C_{22}	C_{23}
T_1			△○□	△○□					△○□				○□	△○□							○□	○□	
T_2											○□	○□			○□						△○□	△○□	△○□
T_3		△○□	△○□	△○□	△○□	△○□																	
T_4				○□		○□	○□			△○□			△○□	△○□									
T_5		△○□				△○□			△○□		△○□	△○□				△○□							
T_6						○□	○□	○□		○□	○□	○□	○□	○□							△○□	△○□	△○□
T_7		△○□	△○□	△○□	△○□	△○□		△○□															
T_8						○□			○□	○□	○□	○□	△○□	△○□									
T_9		△○□	△○□	△○□		△○□	△○□	△○□	△○□		△○□		△○□	△○□		△○□	△○□		△○□	△○□			
T_{10}			○□					○□	○□	○□	○□	○□	○□	○□							○□	○□	
T_{11}											○□	○□	○□		○□								
T_{12}	△○□					△○□	△○□			△○□													
T_{13}	△○□	△○□		△○□		△○□	△○□	△○□		△○□						△○□		△○□					
T_{14}		△○□	△○□		△○□	△○□	△○□				△○□	○□	△○□	△○□							△○□	△○□	
T_{15}		△○□				△○□		△○□		△○□	△○□			△○□									

续表

	A1					A2					A3					A4					A5		
	C_1	C_2	C_3	C_4	C_5	C_6	C_7	C_8	C_9	C_{10}	C_{11}	C_{12}	C_{13}	C_{14}	C_{15}	C_{16}	C_{17}	C_{18}	C_{19}	C_{20}	C_{21}	C_{22}	C_{23}
T_{16}			△○□	△○□	△○□	△○□		△○□	△○□							△○□							
T_{17}	△○□	△○□	△○□	△○□	△○□	△○□	△○□	△○□	△○□	△○□						△○□		△○□					
T_{18}	△○□	△○□	△○□	△○□	△○□	△○□	△○□	△○□	△○□	△○□	△○□	○□	△○□	△○□	△○□	△○□	△○□	△○□	△○□	△○□	△○□	△○□	△○□
T_{19}			○□	○□		○□	○□	○□	○□		○□	○□											
T_{20}						△○□	△○□	△○□	△○□	△○□													
T_{21}	△○□	△○□	△○□	△○□	△○□	△○□	△○□	△○□	△○□	△○□	△○□	△○□	△○□	△○□	△○□	△○□	△○□	△○□	△○□	△○□	△○□	△○□	△○□
T_{22}							△○□		△○□		△○□	○□				△○□			△○□				
T_{23}	△○□	△○□	△○□	△○□	△○□	△○□	△○□	△○□	△○□	△○□	△○□	△○□	△○□	△○□	△○□						△○□	△○□	△○□
T_{24}											○□	○□	○□								△○□	△○□	△○□
T_{25}						○□	○□	○□	○□	○□	○□	○□	○□	○□	○□								
T_{26}						○□	○□			○□			○□	○□	○□								
T_{27}							△○□		△○□	△○□	△○□	○□	△○□	△○□		△○□		△○□			△○□	△○□	
T_{28}	△○□	△○□	△○□	△○□	△○□	△○□	△○□	△○□	△○□	△○□	△○□	△○□	△○□	△○□	△○□	△○□	△○□	△○□	△○□	△○□	△○□	△○□	△○□
T_{29}	△○□	△○□	△○□	△○□	△○□	△○□	△○□	△○□	△○□	△○□	△○□	△○□	△○□	△○□	△○□	△○□	△○□	△○□	△○□	△○□	△○□	△○□	△○□
T_{30}											○□	○□	○□	○□									
T_{31}	△○□					△○□				△○□				△○□		△○□		△○□					
T_{32}						△○□	△○□			△○□				△○□		△○□		△○□					
T_{33}	△○□		△○□			△○□	△○□				△○□		△○□	△○□		△○□		△○□					

续表

	A_1					A_2					A_3					A_4					A_5		
	C_1	C_2	C_3	C_4	C_5	C_6	C_7	C_8	C_9	C_{10}	C_{11}	C_{12}	C_{13}	C_{14}	C_{15}	C_{16}	C_{17}	C_{18}	C_{19}	C_{20}	C_{21}	C_{22}	C_{23}
T_{34}		△○□		△○□		△○□		△○□	△○□		△○□												
T_{35}		△○□		△○□		△○□		△○□	△○□		△○□					△○□	△○□						
T_{36}	△○□	△○□	△○□	△○□	△○□	△○□	△○□	△○□	△○□							△○□		△○□					
T_{37}						△	△	△	△							△		△					
T_{38}	△					△										△		△					
T_{39}	△○□	△○□	△○□	△○□	△○□	△○□	△○□	△○□	△○□	△○□						△○□		△○□					
T_{40}	△○□	△○□		△○□				△○□	△○□														
T_{41}		○□		○□	○□	○□		○□	○□							○□		○□					
T_{42}		○□	○□	○□		○□		○□	○□	○□	○□	○□											
T_{43}														△○□		△○□		△○□	△○□				
T_{44}											○□	○□	○□										○□
T_{45}						○□	○□	○□	○□		○□	○□										○□	
T_{46}	△○□	△○□	△○□	△○□	△○□	△○□	△○□	△○□	△○□	△○□	△○□	△○□	△○□	△○□	△○□	△○□	△○□	△○□	△○□	△○□	△○□	△○□	△○□
T_{47}					△○□		△○□				△○□		△○□			△○□	△○□			△○□	△○□	△○□	
T_{48}											△○□		△○□	△○□		△○□	△○□			△○□	△○□	△○□	△○□
T_{49}	△○□	△○□	△○□															△○□					
T_{50}			△○□		△○□	△○□	△○□				△○□	△○□	△○□	△○□		△○□	△○□			△○□	△○□	△○□	

续表

	A_1					A_2					A_3					A_4					A_5		
	C_1	C_2	C_3	C_4	C_5	C_6	C_7	C_8	C_9	C_{10}	C_{11}	C_{12}	C_{13}	C_{14}	C_{15}	C_{16}	C_{17}	C_{18}	C_{19}	C_{20}	C_{21}	C_{22}	C_{23}
T_{51}		○□	○□	○□				○□	○□			○□						○□					
T_{52}											○□	○□	○□		○□				○□				
T_{53}	△○□	△○□	△○□	△○□	△○□	△○□	△○□	△○□	△○□	△○□	△○□	△○□	△○□	△○□	△○□	△○□	△○□	△○□	△○□	△○□	△○□	△○□	△○□
T_{54}	△○□	△○□	△○□	△○□	△○□	△○□	△○□	△○□	△○□	△○□	△○□	△○□	△○□	△○□	△○□	△○□	△○□	△○□	△○□	△○□	△○□	△○□	△○□

注："△"代表针对设计企业设计运作流程及管控要点与精益建造工具之间的匹配关系；"○"代表针对生产企业生产运作流程及管控要点与精益建造工具之间的匹配关系；"□"代表针对施工企业施工运作流程及管控要点与精益建造工具之间的匹配关系。

附录C

表C-1　设计企业设计运作流程优化可选用的精益建造工具方案

运作流程类型	管控点	精益建造工具方案
A_1	C_1	T_{12}；T_{13}；T_{17}；T_{18}；T_{21}；T_{23}；T_{28}；T_{29}；T_{31}；T_{33}；T_{36}；T_{38}；T_{39}；T_{40}；T_{46}；T_{49}；T_{53}；T_{54}
	C_2	T_3；T_5；T_7；T_9；T_{13}；T_{14}；T_{15}；T_{17}；T_{18}；T_{21}；T_{23}；T_{28}；T_{29}；T_{34}；T_{35}；T_{36}；T_{39}；T_{40}；T_{46}；T_{49}；T_{53}；T_{54}
	C_3	T_1；T_3；T_7；T_9；T_{14}；T_{16}；T_{17}；T_{18}；T_{21}；T_{23}；T_{28}；T_{29}；T_{33}；T_{36}；T_{39}；T_{46}；T_{49}；T_{50}；T_{53}；T_{54}
	C_4	T_1；T_3；T_7；T_9；T_{13}；T_{16}；T_{17}；T_{18}；T_{21}；T_{23}；T_{28}；T_{29}；T_{34}；T_{35}；T_{36}；T_{39}；T_{40}；T_{46}；T_{53}；T_{54}
	C_5	T_3；T_7；T_{14}；T_{16}；T_{17}；T_{18}；T_{21}；T_{23}；T_{28}；T_{29}；T_{36}；T_{39}；T_{46}；T_{47}；T_{50}；T_{53}；T_{54}
A_2	C_6	T_3；T_5；T_7；T_9；T_{12}；T_{13}；T_{14}；T_{15}；T_{16}；T_{17}；T_{18}；T_{20}；T_{21}；T_{23}；T_{28}；T_{29}；T_{31}；T_{32}；T_{33}；T_{34}；T_{35}；T_{36}；T_{37}；T_{38}；T_{39}；T_{46}；T_{50}；T_{53}；T_{54}
	C_7	T_9；T_{12}；T_{13}；T_{14}；T_{17}；T_{18}；T_{20}；T_{21}；T_{22}；T_{23}；T_{27}；T_{28}；T_{29}；T_{32}；T_{33}；T_{36}；T_{37}；T_{39}；T_{46}；T_{47}；T_{50}；T_{53}；T_{54}
	C_8	T_7；T_9；T_{13}；T_{15}；T_{16}；T_{17}；T_{18}；T_{20}；T_{21}；T_{23}；T_{28}；T_{29}；T_{34}；T_{35}；T_{36}；T_{37}；T_{39}；T_{40}；T_{46}；T_{53}；T_{54}
	C_9	T_1；T_5；T_9；T_{16}；T_{17}；T_{18}；T_{20}；T_{21}；T_{22}；T_{23}；T_{27}；T_{28}；T_{29}；T_{34}；T_{35}；T_{36}；T_{37}；T_{39}；T_{40}；T_{46}；T_{53}；T_{54}
	C_{10}	T_4；T_{12}；T_{13}；T_{15}；T_{17}；T_{18}；T_{20}；T_{21}；T_{23}；T_{27}；T_{28}；T_{29}；T_{31}；T_{32}；T_{39}；T_{46}；T_{53}；T_{54}
A_3	C_{11}	T_5；T_9；T_{14}；T_{15}；T_{18}；T_{21}；T_{22}；T_{23}；T_{27}；T_{28}；T_{29}；T_{33}；T_{34}；T_{35}；T_{46}；T_{47}；T_{48}；T_{50}；T_{53}；T_{54}
	C_{12}	T_5；T_{21}；T_{23}；T_{28}；T_{29}；T_{46}；T_{50}；T_{53}；T_{54}
	C_{13}	T_4；T_8；T_9；T_{14}；T_{18}；T_{21}；T_{23}；T_{27}；T_{28}；T_{29}；T_{33}；T_{46}；T_{47}；T_{48}；T_{50}；T_{53}；T_{54}
	C_{14}	T_1；T_4；T_8；T_9；T_{14}；T_{15}；T_{18}；T_{21}；T_{23}；T_{27}；T_{28}；T_{29}；T_{31}；T_{32}；T_{33}；T_{43}；T_{46}；T_{48}；T_{50}；T_{53}；T_{54}
	C_{15}	T_{18}；T_{21}；T_{23}；T_{28}；T_{29}；T_{46}；T_{53}；T_{54}
A_4	C_{16}	T_5；T_9；T_{13}；T_{16}；T_{17}；T_{18}；T_{21}；T_{22}；T_{27}；T_{28}；T_{29}；T_{31}；T_{32}；T_{33}；T_{35}；T_{36}；T_{37}；T_{38}；T_{39}；T_{43}；T_{46}；T_{47}；T_{48}；T_{50}；T_{53}；T_{54}
	C_{17}	T_9；T_{18}；T_{21}；T_{28}；T_{29}；T_{35}；T_{46}；T_{47}；T_{48}；T_{50}；T_{53}；T_{54}
	C_{18}	T_{13}；T_{17}；T_{18}；T_{21}；T_{27}；T_{28}；T_{29}；T_{31}；T_{32}；T_{33}；T_{36}；T_{37}；T_{38}；T_{39}；T_{43}；T_{46}；T_{49}；T_{53}；T_{54}

续表

运作流程类型	管控点	精益建造工具方案
A_4	C_{19}	T_9;T_{18};T_{21};T_{22};T_{28};T_{29};T_{43};T_{46};T_{53};T_{54}
	C_{20}	T_9;T_{18};T_{21};T_{28};T_{29};T_{46};T_{47};T_{48};T_{50};T_{53};T_{54}
A_5	C_{21}	T_2;T_6;T_{14};T_{18};T_{21};T_{23};T_{24};T_{27};T_{28};T_{29};T_{46};T_{47};T_{48};T_{50};T_{53};T_{54}
	C_{22}	T_2;T_6;T_{14};T_{18};T_{21};T_{23};T_{24};T_{27};T_{28};T_{29};T_{46};T_{47};T_{48};T_{50};T_{53};T_{54}
	C_{23}	T_2;T_6;T_{18};T_{21};T_{23};T_{24};T_{28};T_{29};T_{46};T_{48};T_{53};T_{54}

表C-2 生产企业生产运作流程优化可选用的精益建造工具方案

运作流程类型	管控点	精益建造工具方案
A_1	C_1	T_{12};T_{13};T_{17};T_{18};T_{21};T_{23};T_{28};T_{29};T_{31};T_{33};T_{36};T_{39};T_{40};T_{46};T_{49};T_{53};T_{54}
	C_2	T_3;T_5;T_7;T_9;T_{13};T_{14};T_{15};T_{17};T_{18};T_{21};T_{23};T_{28};T_{29};T_{34};T_{35};T_{36};T_{39};T_{40};T_{41};T_{42};T_{46};T_{49};T_{51};T_{53};T_{54}
	C_3	T_1;T_3;T_7;T_9;T_{10};T_{14};T_{16};T_{17};T_{18};T_{19};T_{21};T_{23};T_{28};T_{29};T_{33};T_{36};T_{39};T_{42};T_{46};T_{49};T_{50};T_{51};T_{53};T_{54}
	C_4	T_1;T_3;T_4;T_7;T_9;T_{13};T_{16};T_{17};T_{18};T_{19};T_{21};T_{23};T_{28};T_{29};T_{34};T_{35};T_{36};T_{39};T_{40};T_{41};T_{42};T_{46};T_{51};T_{53};T_{54}
	C_5	T_3;T_7;T_{14};T_{16};T_{17};T_{18};T_{21};T_{23};T_{28};T_{29};T_{36};T_{39};T_{41};T_{46};T_{47};T_{50};T_{53};T_{54}
A_2	C_6	T_3;T_4;T_5;T_6;T_7;T_8;T_9;T_{12};T_{13};T_{14};T_{15};T_{16};T_{17};T_{18};T_{19};T_{20};T_{21};T_{23};T_{25};T_{26};T_{28};T_{29};T_{31};T_{32};T_{33};T_{34};T_{35};T_{36};T_{39};T_{41};T_{42};T_{45};T_{46};T_{50};T_{53};T_{54}
	C_7	T_4;T_6;T_9;T_{12};T_{13};T_{14};T_{17};T_{18};T_{19};T_{20};T_{21};T_{22};T_{23};T_{25};T_{26};T_{27};T_{28};T_{29};T_{32};T_{33};T_{36};T_{39};T_{45};T_{46};T_{47};T_{50};T_{53};T_{54}
	C_8	T_6;T_7;T_9;T_{10};T_{13};T_{15};T_{16};T_{17};T_{18};T_{19};T_{20};T_{21};T_{23};T_{25};T_{28};T_{29};T_{34};T_{35};T_{36};T_{39};T_{40};T_{41};T_{42};T_{45};T_{46};T_{51};T_{53};T_{54}
	C_9	T_1;T_5;T_8;T_9;T_{10};T_{16};T_{17};T_{18};T_{19};T_{20};T_{21};T_{22};T_{23};T_{25};T_{27};T_{28};T_{29};T_{34};T_{35};T_{36};T_{39};T_{40};T_{41};T_{42};T_{45};T_{46};T_{51};T_{53};T_{54}
	C_{10}	T_4;T_6;T_8;T_{10};T_{12};T_{13};T_{15};T_{17};T_{18};T_{20};T_{21};T_{23};T_{25};T_{26};T_{27};T_{28};T_{29};T_{31};T_{32};T_{39};T_{42};T_{46};T_{53};T_{54}

续表

运作流程类型	管控点	精益建造工具方案
A_3	C_{11}	$T_2;T_5;T_6;T_8;T_9;T_{10};T_{11};T_{14};T_{15};T_{18};T_{19};T_{21};T_{22};T_{23};T_{24};T_{25};T_{27};T_{28};T_{29};T_{30};T_{33};T_{34};T_{35};T_{42};T_{44};T_{45};T_{46};T_{47};T_{48};T_{50};T_{52};T_{53};T_{54}$
	C_{12}	$T_2;T_5;T_6;T_8;T_{10};T_{11};T_{14};T_{18};T_{19};T_{21};T_{22};T_{23};T_{24};T_{25};T_{27};T_{28};T_{29};T_{30};T_{42};T_{44};T_{45};T_{46};T_{50};T_{51};T_{52};T_{53};T_{54}$
	C_{13}	$T_1;T_4;T_6;T_8;T_9;T_{10};T_{11};T_{14};T_{18};T_{21};T_{23};T_{24};T_{25};T_{26};T_{27};T_{28};T_{29};T_{30};T_{33};T_{44};T_{46};T_{47};T_{48};T_{50};T_{52};T_{53};T_{54}$
	C_{14}	$T_1;T_4;T_6;T_8;T_9;T_{10};T_{14};T_{15};T_{18};T_{21};T_{23};T_{25};T_{26};T_{27};T_{28};T_{29};T_{30};T_{31};T_{32};T_{33};T_{43};T_{46};T_{48};T_{50};T_{53};T_{54}$
	C_{15}	$T_2;T_{11};T_{18};T_{21};T_{23};T_{25};T_{26};T_{28};T_{29};T_{46};T_{52};T_{53};T_{54}$
A_4	C_{16}	$T_5;T_9;T_{13};T_{16};T_{17};T_{18};T_{21};T_{22};T_{27};T_{28};T_{29};T_{31};T_{32};T_{33};T_{35};T_{36};T_{39};T_{41};T_{43};T_{46};T_{47};T_{48};T_{50};T_{53};T_{54}$
	C_{17}	$T_9;T_{18};T_{21};T_{28};T_{29};T_{35};T_{46};T_{47};T_{48};T_{50};T_{53};T_{54}$
	C_{18}	$T_{13};T_{17};T_{18};T_{21};T_{27};T_{28};T_{29};T_{31};T_{32};T_{33};T_{36};T_{39};T_{41};T_{43};T_{46};T_{49};T_{51};T_{53};T_{54}$
	C_{19}	$T_9;T_{18};T_{21};T_{22};T_{28};T_{29};T_{43};T_{46};T_{52};T_{53};T_{54}$
	C_{20}	$T_9;T_{18};T_{21};T_{28};T_{29};T_{46};T_{47};T_{48};T_{50};T_{53};T_{54}$
A_5	C_{21}	$T_1;T_2;T_6;T_{10};T_{14};T_{18};T_{21};T_{23};T_{24};T_{27};T_{28};T_{29};T_{46};T_{47};T_{48};T_{50};T_{53};T_{54}$
	C_{22}	$T_1;T_2;T_6;T_{10};T_{14};T_{18};T_{21};T_{23};T_{24};T_{27};T_{28};T_{29};T_{45};T_{46};T_{47};T_{48};T_{50};T_{53};T_{54}$
	C_{23}	$T_2;T_6;T_{18};T_{21};T_{23};T_{24};T_{28};T_{29};T_{44};T_{46};T_{48};T_{53};T_{54}$

表C-3　施工企业施工运作流程优化可选用的精益建造工具方案

运作流程类型	管控点	精益建造工具方案
A_1	C_1	$T_{12};T_{13};T_{17};T_{18};T_{21};T_{23};T_{28};T_{29};T_{31};T_{33};T_{36};T_{39};T_{40};T_{46};T_{49};T_{53};T_{54}$
	C_2	$T_3;T_5;T_7;T_9;T_{13};T_{14};T_{15};T_{17};T_{18};T_{21};T_{23};T_{28};T_{29};T_{34};T_{35};T_{36};T_{39};T_{40};T_{41};T_{42};T_{46};T_{49};T_{51};T_{53};T_{54}$
	C_3	$T_1;T_3;T_7;T_9;T_{10};T_{14};T_{16};T_{17};T_{18};T_{19};T_{21};T_{23};T_{28};T_{29};T_{33};T_{36};T_{39};T_{42};T_{46};T_{49};T_{50};T_{51};T_{53};T_{54}$

续表

运作流程类型	管控点	精益建造工具方案
A_1	C_4	$T_{1};T_{3};T_{4};T_{7};T_{9};T_{13};T_{16};T_{17};T_{18};T_{19};T_{21};T_{23};T_{28};T_{29};T_{34};T_{35};T_{36};T_{39};T_{40};T_{41};T_{42};T_{46};T_{51};T_{53};T_{54}$
	C_5	$T_{3};T_{7};T_{14};T_{16};T_{17};T_{18};T_{21};T_{23};T_{28};T_{29};T_{36};T_{39};T_{41};T_{46};T_{47};T_{50};T_{53};T_{54}$
A_2	C_6	$T_{3};T_{4};T_{5};T_{6};T_{7};T_{8};T_{9};T_{12};T_{13};T_{14};T_{15};T_{16};T_{17};T_{18};T_{19};T_{20};T_{21};T_{23};T_{25};T_{26};T_{28};T_{29};T_{31};T_{32};T_{33};T_{34};T_{35};T_{36};T_{39};T_{41};T_{42};T_{45};T_{46};T_{50};T_{53};T_{54}$
	C_7	$T_{4};T_{6};T_{9};T_{12};T_{13};T_{14};T_{17};T_{18};T_{19};T_{20};T_{21};T_{22};T_{23};T_{25};T_{26};T_{27};T_{28};T_{29};T_{32};T_{33};T_{36};T_{39};T_{45};T_{46};T_{47};T_{50};T_{53};T_{54}$
	C_8	$T_{6};T_{7};T_{9};T_{10};T_{13};T_{15};T_{16};T_{17};T_{18};T_{19};T_{20};T_{21};T_{23};T_{25};T_{28};T_{29};T_{34};T_{35};T_{36};T_{39};T_{40};T_{41};T_{42};T_{45};T_{46};T_{51};T_{53};T_{54}$
	C_9	$T_{1};T_{5};T_{8};T_{9};T_{10};T_{16};T_{17};T_{18};T_{19};T_{20};T_{21};T_{22};T_{23};T_{25};T_{27};T_{28};T_{29};T_{34};T_{35};T_{36};T_{39};T_{40};T_{41};T_{42};T_{45};T_{46};T_{51};T_{53};T_{54}$
	C_{10}	$T_{4};T_{6};T_{8};T_{10};T_{12};T_{13};T_{15};T_{17};T_{18};T_{20};T_{21};T_{23};T_{25};T_{26};T_{27};T_{28};T_{29};T_{31};T_{32};T_{39};T_{42};T_{46};T_{53};T_{54}$
A_3	C_{11}	$T_{2};T_{5};T_{6};T_{8};T_{9};T_{10};T_{11};T_{14};T_{15};T_{18};T_{19};T_{21};T_{22};T_{23};T_{24};T_{25};T_{27};T_{28};T_{29};T_{30};T_{33};T_{34};T_{35};T_{42};T_{44};T_{45};T_{46};T_{47};T_{48};T_{50};T_{52};T_{53};T_{54}$
	C_{12}	$T_{2};T_{5};T_{6};T_{8};T_{10};T_{11};T_{14};T_{18};T_{19};T_{21};T_{22};T_{23};T_{24};T_{25};T_{27};T_{28};T_{29};T_{30};T_{42};T_{44};T_{45};T_{46};T_{50};T_{51};T_{52};T_{53};T_{54}$
	C_{13}	$T_{1};T_{4};T_{6};T_{8};T_{9};T_{10};T_{11};T_{14};T_{18};T_{21};T_{23};T_{24};T_{25};T_{26};T_{27};T_{28};T_{29};T_{30};T_{33};T_{44};T_{46};T_{47};T_{48};T_{50};T_{52};T_{53};T_{54}$
	C_{14}	$T_{1};T_{4};T_{6};T_{8};T_{9};T_{10};T_{14};T_{15};T_{18};T_{21};T_{23};T_{25};T_{26};T_{27};T_{28};T_{29};T_{30};T_{31};T_{32};T_{33};T_{43};T_{46};T_{48};T_{50};T_{53};T_{54}$
	C_{15}	$T_{2};T_{11};T_{18};T_{21};T_{23};T_{25};T_{26};T_{28};T_{29};T_{46};T_{52};T_{53};T_{54}$
A_4	C_{16}	$T_{5};T_{9};T_{13};T_{16};T_{17};T_{18};T_{21};T_{22};T_{27};T_{28};T_{29};T_{31};T_{32};T_{33};T_{35};T_{36};T_{39};T_{41};T_{43};T_{46};T_{47};T_{48};T_{50};T_{53};T_{54}$
	C_{17}	$T_{9};T_{18};T_{21};T_{28};T_{29};T_{35};T_{46};T_{47};T_{48};T_{50};T_{53};T_{54}$
	C_{18}	$T_{13};T_{17};T_{18};T_{21};T_{27};T_{28};T_{29};T_{31};T_{32};T_{33};T_{36};T_{39};T_{41};T_{43};T_{46};T_{49};T_{51};T_{53};T_{54}$
	C_{19}	$T_{9};T_{18};T_{21};T_{22};T_{28};T_{29};T_{43};T_{46};T_{52};T_{53};T_{54}$
	C_{20}	$T_{9};T_{18};T_{21};T_{28};T_{29};T_{46};T_{47};T_{48};T_{50};T_{53};T_{54}$

续表

运作流程类型	管控点	精益建造工具方案
A_5	C_{21}	T_1;T_2;T_6;T_{10};T_{14};T_{18};T_{21};T_{23};T_{24};T_{27};T_{28};T_{29};T_{46};T_{47};T_{48};T_{50};T_{53};T_{54}
	C_{22}	T_1;T_2;T_6;T_{10};T_{14};T_{18};T_{21};T_{23};T_{24};T_{27};T_{28};T_{29};T_{45};T_{46};T_{47};T_{48};T_{50};T_{53};T_{54}
	C_{23}	T_2;T_6;T_{18};T_{21};T_{23};T_{24};T_{28};T_{29};T_{44};T_{46};T_{48};T_{53};T_{54}